現場で使える！

Python（パイソン）深層学習入門

Python（パイソン）の基本から深層学習の実践手法まで

株式会社アイデミー 木村優志 著

本書内容に関するお問い合わせについて

このたびは翔泳社の書籍をお買い上げいただき、誠にありがとうございます。
弊社では、読者の皆様からのお問い合わせに適切に対応させていただくため、以下のガイドラインへのご協力をお願い致しております。
下記項目をお読みいただき、手順に従ってお問い合わせください。

●ご質問される前に

弊社Webサイトの「正誤表」をご参照ください。これまでに判明した正誤や追加情報を掲載しています。

正誤表　https://www.shoeisha.co.jp/book/errata/

●ご質問方法

弊社 Web サイトの「刊行物Q&A」をご利用ください。

刊行物 Q&A　https://www.shoeisha.co.jp/book/qa/

インターネットをご利用でない場合は、FAXまたは郵便にて、下記翔泳社愛読者サービスセンターまでお問い合わせください。電話でのご質問は、お受けしておりません。

●回答について

回答は、ご質問いただいた手段によってご返事申し上げます。ご質問の内容によっては、回答に数日ないしはそれ以上の期間を要する場合があります。

●ご質問に際してのご注意

本書の対象を越えるもの、記述個所を特定されないもの、また読者固有の環境に起因するご質問等にはお答えできませんので、予めご了承ください。

●郵便物送付先および FAX 番号

送付先住所　〒160-0006　東京都新宿区舟町5
FAX 番号　03-5362-3818
宛先　㈱翔泳社 愛読者サービスセンター

※本書に記載されたURL等は予告なく変更される場合があります。
※本書の対象に関する詳細はivページをご参照ください。
※本書の出版にあたっては正確な記述につとめましたが、著者や出版社などのいずれも、本書の内容に対してなんらかの保証をするものではなく、内容やサンプルに基づくいかなる運用結果に関してもいっさいの責任を負いません。
※本書に掲載されているサンプルプログラムやスクリプト、および実行結果を記した画面イメージなどは、特定の設定に基づいた環境にて再現される一例です。
※本書に記載されている会社名、製品名はそれぞれ各社の商標および登録商標です。
※本書の内容は、2018年4月から2019年5月執筆時点のものです。

PREFACE

はじめに

近年、AI関連の中で深層学習が注目されています。深層学習の分野でとくにニーズが高いのが「画像処理」です。応用範囲も広く、多くのサービスがリリースされています。また、海外の論文などを見ても、画像認識関連の論文が毎年多数発表されています。

本書は、研究や仕事で深層学習を行うエンジニアの方に向けて、膨大な情報の中から、必要最低限のPythonの基礎知識と、深層学習モデルの開発手法、そしてWebアプリケーションへの利用手法までを扱った書籍です。

本書は特に以下のような方を意識して執筆しています。

- Pythonの基礎知識はないが深層学習を学びたい
- 深層学習モデルを利用したWebアプリケーションの開発手法を知りたい

このような方に向けて、あまり数式は多用せず、関連するプログラムを交えながら、わかりやすく解説しています。

とくに最終章で扱う「NyanCheck」という猫画像を読み込んで猫の種類を識別するアプリケーションは、転移学習の仕組みも利用したもので、実際のアプリケーション開発において非常に参考になると思います。

本書が、多くのエンジニアの方の開発の一助になれば幸いです。

2019年6月吉日
木村 優志

INTRODUCTION 本書の対象読者と必要な事前知識

本書は、深層学習の開発環境の準備とPythonの基本深層学習モデル、そして実際の現場での利用方法について解説した書籍です。テーマとしてニーズの高い、画像認識の深層学習モデルの構築方法を解説しています。また最終章では深層学習のモデルをGoogle Cloud Platform（GCP）にデプロイする手法を解説しています。

本書の対象読者は、Pythonの基礎知識はないものの深層学習の仕組みを知りたい方、深層学習モデルを利用したWebアプリケーションの開発手法を知りたい方です。

必要な基礎知識として、大学初年度で倣う線形代数や微分積分の基礎知識があると、第11章以降の理解の助けになると思います。

INTRODUCTION 本書の構成

本書は2部構成で解説しています。

第1部では、Pythonの基礎知識を解説しています。

第2部では、深層学習の基本から転移学習を利用したアプリケーションの紹介とGCPへのデプロイ方法を解説しています。

具体的には、第1部第1章から第8章までは本書の深層学習で利用するPythonの基礎を丁寧に解説しています。

第2部第9章から第12章では深層学習の基本と実際のプログラミング手法を解説しています。

第2部第13章では、転移学習を利用したNyanCheckというアプリケーションの紹介とGoogle Cloud Platformへのデプロイ方法を丁寧に解説しています。

本書のサンプルの動作環境とサンプルプログラムについて

本書の各章のサンプルは表1の環境で、問題なく動作することを確認しています※1。

なお、本書はmacOSの環境を元に解説しています。pipコマンドによるライブラリのバージョンを指定したインストール方法はP.010を参照してください。

表1 実行環境

項目	内容	項目	内容
OS	mac OS Sierra /Mojave	Pandas	0.22.0
Python	3.6.8	pandas_datareader	0.7.0
flask	1.0.3	pillow	6.0.0
flickrapi	2.4.0	pydot	1.2.4
Jupyter	1.0.0	requests	2.19.1
Keras	2.2.0	retry	0.9.2
NumPy	1.16.2	scikit-learn	0.19.1
matplotlib	2.2.2	tensorflow	1.5.0
opencv-python	4.1.0.25	開発環境	Anaconda3
opencv	3.4.2	開発環境	jupyter（バージョン1.0.0）

※1 MacBook Pro（CPU Intel Core i5 2.3GHz,VIDEO Intel Iris Plus Graphics 655,MEMORY 8GB 2,133MHz LPDDR3,SSD 256GB）にて動作検証をしています。

付属データのご案内

付属データ（本書記載のサンプルコード）は、以下のサイトからダウンロードできます。

- **付属データのダウンロードサイト**
  URL https://www.shoeisha.co.jp/book/download/9784798150970

注意

付属データに関する権利は著者および株式会社翔泳社が所有しています。許可なく配布したり、Webサイトに転載したりすることはできません。

付属データの提供は予告なく終了することがあります。あらかじめご了承ください。

会員特典データのご案内

会員特典データは、以下のサイトからダウンロードして入手いただけます。

● **会員特典データのダウンロードサイト**
URL https://www.shoeisha.co.jp/book/present/9784798150970

注意

会員特典データをダウンロードするには、SHOEISHA iD（翔泳社が運営する無料の会員制度）への会員登録が必要です。詳しくは、Webサイトをご覧ください。

会員特典データに関する権利は著者および株式会社翔泳社が所有しています。許可なく配布したり、Webサイトに転載したりすることはできません。

会員特典データの提供は予告なく終了することがあります。あらかじめご了承ください。

免責事項

付属データおよび会員特典データの記載内容は、2019年4月現在の法令等に基づいています。

付属データおよび会員特典データに記載されたURL等は予告なく変更される場合があります。

付属データおよび会員特典データの提供にあたっては正確な記述につとめましたが、著者や出版社などのいずれも、その内容に対してなんらかの保証をするものではなく、内容やサンプルに基づくいかなる運用結果に関してもいっさいの責任を負いません。

付属データおよび会員特典データに記載されている会社名、製品名はそれぞれ各社の商標および登録商標です。

著作権等について

付属データおよび会員特典データの著作権は、著者および株式会社翔泳社が所有しています。個人で使用する以外に利用することはできません。許可なくネットワークを通じて配布を行うこともできません。個人的に使用する場合は、ソースコードの改変や流用は自由です。商用利用に関しては、株式会社翔泳社へご一報ください。

2019年6月
株式会社翔泳社　編集部

CONTENTS

PROLOGUE 開発環境の準備

0.1節では本書の第1章から第12章で利用する開発環境について、解説します。

0.2節ではGoogle Crabolartyの開発環境について、簡単に解説します。

0.3節では本書の第13章で利用する開発環境について、解説します。

なお、第13章で利用するGCP環境の構築方法は、第13章内で解説していますのでそちらを参照してください。

0.1 Anacondaのインストール

本書の第1章から第12章で利用する開発環境について、解説します。

0.1.1 Anacondaのインストール

本書の第1章から第12章で利用する環境はAnacondaです。Anacondaは、Anaconda社により提供されているパッケージです。Anacondaには、Pythonを利用したコードの実行に必要な環境が整っています。

Anaconda installer archiveのサイトにアクセスして、本書で利用するパッケージをダウンロードします（図0.1）。

- **Anaconda installer archive のDownloadサイト**
  URL https://repo.continuum.io/archive/

Anaconda2-5.2.0-Linux-x86.sh	488.7M	2018-05-30 13:05:30	758e172a824f467ea6b55d3d076c132f
Anaconda2-5.2.0-Linux-x86_64.sh	603.4M	2018-05-30 13:04:33	5c034a4ab36ec9b6ae01fa13d8a04462
Anaconda2-5.2.0-MacOSX-x86_64.pkg	616.8M	2018-05-30 13:05:32	2836c839d29be8d9569a715f4c631a3b
Anaconda2-5.2.0-MacOSX-x86_64.sh	527.1M	2018-05-30 13:05:34	b1f3fcf58955830b65613a4a8d75c3cf
Anaconda2-5.2.0-Windows-x86.exe	443.4M	2018-05-30 13:04:17	4a3729b14c2d3fccd3a050821679c702
Anaconda2-5.2.0-Windows-x86_64.exe	564.0M	2018-05-30 13:04:16	595e427e4b625b6eab92623a28dc4e21
Anaconda3-5.2.0-Linux-ppc64le.sh	288.3M	2018-05-30 13:05:40	cbd1d5435ead2b0b97dba5b3cf45d694
Anaconda3-5.2.0-Linux-x86.sh	507.3M	2018-05-30 13:05:46	81d5a1648e3aca4843f88ca3769c0830
Anaconda3-5.2.0-Linux-x86_64.sh	621.6M	2018-05-30 13:05:43	3e58f494ab9fbe12db4460dc152377b5
Anaconda3-5.2.0-MacOSX-x86_64.pkg	613.1M	2018-05-30 13:07:00	9c35bf27e9986701f7d80241616c665f
Anaconda3-5.2.0-MacOSX-x86_64.sh	523.3M	2018-05-30 13:07:03	b5b789c01e1992de55ee911754c310d4
Anaconda3-5.2.0-Windows-x86.exe	506.3M	2018-05-30 13:04:19	285387e7b6ea81edba98c011922e235a
Anaconda3-5.2.0-Windows-x86_64.exe	631.3M	2018-05-30 13:04:18	62244c0382b8142743622fdc3526eda7
Anaconda2-5.1.0-Linux-ppc64le.sh	267.3M	2018-02-15 09:08:49	e894dcc547a1c7d67deb04f6bba7223a
Anaconda2-5.1.0-Linux-x86.sh	431.3M	2018-02-15 09:08:51	e26fb9d3e53049f6e32212270af6b987
Anaconda2-5.1.0-Linux-x86_64.sh	533.0M	2018-02-15 09:08:50	5b1b5784cae93cf696e11e66983d8756
Anaconda2-5.1.0-MacOSX-x86_64.pkg	588.0M	2018-02-15 09:08:52	4f9c197dfe6d3dc7e50a8611b4d3cfa2
Anaconda2-5.1.0-MacOSX-x86_64.sh	505.9M	2018-02-15 09:08:53	e9845ccf67542523c5be09552311666e
Anaconda2-5.1.0-Windows-x86.exe	419.8M	2018-02-15 09:08:55	a09347a53e04a15ee965300c2b95dfde
Anaconda2-5.1.0-Windows-x86_64.exe	522.6M	2018-02-15 09:08:54	b16d6d6858fc7decf671ac71e6d7cfdb
Anaconda3-5.1.0-Linux-ppc64le.sh	285.7M	2018-02-15 09:08:56	47b5b2b17b7dbac0d4d0f0a4653f5b1c
Anaconda3-5.1.0-Linux-x86.sh	449.7M	2018-02-15 09:08:58	793a94ee85baf64d0ebb67a0c49af4d7
Anaconda3-5.1.0-Linux-x86_64.sh	551.2M	2018-02-15 09:08:57	966406059cf7ed89cc82eb475ba506e5
Anaconda3-5.1.0-MacOSX-x86_64.pkg	594.7M	2018-02-15 09:09:06	6ed496221b843d1b5fe8463d3136b649
Anaconda3-5.1.0-MacOSX-x86_64.sh	511.3M	2018-02-15 09:10:24	047e12523fd287149ecd80c803598429
Anaconda3-5.1.0-Windows-x86.exe	435.5M	2018-02-15 09:10:28	7a2291ab99178a4cdec53086149453[illegible]
Anaconda3-5.1.0-Windows-x86_64.exe	537.1M	2018-02-15 09:10:26	83a8b1edcb21fa0ac481b23f65b604[illegible]
Anaconda2-5.0.1-Linux-x86.sh	413.2M	2017-10-24 12:13:07	ae155b192027e23189d723a897782fa3
Anaconda2-5.0.1-Linux-x86_64.sh	507.7M	2017-10-24 12:13:52	dc13fe5502cd78dd03e8a727bb9be63f
Anaconda2-5.0.1-Windows-x86.exe	403.4M	2017-10-24 12:08:14	623e8d9ca2270cb9823a897dd0e9bfce
Anaconda3-5.0.1-Windows-x86.exe	420.4M	2017-10-24 12:37:10	9d2ffb0aac1f8a72ef4a5c535f3891f2

クリック

図0.1 Anaconda installer archive のDownload サイト

ダウンロードしたら、インストーラ（ここでは「Anaconda3-5.1.0-MacOSX-x86_64.pkg」）をダブルクリックして、ウィザードを起動します（図0.2）。

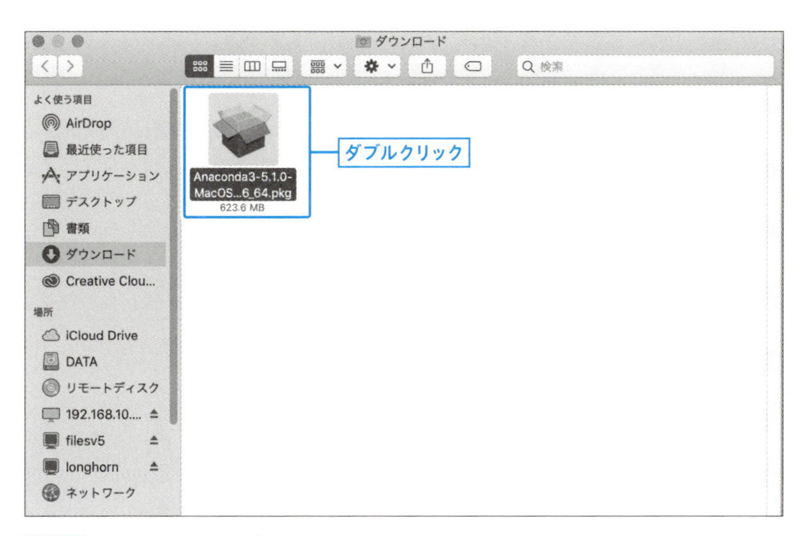

図0.2 インストーラをダブルクリック

「このパッケージは、ソフトウェアをインストールできるかどうかを判断するプログラムを実行します。」画面が表示されますので、「続ける」をクリックします（画面が割愛）。その後、「ようこそAnaconda3インストーラへ」で「続ける」をクリックします（図0.3）。

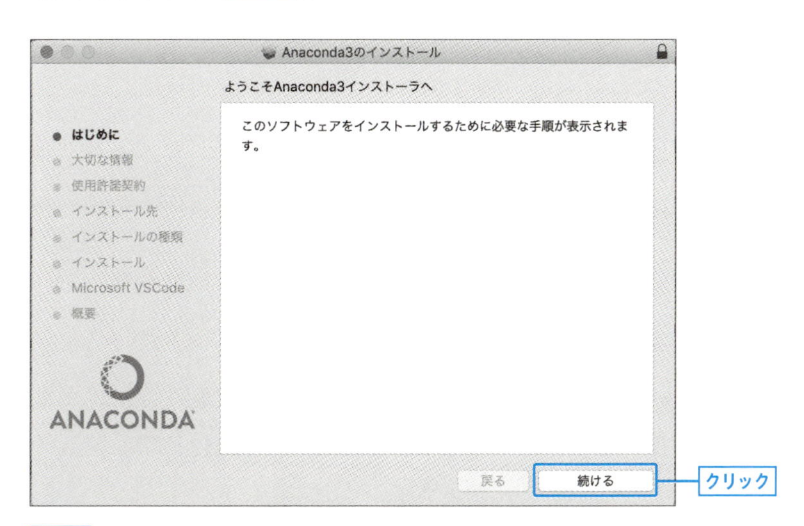

図0.3 「続ける」をクリック

「大事な情報」でライセンスの内容を確認して（図0.4 ❶）、「続ける」をクリックします❷。「使用許諾契約」で「続ける」をクリックします（画面は割愛）。「このソフトウェアのインストールを…」で「同意する」をクリックします❸。

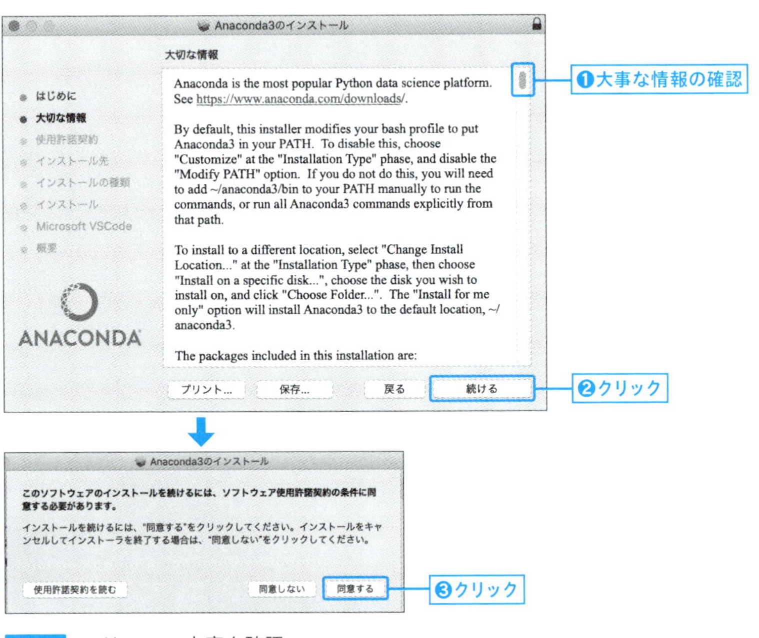

図0.4 ライセンスの内容を確認

「(macOSの名前) に標準インストール」でインストール先を指定する場合は「インストール先を変更...」をクリックします。

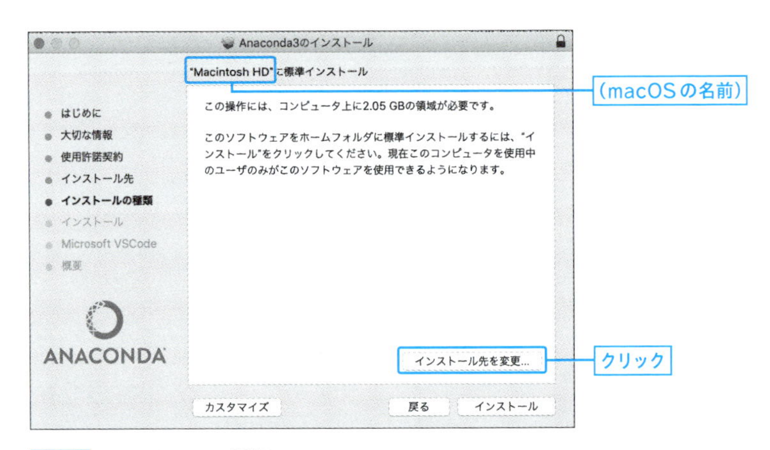

図0.5 インストールの種類

「インストール先の選択」で、インストール先を指定して（図0.6❶）、「続ける」をクリックします❷。

図0.6 インストール先の選択

「インストール」をクリックします（図0.7）。

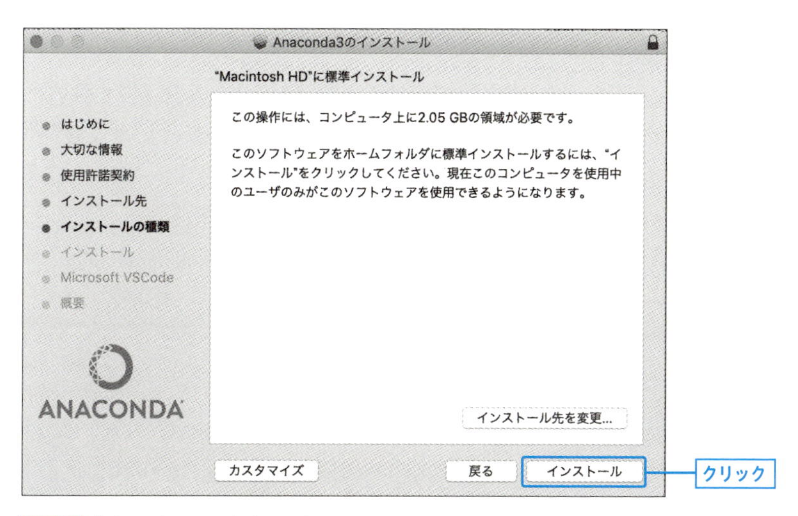

図0.7「インストール」をクリック

「Anaconda3のインストール」の画面になり、インストールが開始されます（図0.8）。

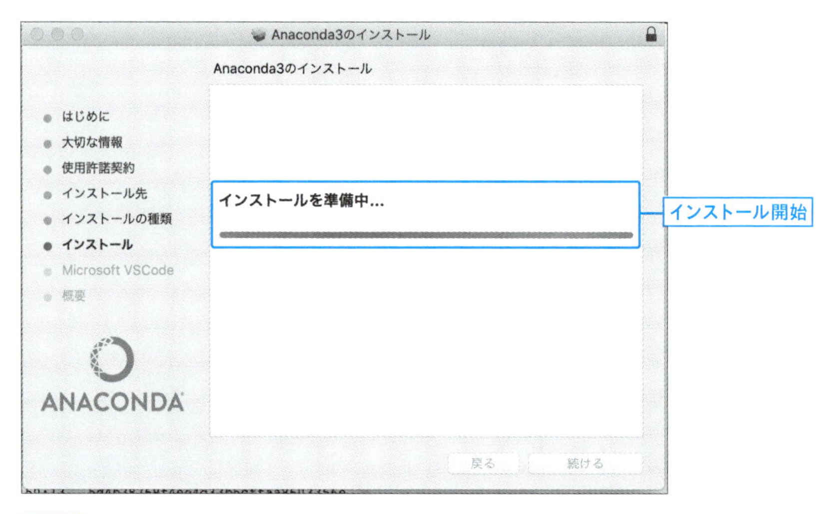

図0.8 インストール中

インストールを終えると「Microsoft Visual Studio Code」の画面になりますが、本書ではVisual Studioを利用しないので、そのまま「続ける」をクリックします（図0.9 ❶）。

「インストールが完了しました。」が表示されればインストール完了です❷。「閉じる」をクリックして❸、ウィザードを閉じます。最後にインストーラをゴミ箱に入れるか尋ねる画面が表示されます。「ゴミ箱に入れる」をクリックするとゴミ箱に移動します。

MEMO

Anacondaのバージョン

本書執筆時点では、「Anaconda3-5.1.0-MacOSX-x86_64.pkg」を利用しています。なお本書執筆時点におけるAnacondaの最新版はPython 3.7対応となっています。以下のサイトからダウンロードできます。

- **Anaconda の Download サイト**
  URL https://www.anaconda.com/download

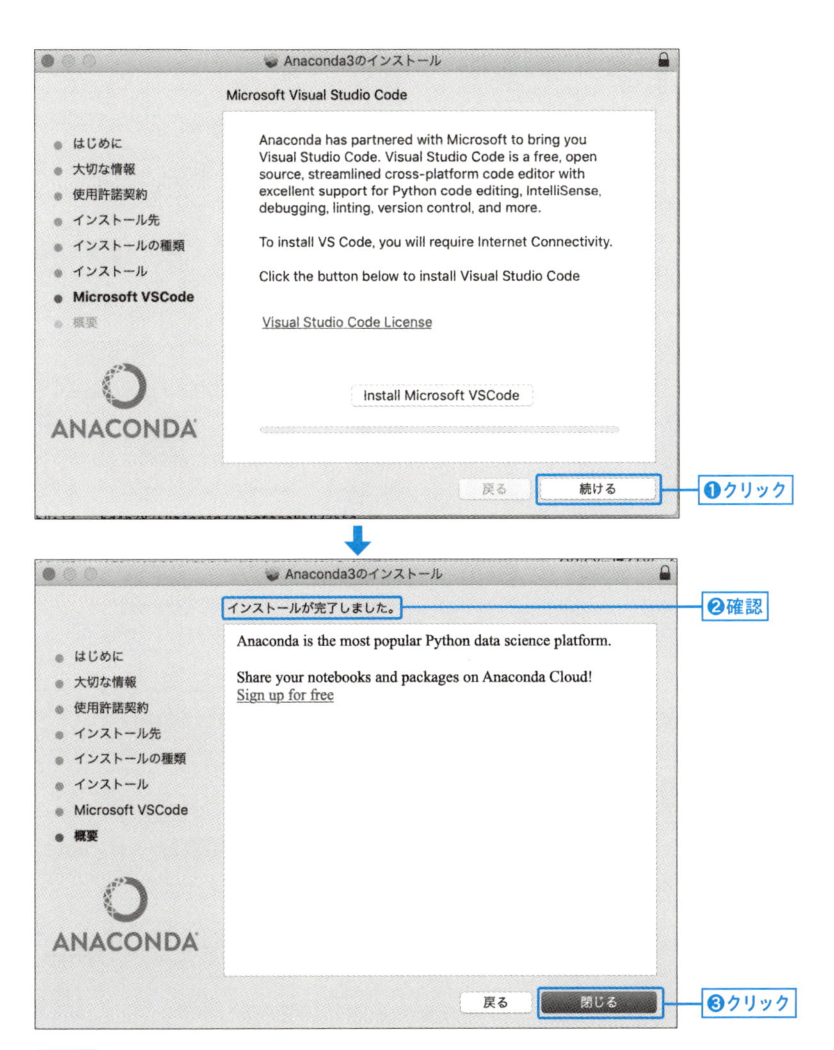

図0.9 インストール完了

0.1.2　仮想環境の作成

Anacondaをインストールしたら、次に仮想環境を作成します。

インストールしたディレクトリに移動して、「Anaconda-Navigator」をダブルクリックします（図0.10）。起動時に「Thanks for Installing Anaconda」画面が表示されますが「Ok and don't show again」をクリックします（画面は割愛）。

図0.10 Anaconda Navigatorの起動

Anaconda Navigatorが起動したら、「Environments」（図0.11 ❶）→「Create」❷の順にクリックします。

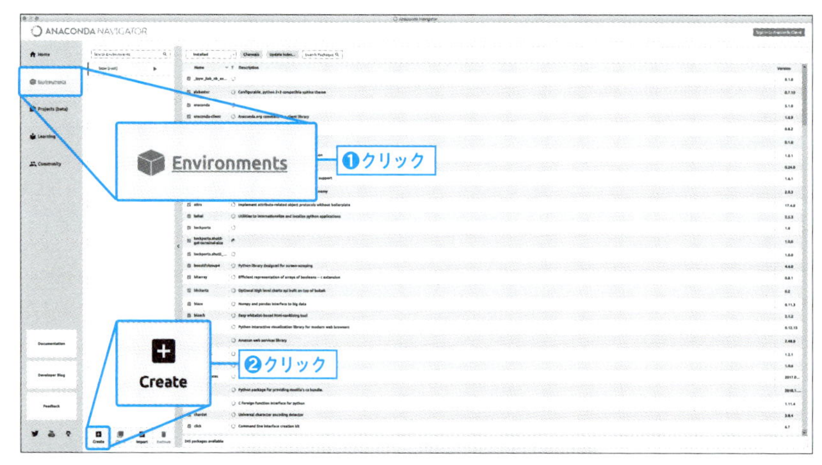

図0.11 「Environments」→「Create」の順にクリック

「Create new environment」ダイアログが起動するので、Nameに仮想環境の名前を（図0.12❶）、Packegesで「Python」にチェックを入れ「3.6」を選択し❷、「Create」をクリックします❸。

図0.12 Create new environment

仮想環境が作成されます（図0.13）。

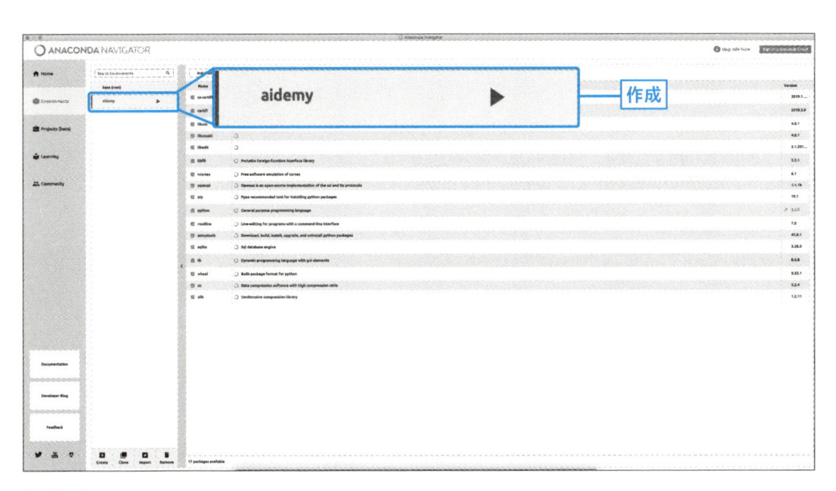

図0.13 作成された仮想環境

0.1.3　ライブラリのインストール

仮想環境に必要なライブラリをインストールします。インストールはAnaconda Navigator付属のコマンドプロンプトで行います。

作成した仮想環境の右にある「▶」をクリックして（図0.14❶）、「Open Terminal」を選択します❷。

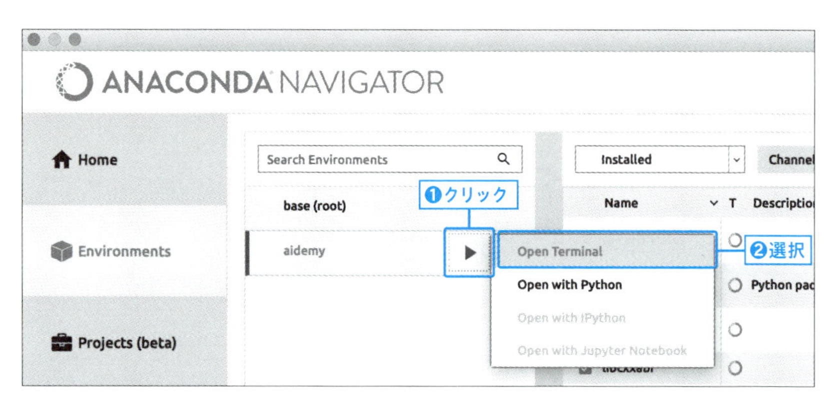

図0.14「Open Terminal」の選択

本書ではscikit-learnやTensorFlowなどを利用して解説を進めていきますので、pipコマンドやcondaコマンドを利用して各種ライブラリをインストールします。

```
$ conda install jupyter==1.0.0
$ conda install matplotlib==2.2.2
$ pip install scikit-learn==0.19.1
$ pip install tensorflow==1.5.0
$ pip install keras==2.2.0
```

その他、必要なライブラリは表0.1のとおりですので、condaコマンドで、インストールしてください。

表0.1 ライブラリ名とバージョン名

ライブラリ名	バージョン名
opencv	3.4.2
pandas	0.22.0
pandas_datareader	0.7.0
pydot	1.2.4
requests	2.19.1

```
$ conda install <ライブラリ名>==<バージョン名>
```

0.1.4 Jupyter Notebookの起動と操作

Jupyter Notebookを起動します。作成した仮想環境の右にある「▶」をクリックして（図0.15❶）、「Open with Jupyter Notebook」を選択します❷。

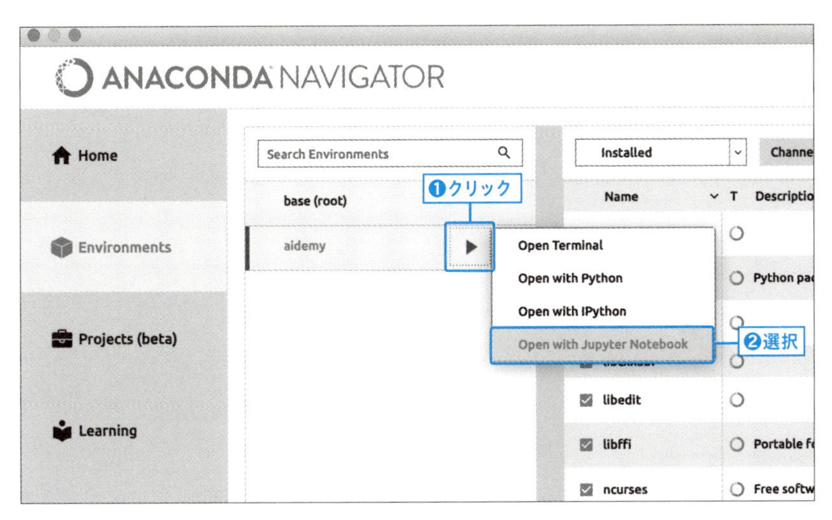

図0.15「Open with Jupyter Notebook」を選択

ブラウザが起動します。右の「New」をクリックして（図0.16❶）、「Python 3」を選択します❷。

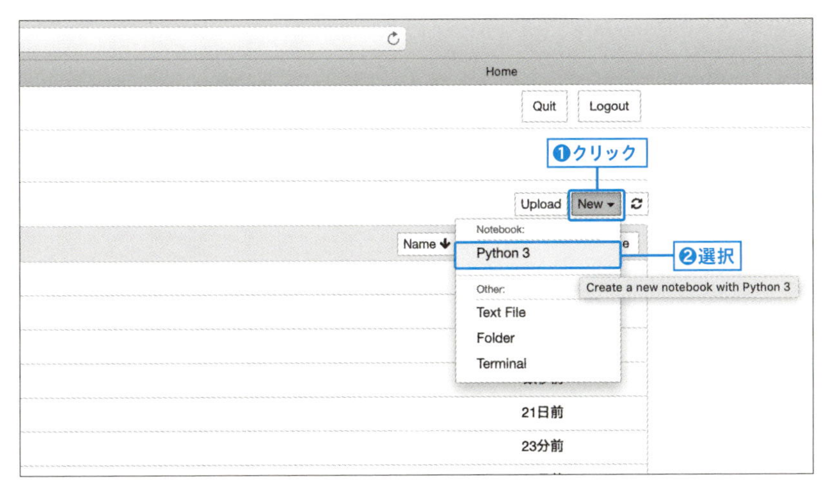

図0.16「Python 3」を選択

● コードを入力する

セルにカーソルが点滅しているので、print("Hellow world")というコードを入力して（図0.17❶）、[Shift] + [Return] キーを押します❷。

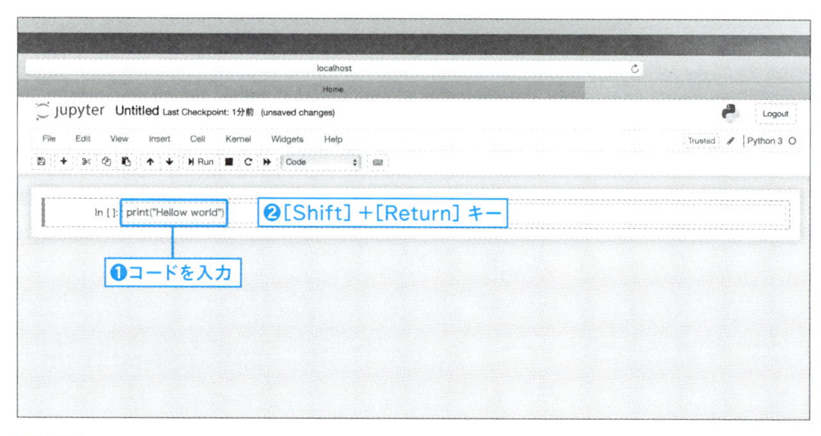

図0.17 セルにコードを入力して実行

実行結果が表示されます（図0.18）。

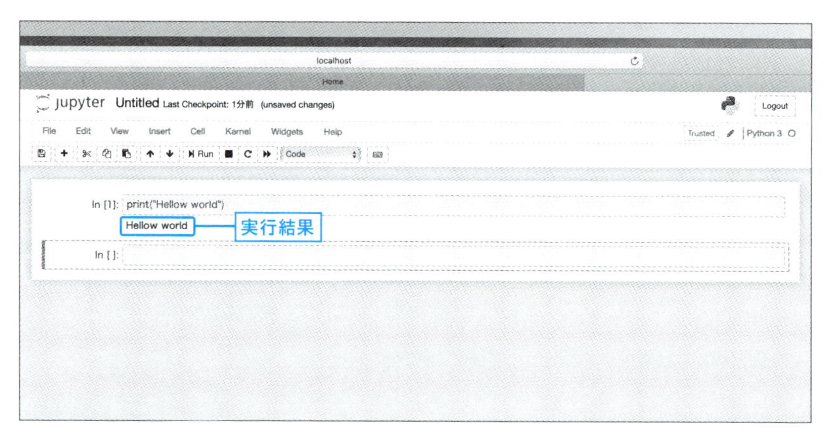

図0.18 実行結果

● テキストを入力する

メニューから「Cell」（図0.19❶）→「Cell Type」❷→「Markdown」を選択します❸。

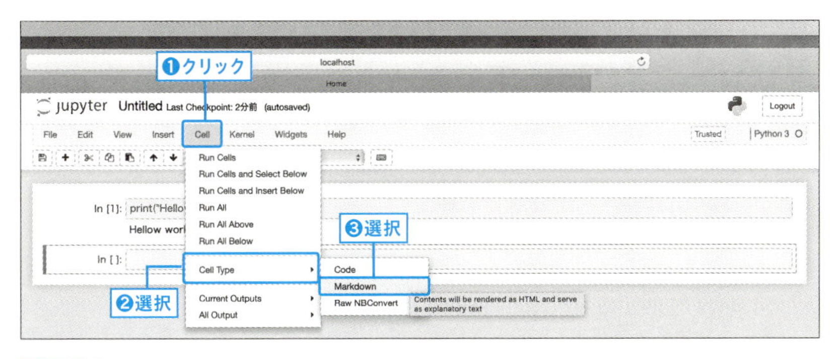

図0.19 「Markdown」を選択

`# Aidemy`と入力して（図0.20❶）、[Shift] + [Return] キーを押します❷。#はMarkdownの入力の際に利用するタグで、#（大見出し）、##（中見出し）、###（小見出し）のようにフォントのサイズを変更できます。

図0.20 テキストを入力

入力結果が表示されます（図0.21）。セルの種類はコードとテキストがあるので、必要に応じて、図0.19で選択して変更してください。「Code」を選択するとコードのセルに、「Markdown」を選択するとテキストのセルになります。

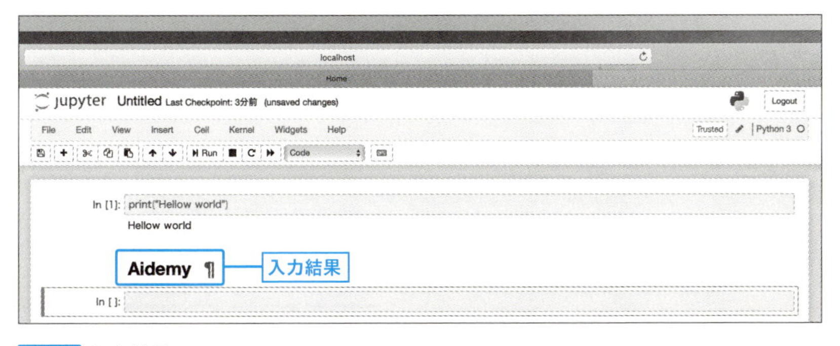

図0.21 入力結果

0.2 Google Crabolartyを利用する

第12章などでディープラーニングのサンプルを実行する際、マシンスペックによっては非常に時間がかかる場合があります。そのようなときは、Googleが提供するGoogle Colaboratoryを利用すれば比較的早く処理を行うことができます。

Googleが提供するGoogle Colaboratoryのサイト（URL https://colab.research.google.com/notebooks/welcome.ipynb?hl=ja）にアクセスします。メニューから「ファイル」（図0.22❶）→「Python 3の新しいノートブック」を選択します❷。ノートブックが作成されます❸。

次に「ランタイム」（図0.23❶）→「ランタイムのタイプを変更」を選択します❷。「ノートブックの設定」でランタイムのタイプは「Python 3」のままで❸、「ハードウェアアクセラレータ」で「GPU」を選択します❹。「保存」をクリックします❺。これでGPU（Graphics Processing Unit）というディープラニング向けのマシン環境を利用できます。コードの入力方法などはJupyter Notebook形式と同じようにできますので、違和感なく利用できます。必要なライブラリはP0.16で紹介しているものを、pipコマンドの前に!（エクスクラメーションマーク）を付けてインストールしてください。

```
!pip install <ライブラリ>==バージョン名
```

図0.22 ノートブックの作成

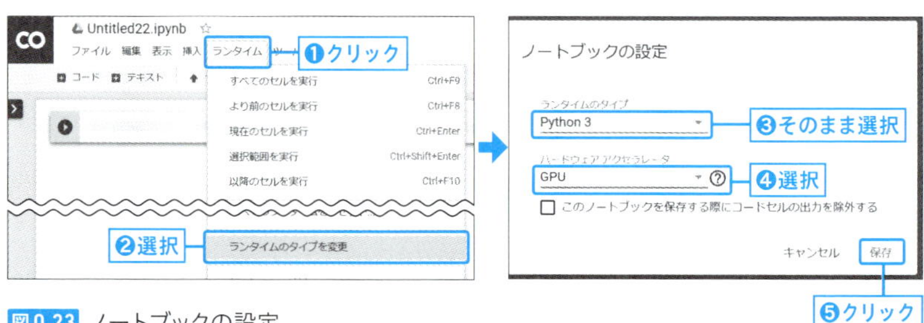

図0.23 ノートブックの設定

0.3 macOSに仮想環境を作成する

ここでは本書の第13章で利用する開発環境について紹介します。具体的にはmacOSのターミナルからPythonをインストールして仮想環境を構築する手法を解説します。

第13章では macOS上でアプリケーションを実行しますので、macOS上にPythonをインストールして、仮想環境を作成しておきます。

macOSのターミナルを起動して以下のコマンドでHomebrewをインストールします。

[ターミナル]

```
$ /usr/bin/ruby -e "$(curl -fsSL https://raw.➡
githubusercontent.com/Homebrew/install/master/install)"
```

Homebrewをインストールしたら、Python3を以下のコマンドでインストールします。

[ターミナル]

```
$ brew install python3
```

次にJupyter Notebookと同じように仮想環境を作成します。

まず「book」という作業用のフォルダを`mkdir`コマンドで作成して、`cd`コマンドでそのフォルダに移動します。

[ターミナル]

```
$ mkdir book
$ cd book
```

以下のコマンドで「Aidemy」という名前の仮想環境を作成します。

[ターミナル]

```
$ python3 -m venv Aidemy
```

仮想環境名

以下のコマンドで「Aidemy」という仮想環境に入ります。

[ターミナル]

```
$ source Aidemy/bin/activate
```

ターミナルが以下のように（Aidemy）という表示になれば成功です。

[ターミナル]

```
(Aidemy) $
```

後は以下のpipコマンドで必要なライブラリをインストールしてください。

[ターミナル]

```
(Aidemy) $ pip install flask==1.0.3
(Aidemy) $ pip install flickrapi==2.4.0
(Aidemy) $ pip install jupyter==1.0.0
(Aidemy) $ pip install matplotlib==2.2.2
(Aidemy) $ pip install scikit-learn==0.19.1
(Aidemy) $ pip install tensorflow==1.5.0
(Aidemy) $ pip install keras==2.2.0
(Aidemy) $ pip install numpy==1.16.2
(Aidemy) $ pip install opencv-python==4.1.0.25
(Aidemy) $ pip install retry==0.9.2
(Aidemy) $ pip install pandas_datareader==0.7.0
(Aidemy) $ pip install pandas==0.22.0
(Aidemy) $ pip install pillow==6.0.0
(Aidemy) $ pip install pydot==1.2.4
(Aidemy) $ pip install requests==2.19.1
```

なお第13章で利用するGCP環境の構築方法は、第13章内で解説していますのでそちらを参照してください。第13章でも触れていますが、GCP上にも同様に、上記のpipコマンドで必要なライブラリをインストールしてください。

Part 1

Python入門編

第1部では、本書で深層学習を学ぶ上で必要なPythonの基礎を解説します。

すでにPythonは一通り習得しているという方でも、復習をかねて一読することをお勧めします。

CHAPTER 1

演算・変数・型

この章では、Pythonの基本的なコードの入力方法や、簡単な計算、型、比較演算子について解説します。

1.1 Hello worldを出力する

はじめに、Python（パイソン）について解説します。

1.1.1 Pythonについて

Python（パイソン）は、スクリプト型のプログラミング言語の一種です。機械学習やデータ分析によく用いられます。Pythonは、以下のような特徴があります。

- シンプルな文法
- 字下げ（インデント）でブロックを表現
- 多彩なモジュール

Python自体は、とてもシンプルな文法で記述できます。また、特徴的な点として、字下げでブロックを表現することが挙げられます。

そして、多彩なモジュールが用意されていることも、Pythonの特徴です。

1.1.2 PythonでHello world

最初にPythonのプログラムを動かしてみましょう。プログラムでは、`Hello world`を出力する方法を見ることにします。

Pythonでは、`print()`関数を用いることで、文字列などを出力できます。なお、出力するものが文字列である場合は、ダブルクオートかシングルクオートで文字列を囲む必要があります。ダブルクオートではじめたらダブルクオートで、シングルクオートではじめたらシングルクオートで閉じるといったように、どちらかで統一して記述するようにしましょう。

プログラムを書く際に、すべて半角英数字を用いて書く必要があります。スペース、数字、記号もすべて半角文字列である必要があります。ただし、ダブルクオートなどで囲んだ文字列の部分は、全角で書くことも可能です。

それでは、実際にこのプログラムを実装してみましょう。`print("Hello world")`と書くと、`Hello world`と出力されるはずです（リスト1.1）。このように実行していくことができます。

リスト1.1 Hello world

In

```
#「Hello world」と出力してください
print("Hello world")
```

Out

```
Hello world
```

1.2 Pythonの用途

Pythonの用途について解説します。

1.2.1 多くのシーンで利用できるPython

Pythonは多目的に用いることができるプログラミング言語です。また、書きやすく、読みやすいように設計されているため、非常に人気の高いプログラミング言語の1つです。

Pythonを使いWebアプリを開発することも可能で、有名なPythonのWebアプリに利用できるフレームワークには、Django（ジャンゴ）、Flask（フラスク）などがあります。Pythonは科学技術やデータ分析のための言語としても有名です。このようなデータ分析に適した言語には、R（アール）やMATLAB（マトラボ）などがありますが、人工知能や機械学習の分野では、Pythonが一番使われます。実際にAIエンジニアの求人を参照すると、Pythonの利用経験が要求される場合がほとんどです。

Pythonの統合開発環境としては、PyCharmやVSCodeが有名です。テキストエディタとしては、AtomやSublime Textも人気です。また、ノートブックのJupyter Notebookもよく使われます。Jupyter Notebookを起動しているときは、データがメモリに保存され、データ加工のログをノートとして残すこともできるため、Jupyter Notebookはデータの前処理によく使われます。

問題

問題を解いてみましょう。

PythonのWebアプリ制作フレームワークを選んでください。

1. Django　　2. PyCharm　　3. Jupyter Notebook　　4. Atom

解答例

1. Django

1.3 コメントの入力

コメントの入力について解説します

1.3.1 コメント機能

実際にプログラムを書いていくと、書いたコードの意図やその内容の要約をメモで残したいときもあるでしょう。そのようなときに用いるのが、プログラムの動作には影響のないコメントという機能です。

Pythonでは、#（シャープ、ナンバーサイン）をコメントとして残したい文の前に付けるだけでコメントを残せます。

シャープを付けてコメントをすることを、コメントアウトといいます。共同で開発する場合、コメントでコードの意図を示すことにより、円滑に開発を進めることができます。

問題

問題を見てみましょう。

print(5 + 2)とprint(3 + 8)の上に「# 5 + 2の結果を出力する」「# 3 + 8の結果を出力する」とコメントしてください（リスト1.2）。

リスト1.2 コメントを付ける前

In

```
print(5 + 2)

print(3 + 8)
```

問題を解いてみましょう。

リスト1.3でコメントをして実行すると、コメントで書いた部分は無視されて実行されるはずです。期待どおりに7、11と出力され、コメントの行以外のコードが実行されているのがわかります。

リスト1.3 コメントを付けたコード

In

```
# 5 + 2の結果を表示する
print(5 + 2)

# 3 + 8の結果を表示する
print(3 + 8)
```

Out

```
7
11
```

1.4 数値と文字列

数値と文字列について解説します。

1.4.1 数値の出力

1.1節では、文字列を出力しましたが、1.3節で数値も同様に出力できています。

数値の場合は、ダブルクオートやシングルクオートで囲む必要はありません。また、printの括弧の中に計算式を代入すると、計算結果が出力されます。

それでは、例を見ていきましょう。リスト1.4のようにprint(3 + 6)とすることで、9と計算結果が出力されます。また、リスト1.5のように、print("8 - 3")とする場合は、文字列として処理されるので、8 - 3と出力されます。ダブルクオートで囲んである場合は、str型、文字列型となり、囲まない場合は、int型、整数型として出力されます。型については、1.9節で解説します。

リスト1.4 計算結果の出力

In

```
print(3 + 6)
```

Out

```
9
```

リスト1.5 計算式の出力

In

```
print("8 - 3")
```

Out

```
8 - 3
```

問題

問題を見てみましょう（リスト1.6）。

- 数値の18を出力してください。
- 数値で2 + 6を計算し、計算結果を出力してください。
- 2 + 6という文字列を出力してください。
- 上記のすべてをprint()関数を用いて出力してください。

リスト1.6 問題

In

```
# 数値の18を出力してください


# 数値で2 + 6を計算し、計算結果を出力してください


# 2 + 6という文字列を出力してください
```

解答例

問題を解いてみましょう。まず、数値の18を出力します。コードでは、print(18)と入力します。

次に数値の2に6を足したものを出力します。print(2 + 6)と入力します。

最後に文字列の2 + 6を出力してくださいというものです。print("2 + 6")とします。

実行すると、18、8、2 + 6と出力されます（リスト1.7）。

リスト1.7 解答例

In

```
# 数値の18を出力してください
print(18)

# 数値で2 + 6を計算し、計算結果を出力してください
print(2 + 6)

# 2 + 6という文字列を出力してください
print("2 + 6")
```

Out

```
18
8
2 + 6
```

1.5 演算

演算について解説します。

1.5.1 四則演算やべき乗の計算、割り算の余り

Pythonでは基本的な計算をすることができます。

四則演算だけではなく、べき乗（x^3）の計算や割り算の余りを計算することもできます。+（プラス）や−（マイナス）などの記号は、算術演算子と呼ばれます。

それぞれの算術演算子は以下のように記述します。

- 足し算の場合は +（プラス）
- 引き算の場合は −（マイナス）
- 掛け算の場合は *（アスタリスクを1つ）
- 割り算の場合は /（スラッシュ）
- 余りの場合は %（パーセント）
- べき乗の場合は **（アスタリスクを2つ）

問題

問題を見てみましょう（リスト1.8）。

- 3 + 5の結果を出力してください。
- 3 − 5の結果を出力してください。
- 3 × 5の結果を出力してください。
- 3 ÷ 5の結果を出力してください。
- 3を5で割った余りの結果を出力してください。
- 3の5乗の結果を出力してください。
- すべてprint()関数で出力してください。

リスト1.8 問題

In

```
# 3 + 5

# 3 - 5

# 3 × 5

# 3 ÷ 5

# 3 を 5で割った余り

# 3 の5乗
```

解答例

問題を解いてみましょう。

3 + 5、3 - 5は、それぞれ+（プラス）、-（マイナス）を付けます。

3 × 5のように掛ける場合は*（アスタリスク）です。

3 ÷ 5のように割る場合は、/（スラッシュ）です。

3を5で割った余りには、%（パーセント）を使います。

3の5乗は、**（アスタリスクを2個）付けます。

リスト1.9 を実行すると、8、-2、15、0.6、3、243とそれぞれの計算結果が正しく出力されます。

リスト1.9 解答例

In

```
# 3 + 5
print(3 + 5)

# 3 - 5
print(3 - 5)

# 3 × 5
print(3 * 5)
```

```
# 3 ÷ 5
print(3 / 5)

# 3 を 5 で割った余り
print(3 % 5)

# 3 の 5乗
print(3 ** 5)
```

Out

```
8、
-2
15
0.6
3
243
```

P 1 2 3 4 5 6 7 8 9 10 11 12 13

演算・変数・型

1.6 変数

変数について解説します。

1.6.1 変数

プログラムの中で何度も同じ値を使用したいときがあります。このとき、コード中の数値のすべてを1つ1つ変えることは、とても手間が掛かってしまいます。そこで、値に対して名前を付けることで、名前によって値を扱えるようにする仕組みを**変数**といいます。

変数は、**変数＝（イコール）値**で定義します（リスト1.10）。また、数学で、＝は「等しい」という意味ですが、プログラミングでは「右辺の値を左辺に代入する」という意味になります。変数名を考える場合は、正確に付けるようにしましょう。

例えば、nという名前の変数に「タロウ」という文字列が代入されていれば、後ほど自分がコードを手直しするとき、もしくは協力してサービスを作るときに協力者が混乱してしまうことになります。

なお、変数の値を出力したい場合は、変数に文字列が格納されている場合でも、数値を同じように""（ダブルクオート）や'（シングルクオート）は使いません。

リスト1.10 変数の入力例

In

```
dog = "いぬ"
print(dog)
```

Out

```
いぬ
```

1.6.2 変数の命令のルール

変数の命令には、いくつかのルールがあります。Pythonでは以下の条件を満たす必要があります。

- 変数名に使える文字は、以下の3種類
    - 大文字・小文字のアルファベット
    - 数字
    - _（アンダースコア）
- 変数名の先頭の文字には数字を使うことができない
- Pythonの予約語やキーワード、ifやforなどを使ってはいけない
- 事前に定義されている関数名、printやlistなどを使ってしまうと、それを上書きしてしまうので、これも使わないほうがよい

上記のうち、予約語やキーワード、関数名については、変数名に使っても当面エラーになりませんが、後で同じ名前の処理を使った際にはエラーが出てしまいます。

例えばprintという変数にHelloを代入して、print()関数を呼ぼうとすると、「TypeError、ストリングオブジェクトはコールできません」というエラーが出てしまいます（リスト1.11）。

誤ってこれらの単語に変数名を使ってしまった場合には、

構文1.1

```
del 変数名
```

とすれば、変数を削除することができます。

リスト1.11 エラーの例

In

```
# printを変数名に使い、print()関数を呼び出す
print = "Hello"
print(print)
del print
```

Out

```
---------------------------------------------------------------------------
TypeError                                 Traceback (most recent call last)
```

```
<ipython-input-6-005242e3ea90> in <module>()
      1 # printを変数名に使い、print()関数を呼び出す
      2 print = "Hello"
----> 3 print(print)
      4 del print

TypeError: 'str' object is not callable
```

問題

問題を見てみましょう（リスト1.12）。

- 変数nに「ねこ」を代入してください。
- nを出力してください。print()関数で出力してください。
- nという文字列を出力してください。print()関数で出力してください。
- 変数nに3 + 7という数式の計算結果を代入してください。
- 変数nを出力してください。print()関数で出力してください。

リスト1.12 問題

In

```
# 変数nに「ねこ」を代入してください


# nを出力してください。print()関数で出力してください


# nという文字列を出力してください。print()関数で出力してください


# 変数nに3 + 7という数式の計算結果を代入してください


# 変数nを出力してください。print()関数で出力してください
```

解答例

問題を解いてみましょう。

まず、nにねこを代入します。ねこは文字列なので、"（ダブルクオート）で囲って代入します。

次に変数nを出力します。

次に、nという文字列を出力します。n自身を出力するためには、"（ダブルクオート）で囲って、"n"と記述します。

変数nに3 + 7の計算結果を代入するには、n = 3 + 7とします。また、変数nを出力するには、"（ダブルクオート）で囲まずにnと記述します。

実行するとnの中身であるねこ、n自身、3 + 7の結果10まで出力されます（リスト1.13）。

リスト1.13 解答例

In

```
# 変数nに「ねこ」を代入してください
n = "ねこ"

# nを出力してください。print()関数で出力してください
print(n)

# nという文字列を出力してください。print()関数で出力してください
print("n")

# 変数nに3 + 7という数式の計算結果を代入してください
n = 3 + 7

# 変数nを出力してください。print()関数で出力してください
print(n)
```

Out

```
ねこ
n
10
```

1.7 変数の更新

変数の更新について解説します。

1.7.1 変数と値

コードは、基本的に上から下へと読み込まれていきます。そのため、変数に新たな値を代入した後は、変数は、新たな値に上書きされます。リスト1.14の例を見て、更新されていることを確認しましょう。

リスト1.14 変数と値の例①

In

```
x = 1
print(x) # 1が出力される

x = x + 1
print(x) # 2が出力される
```

Out

```
1
2
```

x = 1として、xに1を代入します。ここでprint(x)とすると、1が出力されます。次に、x = x + 1とすると、x = 1 + 1が計算され、xが2になります。ここでprint(x)とすると、2が出力されるわけです。

さらに、x = x + 1という記述を短くし、x += 1と記述することもできます（リスト1.15）。

リスト1.15 変数と値の例②

In

```
x = 1
print(x) # 1が出力される

x += 1
print(x) # 2が出力される
```

Out

```
1
2
```

同様に、x = x - 1（リスト1.16）をx -= 1と記述（リスト1.17）、x = x * 2（リスト1.18）をx *= 2と記述（リスト1.19）、x = x / 2（リスト1.20）をx /= 2（リスト1.21）と記述することもできます。

リスト1.16 変数と値の例③

In

```
x = 1
print(x) # 1が出力される

x = x - 1
print(x) # 0が出力される
```

Out

```
1
0
```

リスト1.17 変数と値の例④

In

```
x = 1
print(x) # 1が出力される

x -= 1
print(x) # 0が出力される
```

Out

```
1
0
```

リスト1.18 変数と値の例⑤

In

```
x = 1
print(x) # 1が出力される

x = x * 2
print(x) # 2が出力される
```

Out

```
1
2
```

リスト1.19 変数と値の例⑥

In

```
x = 1
print(x) # 1が出力される

x *= 2
print(x) # 2が出力される
```

Out

```
1
2
```

リスト1.20 変数と値の例⑦

In

```
x = 1
print(x) # 1が出力される
```

```
x = x / 2
print(x) # 0.5が出力される
```

Out

```
1
0.5
```

リスト1.21 変数と値の例⑧

In

```
x = 1
print(x) # 1が出力される

x /= 2
print(x) # 0.5が出力される
```

Out

```
1
0.5
```

x = 5として、xに5を代入します。次にx *= 2とすることで、x = x * 2を計算します。ここでprint(x)とすると、5 * 2の計算結果が出力されます(リスト1.22)。

リスト1.22 変数と値の例⑨

In

```
x = 5
print(x) # 5が出力される

x *= 2
print(x) # 10が出力される
```

Out

```
5
10
```

問題

問題を見てみましょう（リスト1.23）。

- 変数mに「ねこ」を代入して、変数mをprint()関数で出力してください。
- 変数mに「いぬ」を上書きして、変数mをprint()関数で出力してください。
- 変数nに14を代入して、変数nをprint()関数で出力してください。
- 変数nに5を掛けて、変数nを上書きしてprint()関数で出力してください。

リスト1.23 問題

In

```
# 変数mに「ねこ」を代入して、変数mをprint()関数で出力してください



# 変数mに「いぬ」を上書きして、変数mをprint()関数で出力してください



# 変数nに14を代入して、変数nをprint()関数で出力してください



# 変数nに5を掛けて、変数nを上書きしてprint()関数で出力してください
```

解答例

問題を解いてみましょう。

m = "ねこ"として、変数mにねこを代入します。print(m)とすると、ねこと出力されるはずです。

次に、変数mにいぬを上書きして出力する場合、まずm = "いぬ" とします。そして、print(m)として出力します。

次にn = 14として、変数nに14を代入します。print(n)とすると14と出力されるはずです。

次に変数nに5を掛けて上書きする場合、n *= 5とすることで、5を掛けることができます。print(n)として出力します。

実行すると変数の内容が書き換わり、ねこがいぬに、14が14 * 5の70になっていることがわかります（リスト1.24）。

リスト1.24 解答例

In

```
# 変数mに「ねこ」を代入して、変数mをprint()関数で出力してください
m = "ねこ"
print(m)

# 変数mに「いぬ」を上書きして、変数mをprint()関数で出力してください
m = "いぬ"
print(m)

# 変数nに14を代入して、変数nをprint()関数で出力してください
n = 14
print(n)

# 変数nに5を掛けて、変数nを上書きしてprint()関数で出力してください
n *= 5
print(n)
```

Out

```
ねこ
いぬ
14
70
```

1.8 文字列の連結

文字列の連結について解説します。

1.8.1 文字列を連結するには

演算子の+（プラス）は数値の計算だけではなく、文字列の連結にも用いることができます。もちろん、変数と文字列、変数同士の連結をすることもできます。

変数と文字列を連結する際は、リスト1.25のように記述します。このとき、変数は"（ダブルクオート）や'（クオート）で囲わないように注意しましょう。

m = "太郎"と代入して、print("私の名前は" + m + "です")とすると、「私の名前は太郎です」と出力されます。

リスト1.25 文字列の例

In

```
m = "太郎"
print("私の名前は" + m + "です")
```

Out

```
私の名前は太郎です
```

問題

問題を見てみましょう（リスト1.26）。

- 変数pに「東京」を代入してください。
- 変数pを用いて、「私は東京出身です」と、print()関数で出力してください。

リスト1.26 問題

In

```
# 変数pに「東京」を代入してください


# 変数pを用いて、「私は東京出身です」と、print()関数で出力してください
```

解答例

問題を解いてみましょう。

まず、変数pに東京を代入します。変数pを用いて、「私は東京出身です」と出力します。次に、「私は」と出力して、これに東京が入っている変数pを+でつなげ、さらに+で出身ですをつなげます。

実行してみましょう。期待どおり、文字列が連結したので、「私は東京出身です」と出力されます（リスト1.27）。

リスト1.27 解答例

In

```
# 変数pに東京を代入してください
p = "東京"

# 変数pを用いて、「私は東京出身です」と、print()関数で出力してください
print("私は" + p + "出身です")
```

Out

```
私は東京出身です
```

1.9 型

型について解説します。

1.9.1 型について

Pythonの値には、「型」という概念があります。

型には文字列型（str型）、整数型（int型）、小数型（float型）、リスト型（list型）などがあります。

ここまでは、文字列型と整数型を扱ってきましたが、前の節で解説したような異なる型同士で連結を行おうとすると、エラーが発生してしまうことがあります。

例えば、リスト1.28のようなコードを実行すると、「身長は177cmです」と出力されると期待しますが、エラーが出力されます。

リスト1.28 エラーの例

In

```
height = 177
print("身長は" + height + "cmです")
```

Out

```
---------------------------------------------------------------------------

TypeError                                 Traceback (most recent call last)

<ipython-input-6-2a5a026d7015> in <module>
      1 height = 177
----> 2 print("身長" + height + "cmです")

TypeError: must be str, not int
```

heightに177という整数型を入れて、print("身長は" + height + "cmです")と書いています。実行すると、「TypeError: must be str, not int」というエラーが出力されることがわかります。

このエラーの対処法は、1.10節で確認するとして、まずその変数の型を調べる方法を説明しましょう。

変数の型を知りたいときは、type()を用いると、()内の値の型を知ることができます。

例えばheight = 177の型を調べるために、リスト1.29のようにtype(height)と入力すると、int型ということがわかります。このtypeの()の中は1つの変数しか入れることができないので、注意しましょう。

リスト1.29 エラーを解決した例

In

```
height = 177
type(height) # 変数heightの型がわかる
```

Out

```
int
```

問題

問題を見てみましょう（リスト1.30）。

- 変数h、wの型を出力してください。
- 変数bmiに計算結果を代入してください。

（bmi = w/h^{2}で計算できます。このとき、hは身長で、wは体重です。身長の単位はメートルです）

- 変数bmiの値を出力してください。
- 変数bmiの型を出力してください。
- すべての出力はprint()関数を使ってください。

リスト1.30 問題

In

```
h = 1.7
w = 60

# 変数h、wの型を出力してください



# 変数bmiに計算結果を代入してください


# 変数bmiを出力してください


# 変数bmiの型を出力してください
```

解答例

問題を解いてみましょう。

まず、変数h、wの型を出力します。print(type(h))とすることで変数hの型が出力できます。同じように変数wはprint(type(w))とします。

次にbmiの計算を行います。**bmi**は**w / h**^{2}とします。

次に変数bmiを出力します。

最後にbmiの型を出力します。print(type(bmi))とします。

それでは、実行してみましょう。結果を見ると、最初のhの型はfloat、次のwの型はint、bmiの値は20.761245674740486と出力されていて、型はfloatであることがわかります（リスト1.31）。

リスト1.31 解答例

In

```
h = 1.7
w = 60

# 変数h、wの型を出力してください
print(type(h))
print(type(w))

# 変数bmiに計算結果を代入してください
bmi = w / h**2

# 変数bmiを出力してください
print(bmi)

# 変数bmiの型を出力してください
print(type(bmi))
```

Out

```
<class 'float'>
<class 'int'>
20.761245674740486
<class 'float'>
```

1.10 型の変換

型の変換について解説します。

1.10.1 型の変換について

ここまで解説してきたようにPythonには様々な型が存在しています。違う型同士で計算や結合を行うためには、型を変換する必要があります。

整数型にしたい場合は`int()`を、小数点を含む数値型にしたい場合は`float()`を、文字列型にしたい場合は`str()`を用います。なお、小数を含む数値のことを浮動小数点型、`float`型と呼びます。

MEMO

浮動小数点型

浮動小数点型の浮動とは、符号・指数・仮数で、その小数点を表すコンピューター特有の数値の表し方です。ソフトウェアプログラミングの実務上では、多くの場合、小数点を含む数値はfloat型になります。

さて、リスト1.28でエラーが出てしまったコードですが、リスト1.32のように修正すれば、「身長は177cmです」と出力されます。

リスト1.32 型の変換例①

In

```
height = 177
print("身長は" + str(height) + "cmです")
```

Out

```
身長は177cmです
```

`height = 177`と入力した後に、`print("身長は" + str(height) +`のように数値型を文字列型に変更してつなげ、さらに、`"cmです")`と連結すると正しく出力されます。

なお、浮動小数点型（float型）と整数型（int型）は厳密には違う型ですが、同じ数値を取り扱う型なので、リスト1.33のように型の変換をしなくても、浮動小数点型と整数型が混在した計算ができます。

リスト1.33 型の変換例②

In

```
a = 35.4
b = 18
print(a + b)
```

Out

```
53.4
```

a = 35.4とfloat型の数値を入れて、b = 18と整数型の値を入れます。これは、そのままa + bと計算できて、出力することができます。

問題

問題を見てみましょう（リスト1.34）。

- print("あなたのbmiは" + bmi + "です")をエラーが出ないように修正してください。

リスト1.34 問題

In

```
h = 1.7
m = 60
bmi = m / h ** 2

# 「あなたのbmiは○○です」と出力してください
print("あなたのbmiは" + bmi + "です")
```

Out

```
---------------------------------------------------------------------------
TypeError                                 Traceback (most recent call last)
<ipython-input-17-ddeeb32e6496> in <module>
      4
      5 # 「あなたのbmiは〇〇です」と出力してください
----> 6 print("あなたのbmiは" + bmi + "です")

TypeError: must be str, not float
```

解答例

問題を解いてみましょう。

リスト1.34をそのまま実行すると「TypeError: must be str, not float」というエラーが出てしまいます。エラーは6行目のprintの所で出ています。

エラーが出ないように修正するには、6行目のfloat型のbmiを文字列型に変換する必要があります。str()で囲んで実行してみましょう（リスト1.35）。今度は正しく「あなたのbmiは20.761245674740486です」と表示されます。

リスト1.35 解答例

In

```
h = 1.7
m = 60
bmi = m / h ** 2

# 「あなたのbmiは〇〇です」と出力してください
print("あなたのbmiは" + str(bmi) + "です")
```

Out

```
あなたのbmiは20.761245674740486です
```

理解度確認問題

理解度確認問題を見てみましょう。

リスト1.36のコードを実行したときの、出力結果と型を選んでください。

1. int型で50
2. int型で101010
3. str型で50
4. str型で101010

リスト1.36 理解度確認問題

In

```
n = "10"
print(n*3)
```

解答例

問題を解いてみましょう。

n = "10"として文字列型で保存されています。次にprint(n*3)とされています。nは文字列型なので、n*3としたときに、nの内容が3つ並んで表示されるはずです。

型は文字列型になるはずです。ですから、4.のstr型で101010と表示されるというのが正解です（リスト1.37）。

リスト1.37 解答の参考

In

```
n = "10"
print(n*3)
```

Out

```
101010
```

4. str型で101010

1.11 比較演算子の変換

比較演算子の変換について解説します。

1.11.1 比較演算子について

比較演算子とは演算子を挟んだ2つの値の関係性を表示するものです。右辺と左辺が等しい場合には==、異なる場合は!=、不等号については>または<、>=、<=のように用いることができます。

=は用いられないことに注意しましょう。なぜなら、**プログラムの世界において=は代入を意味する記号**だからです。

さて、ここで新しい型として**bool型**を紹介します。bool型とは**True**か**False**のみの値を持っている型です。さらに、これをint型に変換すると、Trueは1、Falseは0として変換されます。また、比較演算子を用いた式が成立するときはTrueとなり、成立しないときはFalseとなります。

例えばリスト1.38の出力結果は1 + 1が2であるため、2 == 3ではないので、Falseと出力されます。

リスト1.38 比較演算子の変換の例

In

```
print(1 + 1 == 3)
```

Out

```
False
```

問題

問題を見てみましょう。

- 4 + 6と-10を!=を用いて関係式を作り、Trueを出力してください。
- 出力はprint()関数を用いてください。

リスト1.39 問題

In

```
# 4 + 6と-10を!=を用いて関係式を作り、Trueを出力してください
```

解答例

問題を解いてみましょう。

まず、4 + 6と記述して、これを-10との間で!=の関係式を作ります。

このようにすると、4 + 6は10で、-10ではないので、!=を用いた関係式はTrueが成り立ちます。リスト1.39の出力結果は予想どおりTrueが出力されましたね（リスト1.40）。

リスト1.40 解答例

In

```
# 4 + 6と-10を!=を用いて関係式を作り、Trueを出力してください
print(4 + 6 != -10)
```

Out

```
True
```

CHAPTER 2

if文

ここでは、if文について解説します。

2.1 if文

最初にif文について解説します。

2.1.1 if文の構文

`if`文の構文は、`if 条件式: ...` となります。if文を使えば「もし条件式が成立するならば、`...`を行う」という条件分岐を実装することができます。

構文 2.1

```
if 条件式: ...
```

条件式というのは、1.11節の比較演算子の変換で学んだ比較演算子を用いた式のことであり、条件式が成立したとき、つまり`True`のときにだけ、後半の処理が行われます。

> **ATTENTION**
>
> **条件式の末尾**
>
> 条件式の末尾には`:`（コロン）が必要です。Pythonに慣れるまでは、`:`（コロン）を忘れがちなので、注意しましょう。

また、条件が成立したときに行う処理の範囲を示すために、必ずインデント、字下げをする必要があります。このように、条件式が成立したときの処理の範囲を、インデントを行うことで示すことは、Python独自の特徴といえるでしょう。インデントしている部分がif文の中身として、`True`のときに処理されます。

PEP8（URL https://pep8-ja.readthedocs.io/ja/latest/#id4）というPythonのコーディング規約では、コードの読みやすさを意識するために、インデントはスペース4つ分が望ましいとされています。そのため、インデントするときは、半角スペースを4つ入力するとよいでしょう。Jupyter NotebookやAidemy（URL https://aidemy.net/）のWebアプリでは、`:`（コロン）を付けて改行すると、自動で半角スペース4つ分のインデントが入るようになっています。

Pythonの条件式

Pythonの条件式は、リスト2.1のように記述できます。

`if number == 2:`のブロックは、変数`number`の値が2のときだけ実行されます。

リスト2.1 if文の例①

In

```
number = 2
if number == 2:
    print("残念！あなたは" + str(number) +  "番目の到着です")
```

Out

```
残念！あなたは2番目の到着です
```

次に`animal = "cat"`という文字列を入れていたときも、`if animal == "cat":` と記述し、改行して`print("ねこはかわいいですな")`と記述すると、`animal`は`cat`なので、`if`文が実行されます（リスト2.2）。

リスト2.2 if文の例②

In

```
animal = "cat"
if animal == "cat":
    print("ねこはかわいいですな")
```

Out

```
ねこはかわいいですな
```

問題

問題を見てみましょう（リスト2.3）。

- ifを用いて変数nが15より大きい場合「とても大きい数字」と出力してください。
- 出力はprint()関数を用いてください。

リスト2.3 問題

In

```
n = 16

# ifを用いて変数nが15より大きい場合「とても大きい数字」と出力して➡
ください
```

解答例

問題を解いてみましょう。ここでifを用いて、nが15より大きい場合、**とても大きい数字**と出力します。条件式は、まずnと書き、続けて15より大きいので大なり記号を使って15:として改行すると、インデントされますので、print()関数を記述します。()内に**とても大きい数字**と書けばいいわけです。

実行すると予想どおり、nが16と15より大きいため、**とても大きい数字**と出力されます（リスト2.4）。

リスト2.4 解答例

In

```
n = 16

# ifを用いて変数nが15より大きい場合「とても大きい数字」と出力してください
if n > 15:
    print("とても大きい数字")
```

Out

```
とても大きい数字
```

2.2 else文

else文について解説します。

2.2.1 if文の構文

2.1節で、if文について学びました。elseを用いると、「そうでなければ…を行う」と、条件分岐を細かくすることができます。使い方はifと同じインデントの位置でelse:と記述します。ifと同じように処理部分は、インデントを下げて示します。

リスト2.5にelseの例を示しました。この例では、n = 2として、変数nには2が代入されています。次にif文でn == 1、つまり、nが1のときは、print("優勝おめでとう！")と実行されます。elseつまりnが1でないときには、その下のコード、print("残念！あなたは" + str(n) + "番目の到着です")と実行されます。ここではnが2で、1ではないので、elseの中が実行されます。残念！あなたは2番目の到着ですと表示されるはずです。

リスト2.5　elseの例①

In

```
n = 2
if n == 1:
    print("優勝おめでとう！")
else:
    print("残念！あなたは" + str(n) + "番目の到着です")
```

Out

```
残念！あなたは2番目の到着です
```

次の例では、animal = "cat"として、変数animalにはcatと文字列型のデータが代入されています。if animal == "cat"以下では、animalが文字列catであるときは、print("ねこはかわいいですな")と実行されます。animalが文字列catでないときは、print("これはねこじゃないにゃ")と表示されます。ここではanimalがcatなので、if文の次行のコード、print("ねこはかわいいですな")が実行されるはずです（リスト2.6）。

リスト2.6 elseの例②

In

```
animal = "cat"
if animal == "cat":
    print("ねこはかわいいですな")
else:
    print("これはねこじゃないにゃ")
```

Out

```
ねこはかわいいですな
```

問題

問題を見てみましょう（リスト2.7）。

- elseを用いて、nが15以下のときに、小さい数字を出力してください。
- 出力はすべてprint()関数を用いてください。

リスト2.7 問題

In

```
n = 14

if n > 15:
    print("とても大きい数字")
# elseを用いて「小さい数字」を出力してください
```

解答例

問題を解いてみましょう。

n = 14として、nに14が代入されています。if n > 15、つまりnが15より大きいときは、print("とても大きい数字")と実行されます。

次に、elseを用いて「小さい数字」を出力してくださいとあります。ifと同じインデントの位置でelse:と記述します。そして改行してインデントを行い、print("小さい数字")を書けばOKです。

実行してみましょう。nが14で、15よりも小さいので、小さい数字と表示されるはずです。予想どおり、小さい数字と表示されました（リスト2.8）。

リスト2.8 解答例

In

```
n = 14

if n > 15:
    print("とても大きい数字")
# elseを用いて「小さい数字」を出力してください
else:
    print("小さい数字")
```

Out

```
小さい数字
```

2.3 elif

elifについて解説します。

2.3.1 elifについて

if文で条件が成立しなかったときに、違う条件を定義したいときには、elifを使用します。elifは、複数個指定することもできます。使い方やインデントのレベルはifと同じです。elifはリスト2.9のように記述できます。

number = 2として、2をnumberに代入します。次にif numberが1のときは、print("金メダルです！")。elif numberが2のときには、print("銀メダルです！")。elif numberが3のときは、print("銅メダルです！")。そうでないときは、3つ目のelseが実行されて、"残念！あなたは" + str(number) + "番目の到着です"が出力されます。この場合は、number = 2なので、最初のelifの次のコードが実行されて、銀メダルです！と出力されます。

リスト2.9 elifの例①

In

```
number = 2
if number == 1:
    print("金メダルです！")
elif number == 2:
    print("銀メダルです！")
elif number == 3:
    print("銅メダルです！")
else:
    print("残念！あなたは" + str(number) + "番目の到着です")
```

Out

```
銀メダルです！
```

次に文字列の場合を見てみましょう。animal = "cat"とcatがanimalに代入されています。そして、catのときは、ねこはかわいいですなと表示します。dogのときは犬はかっこいいわんと出力されます。また、animalがelephantのときは象はおおきいぞうと出力されます。elseとして、いずれでもないときは、ねこでも犬でも象でもないにゃんと出力されます。この場合、animalはcatなので、一番上のif文が成立し、print("ねこはかわいいですな")が実行されます（リスト2.10）。

リスト2.10 elifの例②

In

```
animal = "cat"
if animal == "cat":
    print("ねこはかわいいですな")
elif animal == "dog":
    print("犬はかっこいいわん")
elif animal == "elephant":
    print("象はおおきいぞう")
else:
    print("ねこでも犬でも象でもないにゃん")
```

Out

```
ねこはかわいいですな
```

問題

問題を見てみましょう（リスト2.11）。

- elifを用いて、nが11以上15以下のとき、中くらいの数字と出力してください。

リスト2.11 問題

In

```
n = 14
```

```
if n > 15:
    print("とても大きい数字")
# elifを用いて、nが11以上15以下のとき、中くらいの数字と出力➡
してください



else:
    print("小さい数字")
```

解答例

問題を解いてみましょう。すでにifとelseが記載されています。この間にelifを用いて、nが11以上15以下のとき、中くらいの数字と出力します。すでに、if文でnが15より大きいときは、とても大きい数字と出力されるので、ここでは、nが11以上のときに中くらいの数字と出力するようにすればよいはずです。

実行してみましょう。nは14なので、elifの条件が成立し、中くらいの数字と出力されます（リスト2.12）。

リスト2.12 解答例

In

```
n = 14

if n > 15:
    print("とても大きい数字")
# elifを用いて、nが11以上15以下のとき、中くらいの数字と出力してください
elif n >= 11:
    print("中くらいの数字")
else:
    print("小さい数字")
```

Out

```
中くらいの数字
```

2.4 and・not・or

and・not・orについて解説します。

2.4.1 and・not・orについて

1.11節で学んだ比較演算子に対して、and・not・orをブール演算子と呼び、条件分岐を記述する際に使用されます。and・orは条件式の間に置いて用います。andは複数の条件式が、すべてTrueの場合、Trueを返します。orは複数の条件式のうち、1つでもTrueであれば、Trueを返します。またnotは条件式の前において使用し、条件式がTrueのときFalseを、FalseのときTrueを返します。

構文2.2 and・not・or

```
条件式 and 条件式
条件式 or 条件式
not 条件式
```

問題

問題を見てみましょう（リスト2.13）。

- 変数n_1が8より大きく14より小さいという条件式を作り、結果としてFalseをprint()関数で出力してください。
- 変数n_1の2乗が、変数n_2の5倍より小さいという条件式を作り、notを用いて結果を反転させ、結果としてTrueをprint()関数で出力してください。
- 出力はprint()関数を用いてください。

リスト2.13 問題

In

```
n_1 = 14
n_2 = 28
```

```
# 変数n_1が8より大きく14より小さいという条件式を作り、➡
結果としてFalseをprint()関数で出力してください


# 変数n_1の2乗が、変数n_2の5倍より小さいという条件式を作り、not➡
を用いて結果を反転させ、結果としてTrueをprint()関数で出力してください
```

解答例

問題を解いてみましょう。n_1として14が、n_2として28が代入されています。まず、はじめにn_1が、8より大きく、14より小さい条件式を作り、print()関数で出力して、結果Falseをprint()関数で出力してくださいとあります。これは、n_1が8よりも大きいと、14よりも小さいをandで結合して書くことができます。

次はn_1の2乗が、n_2の5倍より小さい条件式を作り、notを用いて結果を反転して、結果Trueをprint()関数で出力してくださいというものです。はじめに、n_1の2乗が、n_2の5倍より小さいという条件式を作ります。n_1 ** 2 < n_2 * 5のように書くことができます。これをnotを用いて反転させprint()関数で出力します。それでは実行してみましょう。問題で指定されたとおり、FalseとTrueが出力されます（リスト2.14）。

リスト2.14 解答例

In

```
n_1 = 14
n_2 = 28

# 変数n_1が8より大きく14より小さいという条件式を作り、➡
結果としてFalseをprint()関数で出力してください
print(n_1 > 8 and n_1 < 14)

# 変数n_1の2乗が、変数n_2の5倍より小さいという条件式を作り、not➡
を用いて結果を反転させ、結果としてTrueをprint()関数で出力してください
print(not n_1 ** 2 < n_2 * 5)
```

Out

```
False
True
```

CHAPTER 3

リスト型

ここではリスト型について解説します。

3.1 リスト型①

リスト型について解説します。

3.1.1 リスト型について

1.6節では変数に1つの値だけを代入していましたが、この節では、変数に複数の値を代入することができるリスト型と呼ばれる型について解説します。

リスト型は数値や文字列などの複数のデータをまとめて格納できる型であり、[要素1, 要素2, ...]のように記述します。またリストに格納されている値の1つ1つを、要素、またはオブジェクトと呼びます。

他のプログラミング言語に触れたことがある方なら、配列と同じものだと思えばよいでしょう。

以下のように象、キリン、パンダ、または数値を1、5、2、4のように書くことができます。

```
["象", "キリン", "パンダ"] , [1, 5, 2, 4]
```

問題

問題を見てみましょう（リスト3.1）。

- 変数cにred、blue、yellowの3つの文字列を代入してください。
- 変数cの型をprint()関数を用いて出力してください。

リスト3.1 問題

In

```
# 変数cにred、blue、yellowの3つの文字列を代入してください


print(c)

# 変数cの型をprint()関数を用いて出力してください

```

解答例

問題を解いてみましょう。

まず変数cに、リスト型でred、blue、yellowという文字列を代入します。次に、この値はprintされて、さらに変数cの型を出力する必要があるので、print(type(c))と書きます。

実行してみましょう。最初のprintではcの中身であるリスト型、['red', 'blue', 'yellow']が出力されます。次のprint文では、cがリスト型（<class 'list'>）であるという出力がされます（リスト3.2）。

リスト3.2 解答例

In

```
# 変数cにred、blue、yellowの3つの文字列を代入してください
c = ["red", "blue", "yellow"]

print(c)

# 変数cの型をprint()関数を用いて出力してください
print(type(c))
```

Out

```
['red', 'blue', 'yellow']
<class 'list'>
```

3.2 リスト型②

リスト型に格納する要素について解説します。

3.2.1 リスト型の中に格納する要素について

3.1節のリスト型①では、リスト型に格納されている要素の1つ1つはすべて同じ型でした。実際には、要素の1つ1つの型が、リスト型ではなく異なっていても大丈夫です。"リンゴ"、3、"ゴリラ"のように型が違うものを入れることもできます。さらに、次のような変数を型の中に格納することもできます。先に n = 3と置いて、"リンゴ", n, "ゴリラ"のように、変数をリストの中に入れることもできます（リスト3.3）。

リスト3.3 リスト型②の例

In

```
n = 3
["りんご", n, "ゴリラ"]
```

Out

```
['りんご', 3, 'ゴリラ']
```

問題

問題を見てみましょう（リスト3.4）。

- 変数fruitsにリスト型でapple、grape、bananaの変数を要素として格納してください。

リスト3.4 問題

In

```
apple = 4
grape = 3
banana = 6

# 変数fruitsにリスト型でapple、grape、bananaの変数を要素➡
として格納してください



print(fruits)
```

解答例

問題を解いてみましょう。

変数名はfruitsです。これにリスト型でapple、grape、bananaを要素として格納します。そして、格納した変数をprintするという問題です。

実行すると変数fruitsの中身であるappleの4、grapeの3、bananaの6が出力されます（リスト3.5）。

リスト3.5 解答例

In

```
apple = 4
grape = 3
banana = 6

# 変数fruitsにリスト型でapple、grape、bananaの変数を要素➡
として格納してください
fruits = [apple, grape, banana]

print(fruits)
```

Out

```
[4, 3, 6]
```

3.3 リスト in リスト

リスト in リストについて解説します。

3.3.1 リスト in リストについて

リスト in リストを利用すれば、リスト型の要素に、さらにリスト型を格納することができます。

```
[[1, 2], [3, 4] [5, 6]]
```

例えば、上記のようにして、入れ子構造を作ることができます。実際に、リストの大括弧の中に1,2というリスト、3,4というリスト、5,6というリストが入っているという構造になっています。

問題

問題を見てみましょう（リスト3.6）。

- 変数fruitsは、果物の名前とその個数が変数の要素のリストです。
- [["りんご", 2],["みかん", 10]]という出力になるように、fruitsに変数を代入してください。

リスト3.6 問題

In

```
fruits_name_1 = "りんご"
fruits_num_1 = 2
fruits_name_2 = "みかん"
fruits_num_2 = 10

#  [["りんご", 2],["みかん", 10]]という出力になるように、➡
fruitsに変数を代入してください
```

```
# 出力です
print(fruits)
```

解答例

問題を解いてみましょう。予想どおり、fruitsの中に入っているfruits_name_1であるりんご、その個数2、fruits_name_2のみかん、その個数10が出力されました（リスト3.7）。

リスト3.7 解答例

In

```
fruits_name_1 = "りんご"
fruits_num_1 = 2
fruits_name_2 = "みかん"
fruits_num_2 = 10

#  [["りんご", 2],["みかん", 10]]という出力になるように、➡
fruitsに変数を代入してください
fruits =  [[fruits_name_1, fruits_num_1], ➡
[fruits_name_2, fruits_num_2]]

# 出力です
print(fruits)
```

Out

```
[['りんご', 2], ['みかん', 10]]
```

3.4 リストから値を取り出す

リストから値を取り出す方法を解説します。

3.4.1 リストから値を取り出す方法

リストの要素には、前から順に0、1、2、3と番号が割り振られています。これをインデックス番号といいます。このとき、一番はじめ（1番目）の要素は、インデックス番号が0であることに注意しましょう。

さらに、リストの要素は、後ろから順に番号を指定することも可能です。一番最後の要素は-1、最後から2番目の要素は-2のように出力指定することができます。このとき、リストの各要素はリスト(インデックス番号)で取得できます(リスト3.8)。

リスト3.8 リストから値を取り出す例

In

```
a = [1, 2, 3, 4]
print(a[1])
print(a[-2])
```

Out

```
2
3
```

リスト3.8のように実際のプログラムでは、aに1、2、3、4という数値が入ったリストに対して、インデックス番号1を指定すると2番目の要素2が出力されます。aのインデックス番号-2を指定すると最後から2番目の要素3が出力されます。

問題

問題を解いてみましょう（リスト3.9）。

- 変数fruitsの2番目の要素を出力してください。
- 変数fruitsの最後の要素を出力してください。
- 出力はprint()関数を用いてください。

リスト3.9 問題

In

```
fruits = ["apple", 2, "orange", 4, "grape", 3, "banana", 1]

# 変数fruitsの2番目の要素を出力してください

# 変数fruitsの最後の要素を出力してください
```

解答例

問題を解いてみましょう。

fruitsはapple, 2, orange, 4, grape, 3, banana, 1のようになっていますね。ここからfruitsの2番目の要素を出力します。2番目の要素は、インデックス番号で1と指定します。次にfruitsの最後の要素を出力します。最後の要素はインデックス番号で−1と指定します。

実行してみましょう。予想どおり、fruitsの2番目の要素である2と、最後の要素である1が出力されました（リスト3.10）。

リスト3.10 解答例

In

```
fruits = ["apple", 2, "orange", 4, "grape", 3, "banana", 1]

# 変数fruitsの2番目の要素を出力してください
print(fruits[1])

# 変数fruitsの最後の要素を出力してください
print(fruits[-1])
```

Out

```
2
1
```

3.5 リストからリストを取り出す方法

スライスを用いてリストからリストを取り出す方法について解説します。

3.5.1 リストからリストを取り出すには

リストから新たなリストを取り出すこともできます。この作業はスライスと呼ばれます。書き方はリスト[start:end]であり、startのインデックス番号からend-1のインデックス番号までのリストを取り出すことができます。

リスト3.11にスライスの取り出し方を書きました。

リスト3.11 リストからリストを取り出す例

In

```
alphabet = ["a", "b", "c", "d", "e", "f", "g", "h", ➡
"i", "j", "k", "l", "m", "n", "o", "p", "q", "r", "s", ➡
"t", "u", "v", "w", "x", "y", "z"]
# index_num 0 1 2 3 4 5 6 7 9 10 ...25
print(alphabet[1:5])
print(alphabet[1:-5])
print(alphabet[:5])
print(alphabet[5:])
print(alphabet[0:20])
```

Out

```
['b', 'c', 'd', 'e']
['b', 'c', 'd', 'e', 'f', 'g', 'h', 'i', 'j', 'k', ➡
'l', 'm', 'n', 'o', 'p', 'q', 'r', 's', 't', 'u']
['a', 'b', 'c', 'd', 'e']
['f', 'g', 'h', 'i', 'j', 'k', 'l', 'm', 'n', 'o', ➡
'p', 'q', 'r', 's', 't', 'u', 'v', 'w', 'x', 'y', 'z']
['a', 'b', 'c', 'd', 'e', 'f', 'g', 'h', 'i', 'j', ➡
'k', 'l', 'm', 'n', 'o', 'p', 'q', 'r', 's', 't']
```

リスト3.11 を見てわかるとおり、alphabetというアルファベットの文字が入っているリストがあります。これに対して、スライスでalphabetのインデックス番号1から5を取り出すと、2番目の要素であるbから5番目（インデックス番号でendに指定された5−1の4）の要素であるeまでが出力されます。同じように、1から−5まで出力すると、2番目の要素から-6番目（-5-1番目）の要素であるuまでが出力されます。

スライスはstartの要素を省略することも可能です。このときは、先頭からendに指定されたインデックス番号の1つ前までの要素が出力されます。endを省略した場合は、最後まで出力されます。また0から30と指定すると、インデックス番号が30までないので、最後まで出力されることになります。

以上のように「最初からインデックス番号が4まで」、「インデックス番号の6から最後まで」といった形で、スライスを指定することが可能です。

問題

問題を見てみましょう（リスト3.12）。

変数chaosにcat, apple, 2, orange, 4, grape, 3, banana, 1, elephant, dogが入っています。この中から、2番目の要素（インデックス番号1）から最後から3番目の要素（インデックス番号-2）までを取り出せば、正解になるはずです。

- 変数chaosから以下のリストを取り出し、変数fruitsに代入してください。

[取り出すリストデータ]

```
["apple", 2, "orange", 4 , "grape", 3, "banana", 1]
```

リスト3.12 問題

In

```
chaos = ["cat", "apple", 2, "orange", 4 , "grape", ➡
3, "banana", 1, "elephant", "dog"]

# 変数chaosから設問のリストを取り出し、変数fruitsに代入してください
```

```
# 変数fruitsを出力
print(fruits)
```

解答例

問題を解いてみましょう。問題のとおり、変数chaosから変数fruitsにリストを取り出します。fruitsにchaosのインデックス番号1番目からインデックス番号-2番目までを取り出すので、−2と書きます。そうすると、この−2の1つ前までが取り出されるはずです。実行してみましょう。予想どおり、appleから1までが出力されました（リスト3.13）。

リスト3.13 解答例

In

```
chaos = ["cat", "apple", 2, "orange", 4 , "grape", 3, ➡
"banana", 1, "elephant", "dog"]

# 変数chaosから設問のリストを取り出し、変数fruitsに代入してください
fruits = chaos[1:-2]

# 変数fruitsを出力
print(fruits)
```

Out

```
['apple', 2, 'orange', 4, 'grape', 3, 'banana', 1]
```

3.6 リストの要素の更新と追加

リストの要素の更新と追加について解説します。

3.6.1 リストの要素の更新と追加について

リストでは、要素の更新も追加もできます。リスト[インデックス番号] = 値とすることで、指定したインデックス番号の要素を更新できます。スライスを用いて値の更新をすることもできます。

また、リストの要素を追加したい場合は、リストとリストを+を用いて連結させ、複数個同時に要素を追加することも可能です。また、リスト名.append(追加する要素)としても追加させることができます（リスト3.14）。なおappendを使う場合、複数個同時に要素を更新することはできません。

リスト3.14 リストの要素の更新と追加の例

In

```
alphabet = ["a", "b", "c", "d", "e"]
alphabet[0] = "A"
alphabet[1:3] = ["A", "C"]
print(alphabet)

alphabet = alphabet + ["f"]
alphabet += ["g", "h"]
alphabet.append("i")
print(alphabet)
```

Out

```
['A', 'A', 'C', 'd', 'e']
['A', 'A', 'C', 'd', 'e', 'f', 'g', 'h', 'i']
```

alphabetというリストに、aからeまでのアルファベットが1文字ずつ入っています。次にalphabetの1番目の要素（インデックス番号が0）を大文字のAとします。こうすることで、値の更新をすることができます。また、スライスを使って1と3（インデックス番号が1と2）の箇所であるb、cという要素を更新します（3.5.1項参照）。このようにすると、最初の3つが大文字になって出力されます。

次に、要素の追加について、見ていきます。要素を追加するときは、リストを+で連結させます。リストの追加は+=を用いてもできます。また、appendを使って("i")に指定することもできます。このようにすると、リストの要素が追加され、f、g、h、iが追加されたリストが出力されます。

問題

問題を見てみましょう（リスト3.15）。

- 変数colorの最初の要素をredに更新してください。
- リストの末尾に文字列greenを追加してください。

リスト3.15 問題

In

```
c = ["dog", "blue", "yellow"]

# 変数colorの最初の要素をredに更新してください

print(c)

# リストの末尾に文字列greenを追加してください

print(c)
```

解答例

問題を解いてみましょう。まず最初に、c[0] = 'red'としてcの要素の先頭をredに変えます。次にリストの末尾にgreenを追加します。これには+を使って追加することができます。それでは実行してみましょう（リスト3.16）。実行すると、最初の要素がredに更新され、次にgreenが追加されていることがわかります。

リスト3.16 解答例

In

```
c = ["dog", "blue", "yellow"]

# 変数colorの最初の要素をredに更新してください
c[0] = 'red'
print(c)

# リストの末尾に文字列greenを追加してください
c += ['green']
print(c)
```

Out

```
['red', 'blue', 'yellow']
['red', 'blue', 'yellow', 'green']
```

3.7 リストから要素を削除

リストから要素を削除する方法について解説します。

3.7.1 リストから要素を削除する方法

前節までにリストの要素の追加と更新の方法を学んだので、この節では要素の削除の方法を学んでいきましょう。

リストの要素を削除するには、構文3.1のように記述します。

構文3.1

```
del　リスト[インデックス番号]
```

すると指定されたインデックス番号の要素が削除されます。インデックス番号は、スライスで与えることもできます。リスト3.17を見てみましょう。

リスト3.17 リストから要素を削除する例

In

```
alphabet = ["a", "b", "c", "d", "e"]
del alphabet[3:]
del alphabet[0]
print(alphabet)
```

Out

```
['b', 'c']
```

alphabetというリストに、リスト3.14と同じようにaからeまでのalphabetが保存されています。del alphabet[3:]とすると、4番目以降の要素が削除されます。次に、del alphabet[0]とすると、先頭の要素が削除されます。このようにして、4番目以降をインデックス番号3:で指定したので、後ろの2つと先頭の1つが削除され、bとcが出力されます。

問題

問題を見てみましょう（リスト3.18）。

- 変数cの最初の要素を削除してください。

リスト3.18 問題

In

```
c = ["dog", "blue", "yellow"]
print(c)

# 変数cの最初の要素を削除してください

print(c)
```

解答例

問題を解いてみましょう。

変数cには、dog, blue, yellowという内容がリストで代入されています。これの先頭の要素を削除します。つまり、delでリストcのインデックス番号0を指定します。実行してみましょう。実行すると、cのリストの先頭の要素は削除され、出力からblueとyellowが残っていることがわかります（リスト3.19）。

リスト3.19 解答例

In

```
c = ["dog", "blue", "yellow"]
print(c)

# 変数cの最初の要素を削除してください
del c[0]
print(c)
```

Out

```
['dog', 'blue', 'yellow']
['blue', 'yellow']
```

3.8 リスト型の注意点

リスト型の注意点について解説します。

3.8.1 リスト型で注意すべきこと

まずは、リスト3.20のコードを見てください。

リスト3.20 リスト型の記述の例①

In

```
alphabet = ["a", "b", "c"]
alphabet_copy = alphabet
alphabet_copy[0] = "A"
print(alphabet)
```

Out

```
['A', 'b', 'c']
```

alphabetという変数にa、b、cが入ったリストが代入されています。次に、alphabet_copyにalphabetを代入します。そして、alphabet_copyの先頭（インデックス番号0）の要素を大文字のAに更新します。

ここで、リスト型を用いるときに注意しなければならないことがあります。それはリストの変数を、そのまま別の変数に代入したときに、その変数の値を変えた場合、元の変数の値も変わってしまうということです。

それを防ぐために、単にy = xとして代入するのではなく、y = x[:]というように書きます。または、y = list(x)と書けばよいので、ここでその方法を確認しましょう。

リスト3.21のようにすると、リストの要素がそのままコピーされて、新しいリストができます。この例では、alphabet_copyにスライスを指定して、alphabet[:]と指定されています。このときalphabet_copyの先頭（インデックス番号0）の要素を書き換えても、元のalphabetの要素は書き換えられません。

リスト3.21 リスト型の記述の例②

In

```
alphabet = ["a", "b", "c"]
alphabet_copy = alphabet[:]
alphabet_copy[0] = "A"
print(alphabet)
```

Out

```
['a', 'b', 'c']
```

問題

問題を見てみましょう（リスト3.22）。

- 変数cのリストの要素が変化しないようにc_copy = cの部分を訂正してください。

リスト3.22 問題

In

```
c = ["dog", "blue", "yellow"]
print(c)

# 変数cのリストの要素が変化しないようにc_copy =cの部分を訂正➡
してください
c_copy = c

c_copy[1] = "green"
print(c)
```

Out

```
['dog', 'blue', 'yellow']
['dog', 'green', 'yellow']
```

解答例

問題を解いてみましょう。

cという変数にdog、blue、yellowというリストが代入されています。このとき、c_copyに= cというように、cがコピーされています。その後、c_copyの1番目を変更しているので、元のcの値も変更されます。

問題を実行すると（リスト3.22）、cのblueの箇所がgreenに書き換わっていることがわかります。これを値が変更されないように訂正するには、スライスを用いて、リストをコピーすればよいことがわかります。

リスト3.23のようにc_copy = c[:]と修正して実行してみましょう。すると、今度はblueがblueのまま変更されずに出力されていることがわかります。

リスト3.23 解答例

In

```
c = ["dog", "blue", "yellow"]
print(c)

# 変数cのリストの要素が変化しないようにc_copy =cの部分を訂正➡
してください
c_copy = c[:]

c_copy[1] = "green"
print(c)
```

Out

```
['dog', 'blue', 'yellow']
['dog', 'blue', 'yellow']
```

CHAPTER 4

辞書型

ここでは辞書型について解説します。

4.1 辞書型

辞書型について解説します。

4.1.1 辞書型とは

辞書型とはリスト型と同じように複数のデータを扱うときに用いられる型です。

リスト型と違う点は、インデックス番号で要素を取り出すのではなく、キーと呼ばれる名前を付けて値（バリュー）を紐付ける所です。他のプログラミング言語に触れたことがある方ならJSON形式と似た形式であると押さえておけばよいでしょう。

書き方は、構文4.1のようになります。文字列の場合は"（ダブルクオート）で囲います。

構文4.1

```
{キー1: 値1, キー2: 値2, ...}
```

リスト4.1の例を見てみましょう。

リスト4.1　辞書の例

In

```
dic ={"Japan": "Tokyo", "Korea": "Seoul"}
print(dic)
```

Out

```
{'Japan', 'Tokyo', 'Korea', 'Seoul'}
```

この例では、変数dicに辞書が保存されています。{"Japan": "Tokyo", "Korea": "Seoul"}のようになっています。

問題

問題を見てみましょう（リスト4.2）。

- 変数townに以下のキーと値を持つ辞書を作って代入してください。

キー1：Aichi、値1：Nagoya、キー2：Kanagawa、値2：Yokohama

リスト4.2 問題

In

```
# 変数townに辞書を代入してください


# townの出力
print(town)
# 型の出力
print(type(town))
```

解答例

問題を解いてみましょう（リスト4.3）。

変数townに辞書を代入するので、指定のとおり、townにまずAichiというキーを、次にNagoyaという値を入れます。値はキーのAichiの後に：を入れてから続けます。

次のキーはKanagawaですね。：を入れて、Yokohamaと書きます。最後に辞書を閉じます。問題ではtownの中身とtownの型を出力しています。

実行してみましょう。辞書は{'Aichi': 'Nagoya', 'Kanagawa': 'Yokohama'}と出力されています。型はdictと出力されています。

リスト4.3 解答例

In

```
# 変数townに辞書を代入してください
town = {"Aichi": "Nagoya", "Kanagawa": "Yokohama"}

# townの出力
print(town)
# 型の出力
print(type(town))
```

Out

```
{'Aichi': 'Nagoya', 'Kanagawa': 'Yokohama'}
<class 'dict'>
```

4.2 辞書の要素を取り出す

辞書の要素を取り出す方法について解説します。

4.2.1 辞書の要素の取り出し方

辞書の要素を取り出すときは、取り出したい値に紐付けられているキーを用いて、**辞書名["キー"]**と記述します。

リスト4.4で具体的な例を見てみましょう。

リスト4.4 辞書の要素を取り出す例

In

```
dic = {"Japan": "Tokyo", "Korea": "Seoul"}
print(dic["Japan"])
```

Out

```
Tokyo
```

dicという変数に、{"Japan": "Tokyo", "Korea": "Seoul"}という辞書が代入されています。

次に、dicという辞書のJapanというキーの値を取り出します。Japanというキーの値はTokyoなので、Tokyoが出力されます。

問題

問題を見てみましょう（リスト4.5）。

- 辞書townを用いて、Aichiの県庁所在地はNagoyaですと出力してください。
- 辞書townを用いて、Kanagawaの県庁所在地はYokohamaですと出力してください。
- 出力はprint()関数を用いてください。

リスト4.5 問題

In

```
town = {"Aichi": "Nagoya", "Kanagawa": "Yokohama"}


# 辞書townを用いて、Aichiの県庁所在地はNagoyaですと出力➡
してください

# 辞書townを用いて、Kanagawaの県庁所在地はYokohamaですと出力➡
してください
```

解答例

問題を解いてみましょう（リスト4.6）。

最初に、Aichiの県庁所在地はNagoyaですと出力します。printを記述して、Aichiの県庁所在地はと書きます。次に辞書townを用いて、辞書townのキーAichiの値を取り出します。最後にですと書きます。

Kanagawaの県庁所在地の場合も同じように辞書を用いて、Kanagawaの値を取り出します。これで正しく表示されるはずです。

実行してみます。Aichiの県庁所在地はNagoyaです、Kanagawaの県庁所在地はYokohamaですと出力されました。

リスト4.6 解答例

In

```
town = {"Aichi": "Nagoya", "Kanagawa": "Yokohama"}

# 辞書townを用いて、Aichiの県庁所在地はNagoyaですと出力してください
print("Aichiの県庁所在地は" + town["Aichi"] + "です")

# 辞書townを用いて、Kanagawaの県庁所在地はYokohamaですと出力➡
してください
print("Kanagawaの県庁所在地は" + town["Kanagawa"] + "です")
```

Out

```
Aichiの県庁所在地はNagoyaです
Kanagawaの県庁所在地はYokohamaです
```

4.3 辞書の更新と追加

辞書の更新と追加する方法について解説します。

4.3.1 辞書の値の更新と追加

辞書の値を更新するときは、構文4.2のように書きます。また、辞書に要素を追加したい場合は、構文4.3のように書きます（リスト4.7）。

構文4.2

```
辞書名["更新したい値のキー"] = "値"
```

構文4.3

```
辞書名["追加したいキー"] = "値"
```

リスト4.7 辞書の更新と追加の例

In

```
dic = {"Japan": "Tokyo","Korea": "Seoul"}
dic["Japan"] = "Osaka"
dic["China"] = "Beijing"
print(dic)
```

Out

```
{'Japan': 'Osaka', 'Korea': 'Seoul', 'China': 'Beijing'}
```

リスト4.7の辞書の更新では、変数dicに、キーがJapan、値がTokyo、キーがKorea、値がSeoulである辞書が代入されています。まず、Japanのキーの値をOsakaに更新します。これには、辞書名であるdic、更新したい値のキーであるJapan、値のOsakaと書きます。

次に、辞書に要素を追加します。Chinaというキーで、Beijingという値を追加します。これには、辞書名["追加したいキー"]=値と記述します。ここでprint(dic)とすると、キーがJapan、値がOsaka、キーがKorea、値がSeoul、追加されたキーがChina、値がBeijingという辞書が出力されます。

問題

問題を見てみましょう（リスト4.8）。

- キーHokkaido、値Sapporoの要素を追加してください。
- キーAichiの値をNagoyaに変更してください。

リスト4.8 問題

In

```
town = {"Aichi": "aichi","Kanagawa": "Yokohama"}

# キーHokkaido、値Sapporoの要素を追加してください

print(town)

# キーAichiの値をNagoyaに変更してください

print(town)
```

解答例

問題を解いてみましょう（リスト4.9）。

townという変数に、キーAichi、値aichi、キーKanagawa、値Yokohamaという辞書が代入されています。ここで、キーHokkaido、値Sapporoを追加します。追加するには、辞書の名前townに、キーである["Hokkaido"]を指定し、= 値とします。値は"Sapporo"です。次に、キーAichiの値をNagoyaに変更します。これは同じようにtownに、["Aichi"] = "Nagoya"とします。出力すると、最初は、Hokkaidoが追加された辞書が、次にAichiの値がNagoyaに変わった辞書が出力されるはずです。

実行すると予想どおり、1つ目はキーHokkaido、値Sapporoが追加され、2つ目は、値のaichiがNagoyaに変わっていることがわかります。

リスト4.9 解答例

In

```
town = {"Aichi": "aichi","Kanagawa": "Yokohama"}

# キーHokkaido、値Sapporoの要素を追加してください
town["Hokkaido"] = "Sapporo"
print(town)

# キーAichiの値をNagoyaに変更してください
town["Aichi"] = "Nagoya"
print(town)
```

Out

```
{'Aichi': 'aichi', 'Kanagawa': 'Yokohama', ➡
'Hokkaido': 'Sapporo'}
{'Aichi': 'Nagoya', 'Kanagawa': 'Yokohama', ➡
'Hokkaido': 'Sapporo'}
```

4.4 辞書の要素の削除

辞書の要素を削除する方法について解説します。

4.4.1 辞書の要素の削除の仕方

辞書の値を削除するときは、構文4.4のように書きます（リスト4.10）。

構文4.4

```
del　辞書名["削除したいキー"]
```

リスト4.10 辞書の要素の削除の例

In

```
dic = {"Japan": "Tokyo", "Korea": "Seoul", "China": ➡
"Beijing"}
del dic["China"]
print(dic)
```

Out

```
{'Japan': 'Tokyo', 'Korea': 'Seoul'}
```

リスト4.10の例を見てみましょう。

変数dicに"Japan": "Tokyo", "Korea": "Seoul", "China": "Beijing"という辞書が代入されています。この辞書からChinaのキーを削除します。辞書の値を削除するときは、del　辞書名["削除したいキー"]と記述します。dicをprint()関数で出力すると、{'Japan': 'Tokyo', 'Korea': 'Seoul'}と出力され、キーのChinaと値のBeijinが削除されていることがわかります。

問題

問題を見てみましょう（リスト4.11）。

- キーがAichiの要素を削除してください。

リスト4.11 問題

In

```
town = {"Aichi": "aichi","Kanagawa": "Yokohama", ➡
"Hokkaido": "Sapporo"}

# キーがAichiの要素を削除してください

print(town)
```

解答例

問題を解いてみましょう（リスト4.12）。

townという変数に、"Aichi": "aichi","Kanagawa": "Yokohama", "Hokkaido": "Sapporo"という辞書が代入されています。ここから、キーがAichiの要素を削除します。削除するには、del town["Aichi"]とすればよいですね。

実行してみましょう。期待どおり、Aichiとaichiが削除され、{'Kanagawa': 'Yokohama', 'Hokkaido': 'Sapporo'}という辞書が出力されます。

リスト4.12 解答例

In

```
town = {"Aichi":"aichi","Kanagawa":"Yokohama", ➡
"Hokkaido":"Sapporo"}

# キーがAichiの要素を削除してください
del town["Aichi"]
print(town)
```

Out

```
{'Kanagawa': 'Yokohama', 'Hokkaido': 'Sapporo'}
```

CHAPTER

5 while文

ここではwhile文について解説します。

5.1 while文①

while文について解説します。

5.1.1 while文とは

whileを用いると、与えられた条件式がFalseになるまで、処理を繰り返すことができます。2.1節で学んだifと同じように、構文5.1のように書きます。条件式がTrueの間、while文内の処理は繰り返されることになります。

構文5.1

```
while 条件式: ...
```

なお、while文内の処理は、if文と同様インデントすることで、そのループの処理を行う箇所を指定します。インデントは半角スペース4つがよいとされていることを、再度確認しておきましょう。

それでは、リスト5.1を見てみましょう。n = 2としてnに2が代入されています。次にwhile n > 0として、nが0より大きい間は繰り返すという条件が指定されています。whileの中では、print(n)として、nの値を出力し、n -= 1としてnから1を引いています。結果を見ると、まずnの値である2が表示されます。次にn - 1として、nから1が引かれます。この後、条件式が評価され、1は0より大きいので、もう一度繰り返されます。nの値が表示されて、nから1が引かれます。また、次にwhileの条件が評価されますが、ここでは0となり、> 0という条件がTrueではなくて、Falseになっているので、whileから抜けて処理が終わります。

リスト5.1 while文の例

In

```
n = 2
while n > 0:
    print(n)
    n -= 1
```

Out

```
2
1
```

問題

問題を見てみましょう。

- リスト5.2 のコードを実行したとき、print(“Aidemy”)は何回実行されるでしょう？

リスト5.2 問題

In

```
x = 5
while x > 0:
    print("Aidemy")
    x -= 2
```

```
1. 0
2. 1
3. 2
4. 3
```

解答例

それでは、実際に解いてみましょう。

まず、x = 5としてxに5が代入されています。次にxが0より大きい間繰り返すという条件が指定されています。そして、print("Aidemy")と書いてあります。次にxから2を引きます。x -= 2というコードになっています。

それでは、何回Aidemyが表示されるか見てみましょう。はじめに、xは5になっています。whileの条件を評価したときに、xは0よりも大きいので、whileの中に入ります。そして、1回目のprint("Aidemy")が実行されます。この後、xから2が引かれます。xは3になります。また、whileの条件が評価されて3は0よりも大きいので、whileの中が繰り返されます。2回目のprint("Aidemy")が実行されます。またxから2が引かれます。3 - 2でxは1になります。もう一度whileの条件を比較します。1は0よりも大きいので、もう一度whileの中が実行されます。3度目のprint("Aidemy")が実行されます。次にxから2が引かれます。ここでは、1 - 2で、xは-1になります。この後、whileの条件を比較したとき、-1は0よりも大きくないので、while文から抜けて、処理が終了します。ということで、Aidemyは合計で3回表示されることになります。答えは4番目の3となります（リスト5.3）。

リスト5.3 解答例

In

```
x = 5
while x > 0:
    print("Aidemy")
    x -= 2
```

Out

```
Aidemy
Aidemy
Aidemy
```

```
4. 3
```

5.2 while文②

引き続きwhile文について解説します。

5.2.1 while文のおさらい

さて、while文はPythonの中でも頻出要素の1つなので、もう一度演習しながら、知識を定着させましょう。

条件式の変数の値の更新を忘れたり、常に条件式が成り立つものを作ってしまうとループが無限に続いてしまいます。このようなループを**無限ループ**といいますが、実際にプログラミングするときは、無限ループが起こらないように注意してください。

問題

それでは、問題を見ていきましょう。

- 最初に変数xに5を設定してください。
- while文を用いて、変数xが0ではない間、ループするようにしてください。
- while文の中で実行する処理は、変数xから1を引く処理と、引いた後にxの値を出力する処理を書いてください。
- 出力はprint()関数を使ってください。
- 実行結果は以下のようになります。

Out

```
4
3
2
1
0
```

解答例

それでは、実際に解いてみましょう。まず、変数xに5が代入されています。次に、whileを用いて変数xが0ではない間、ループするように作ります。

まず、whileと書いて、変数xが0でない間でループするように書きます。ここでは、!=を用いることにします。

次にwhile文の中で変数xから1を引く処理と引いた後に出力する処理を書きます。まずxから1を引きます。次にxの内容を出力します。

それでは実行してみましょう。結果は4、3、2、1、0となって、0になったときに、0と条件式の0が同じになってしまうので、while文の外に出ます（リスト5.4）。

リスト5.4 実行結果

In

```
x = 5

# while文を用いて、変数xが0でない間ループするように作ってください
while x != 0:
    # while文の中で実行する処理は、変数xから1を引く処理と、➡
引いた後にxの値を出力する処理を書いてください
    x -= 1
    print(x)
```

Out

```
4
3
2
1
0
```

5.3 while + if

while + ifについて解説します。

5.3.1 while + ifについて

この節では、第2章で学んだifと5.1節と5.2節で学んだwhileを用いた問題を解いてみましょう。

問題

問題を見てみましょう。

- 前節で書いたコードを改良してみましょう。
- if文を用いて、Outのような出力になるように、コードを改良してください。4、3、2、1、Bangと出力するというコードです。

Out

```
4
3
2
1
Bang
```

解答例

問題を解いてみましょう。コードは先ほどと同じように、xに5が代入され、whileでxが0でない間ループするように書いてあります。そして、xから1を引き、print(x)とするコードです。

ここで、問題では、xが0のときにBangと出力すればよいので、if x == 0のときにBangと書いて、xが0でないときはこのままxを出力します。

それでは実行してみましょう。予想どおり、4、3、2、1、Bangとなりました（リスト5.5）。

リスト5.5 実行結果

In

```
x = 5

# while文を用いて、変数xが0でない間ループするように作ってください
while x != 0:
    # while文の中で実行される処理は、変数xから1を引く処理と、➡
引いた後にxの値を出力する処理を書いてください。これに加えて、変数xが0に
なったときに「Bang」と出力する処理を書いてください
    x -= 1
    if x == 0:
        print("Bang")
    else:
        print(x)
```

Out

```
4
3
2
1
Bang
```

for文

ここではfor文について解説します。

6.1 for文

for文について解説します。

6.1.1 for文とは

リストの要素をすべて出力したいときに、よく用いられるのが**for文**です。構文6.1のように書くことで、データ群の要素数だけ処理を繰り返すことができます。

構文6.1

```
for 変数 in データ群:
```

データ群とは、リスト型や辞書型のように、変数の中に要素を複数個持つものを指します。ここではリスト型をfor文で扱い、辞書型は6.6節の辞書型のループにて扱います。ここでもfor文の後にコロンが入るのを忘れないようにしてください。

これまでに学んだifやwhileと同様に、**インデントによって処理の範囲**を示します。ここでも、インデントは半角スペース4つとしてください（リスト6.1）。

リスト6.1　for文の例

In

```
animals = ["tiger", "dog", "elephant"]
for animal in animals:
    print(animal)
```

Out

```
tiger
dog
elephant
```

それでは、リスト6.1の例を見てみましょう。animalsという変数に、dog、tiger、elephantという3つの要素を持つリストが代入されています。次にfor文でanimal in animals:と書いてあります。このようにすると、animalsというリストの中から、1つずつanimalに値が代入されます。

次にprint(animal)でanimalの中身を出力しています。これもリストが終わるまで繰り返します。このようにすると、出力結果はtiger、dog、elephantと1つずつ出力されることがわかります。

問題

問題を見てみましょう（リスト6.2）。

- for文を使って、変数numbersの要素を1つずつ出力してください。
- 出力はprint()関数を用いてください。
- forの後に置く変数は任意とします。

リスト6.2 問題

In

```
numbers = [1, 2, 3, 4]

# for文を使って、変数numbersの要素を1つずつ出力してください
```

解答例

問題を解いてみましょう。

numbersという変数に1、2、3、4という要素を持つリストが代入されています。ここでfor文を使って変数numbersの要素を1つずつ出力します。for文の変数には、よくiを使うことが多いです。ここではiとします。for i in numbers:とすると、numbersの要素が1つずつiに入り、ループが回ります。ここでprint(i)とすることで、変数numbersの要素が1つずつ出力されます。

実行してみましょう。リストの先頭から1、2、3、4と出力されたことがわかります（リスト6.3）。

リスト6.3 解答例

In

```
numbers = [1, 2, 3, 4]

# for文を使って、変数numbersの要素を1つずつ出力してください
for i in numbers:
    print(i)
```

Out

```
1
2
3
4
```

6.2 break

breakについて解説します。

6.2.1 breakとは

breakを用いると繰り返し処理を終了することができます。if文と同時に用いられることが多いです。

リスト6.4 breakの例

In

```
storages = [1, 2, 3, 4, 5, 6, 7, 8, 9, 10]
for n in storages:
    print(n)
    if n >= 5:
        print("続きはこちら")
        break
```

Out

```
1
2
3
4
5
続きはこちら
```

リスト6.4の例を見てみましょう。storagesという変数に、1から10までの整数がリストとして保存されています。次にfor文で、この中から1つずつ取り出し、print()関数で値を表示しています。

次に取り出した変数がifブロックの中で5以上のとき、print()関数で続きはこちらと表示し、breakでfor文を終了させています。

出力結果を見ると、1から5まで表示された後で、if文の中の、続きはこちらと表示されて、breakで処理が終了します。

問題

問題を見てみましょう（リスト6.5）。

・変数nの値が4のときに、処理を終了させてください。

リスト6.5 問題

In

```
storages = [1, 2, 3, 4, 5, 6]

for n in storages:
    print(n)
    # 変数nの値が4のときに、処理を終了させてください
```

解答例

問題を解いてみましょう。

storagesという変数に、1から6までの整数がリストで代入されています。次にfor文で、storagesの中から値を変数nに1つずつ取り出します。これをprint()関数で表示しています。次に、「変数nの値が4のときに、処理を終了させてください」という指示があります。

まずif文で変数nが4のときという条件をn == 4と書きます。このときに、処理を終了させればよいので、breakと書きます。

それでは実行してみましょう。リスト6.6のように、1から4まで出力した後で、処理が終了しています。

リスト6.6 解答例

In

```
storages = [1, 2, 3, 4, 5, 6]

for n in storages:
    print(n)
    # 変数nの値が4のときに、処理を終了させてください
    if n == 4:
        break
```

Out

1
2
3
4

6.3 continue

continueについて解説します。

6.3.1 continueとは

continueは、breakとは異なり、ある条件のときだけそのループの処理を1回だけスキップすることができます。breakと同様に、if文などと組み合わせて使用します。

リスト6.7 continueの例

In

```
numbers = [1, 2, 3]
for number in numbers:
    if number == 2:
        continue
    print(number)
```

Out

```
1
3
```

リスト6.7の例を見てみましょう。変数numbersに、1、2、3というリストが代入されています。次にfor number in numbers:でnumbersの値を1つずつ取り出しています。そしてif文でnumberが2のときに、continueとしてスキップします。スキップされなかったときは、print(number)として、numberの値を出力します。

出力結果を見ると、1、3となっており、numberが2のときはprint()関数がスキップされていることがわかります。

問題

問題を見てみましょう（リスト6.8）。

・変数nの値が2の倍数のときだけ、処理をスキップさせてください。

リスト6.8 問題

In

```
n = [1, 2, 3, 4, 5, 6]

for n_i in n:
    # 変数nの値が2の倍数のときだけ、処理をスキップさせてください


    print(n_1)
```

解答例

問題を解いてみましょう。

変数nに1から6までの数値が代入されています。次に、for n_i in nとして、nの値を1つずつ取り出してみます。この後、変数n_iの値が2の倍数のときだけ、処理をスキップさせてください、となっています。ここでif文を使って、n_iが2の倍数かどうかを調べます。一般に変数が何かの倍数のとき、倍数であることを調べたい場合は、余りを使えばよいですね。なので、n_iを2で割った余りが0のときに、continueすればよいはずです。

実行してみましょう。実行すると出力は、1、3、5となり、変数n_iの値が2の倍数のときだけ、スキップされていることがわかります（リスト6.9）。

リスト6.9 解答例

In

```
n = [1, 2, 3, 4, 5, 6]

for n_i in n:
    # 変数nの値が2の倍数のときだけ、処理をスキップさせてください
    if n_i % 2 == 0:
        continue

    print(n_i)
```

Out

1

3

5

6.4 for文でindex表示

for文でindex表示をする方法について解説します。

6.4.1 for文でindex表示するには

for文を用いてループするときに、リストのインデックスを同時に得たいときがあります。このとき、enumerateを用いることによって、インデックス付きで要素を得ることができます。

for文を用いたループは 構文6.2 のように記述します。

構文6.2

```
for x, y in enumerate(リスト型):
    forの中ではx, yを用いて記述します。
    xは整数型、yはリスト型に含まれる要素です。
```

リスト6.10 for文

In

```
list = ["a", "b"]
for index, value in enumerate(list):
    print(index, value)
```

Out

```
0 a
1 b
```

リスト6.10の例を見てみましょう。for x, y in enumerate(リスト型):となっています。このとき、xの箇所に整数型でインデックスが、yの箇所にリストの中に入っている要素が入ります。

次に、list = ["a", "b"]として文字列が入っています。このときfor index, value in enumerate(list):として、リストの中身をインデックス付きで取り出しています。print(index, value)とすると、indexの箇所にリストのインデックス番号が、valueの箇所にリストの要素が出力されるはずです。出力結果を見てみると、0とa、1とbが出力されていることがわかります。

問題

問題を見てみましょう（リスト6.11）。

- for文とenumerateを用いて、以下の出力をするようなコードを書いてください。
- 出力はprint()関数を用いてください。

```
index:0 tiger
index:1 dog
index:2 elephant
```

リスト6.11 問題

In

```
animals = ["tiger", "dog", "elephant"]

#for文とenumerateを用いて、index:0 tiger、index:1 dog、➡
index:2 elephantとなるコードを書いてください
```

解答例

問題から出力はindex:0 tiger、index:1 dog、index:2 elephantとなるようにすればよいことがわかりますね。

問題を解いてみましょう。変数animalsに、tiger、dog、elephantというリストが代入されています。ここで、for文、enumerateを用いて、リストの中身を出力します。まずfor index, animal in enumerate(animals):と書きます。このとき、インデックス番号を得ることを忘れないようにしましょう。

次にprintとして、index:と書きます。次にindexを出力したいのですが、strとして文字列型に変換するのを忘れないようにしましょう。次に

animalの中身を出力します。半角スペースが1個入っているので、**半角スペース + animal**とします。

実行してみましょう。animalの中身を出力するように書き換えます。出力結果は、index:0 tiger、index:1 dog、index:2 elephantのようになっています（リスト6.12）。

リスト6.12 解答例

In

```
animals = ["tiger", "dog", "elephant"]

# for文とenumerateを用いて、index:0 tiger、index:1 dog、➡
index:2 elephantとなるコードを書いてください
for index, animal in enumerate(animals):
    print("index:" + str(index) + " " + animal)
```

Out

```
index:0 tiger
index:1 dog
index:2 elephant
```

6.5 リスト in リストのループ

リスト in リストのループについて解説します。

6.5.1 リスト in リストのループとは

リストの要素がリスト型の場合、その中身のリストの中の要素もfor文によって取り出すことができます。このとき、構文6.3のように書きます。

構文6.3

```
for a, b, c, in 変数
```

ただし、a、b、cの個数は要素であるリスト型の中身と一致しなければなりません。

リスト6.13 リスト in リストのループの例

In

```
list = [[1, 2, 3],
        [4, 5, 6]]

for a, b ,c in list:
    print(a, b, c)
```

Out

```
1 2 3
4 5 6
```

リスト6.13の例を見てみましょう。list = [[1, 2, 3],[4, 5, 6]]で、中身のリストの要素はそれぞれ3つずつです。for文では、3つの要素があるので、a、b、cと取り出し、listとして、print(a, b, c)と1つずつ出力します。出力結果は、まず1つ目のリストの値が1　2　3と出力され、ここで次のループが回って、4　5　6と出力されます。

問題

問題を見てみましょう（リスト6.14）。

- for文を用いて、以下の出力となるコードを書いてください。
- 出力はprint()関数を用いてください。

```
strawberry is red
peach is pink
banana is yellow
```

リスト6.14 問題

In

```
fruits = [["strawberry", "red"],
          ["peach", "pink"],
          ["banana", "yellow"]]

# for文を用いて出力してください
```

解答例

問題を解いてみましょう。fruitsという変数に、リストのリスト（リスト in リスト）でstrawberry、red、次のリストでpeach、pink、次のリストでbanana、yellowというリストが代入されています。これをfor文を用いて出力してみます。

まず、for a, bとして、リストの中身を2つ取り出します。次にfruitsとリストを指定して、print(a + " is " + b)とすると、strawberry is redのように出力されます。

実行してみましょう。期待どおり、strawberry is red、peach is pink、banana is yellowと出力されました（リスト6.15）。

リスト6.15 解答例

In

```
fruits = [["strawberry", "red"],
          ["peach", "pink"],
          ["banana", "yellow"]]

# for文を用いて出力してください
for a, b in fruits:
    print(a + " is " + b)
```

Out

```
strawberry is red
peach is pink
banana is yellow
```

6.6 辞書型のループ

辞書型のループについて解説します。

6.6.1 辞書型のループとは

辞書型のループではキーと値の両方を変数としてループさせることができます。itemsを用いて、構文6.4のように書きます。

構文6.4

```
for キーの変数名, 値の変数名 in 辞書の変数名.items()
```

リスト6.16 辞書型のループの例

In

```
fruits = {"strawberry": "red", "peach": "pink", ➡
"banana": "yellow"}
for fruit, color in fruits.items():
    print(fruit + " is " + color)
```

Out

```
strawberry is red
peach is pink
banana is yellow
```

リスト6.16の例を見てみましょう。例では、fruitsという変数にstrawberryというキーにredという値、peachというキーにpinkという値、bananaというキーにyellowという値が指定された辞書が代入されています。ここで、for fruits, color in fruits.items()とすると、fruitsのキーと値が、それぞれfruit、colorに代入されます。ここでprint(fruit + " is " + color)とすると、出力では、strawberry is red、peach is pink、banana is yellowとなります。

もう一度コードを見てみましょう。出力結果のstrawberry is redは

print文でfruits + " is " + colorという部分が実行されたものです。strawberryは変数fruitの値です。redは変数colorの値になっています。fruitとcolorはそれぞれ、for文の中で、fruit, color in fruits.items()として取り出されたものです。これは、辞書の中のstrawberryというキーがfruitに入り、redという値がcolorという箇所に入るということです。

問題

問題を見てみましょう（リスト6.17）。

・for文を用いて以下のように出力するコードを書いてください。

```
Aichi Nagoya
Kanagawa Yokohama
Hokkaido Sapporo
```

リスト6.17 問題

In

```
town = {"Aichi": "Nagoya","Kanagawa": ➡
"Yokohama": "Hokkaido": "Sapporo"}

# for文を用いて出力してください
```

解答例

問題を解いてみましょう。townという変数に、次のような辞書が代入されています。

```
AichiというキーにNagoya
KanagawaというキーにYokohama
HokkaidoというキーにSapporo
```

それぞれのキーに値が設定されていますね。これを、for文を用いて取り出します。リスト6.16の例で見たように、for key, value in town.items():

とすることで、キーと値を取り出すことができます。

次にprint()関数で、keyとvalueを半角スペースで区切って出力すればOKです。

実行してみましょう。実行結果から、Aichi Nagoya、Kanagawa Yokohama、Hokkaido Sapporoのように、キーと値の組が出力されていることがわかります（リスト6.18）。

リスト6.18 解答例

In

```
town = {"Aichi": "Nagoya","Kanagawa": ➡
"Yokohama", "Hokkaido": "Sapporo"}

# for文を用いて出力してください
for key, value in town.items():
    print(key + " " + value)
```

Out

```
Aichi Nagoya
Kanagawa Yokohama
Hokkaido Sapporo
```

CHAPTER 7

関数とメソッド

ここでは関数とメソッドについて解説します。

7.1 関数の基礎と組み込み関数

関数の基礎と組み込み関数について解説します。

7.1.1 関数とは

関数とは、簡単に述べると、処理をまとめたプログラムのことです。関数はユーザーが自由に定義することもできますし、関数がまとまったパッケージも存在します。このパッケージは、ライブラリやフレームワークなどと呼ばれます。

組み込み関数とはPythonにあらかじめ定義されている関数のことであり、print()関数は代表例の1つです。

print()関数の他にもPythonには様々な便利な関数が用意されています。それらの関数を用いることで、効率的にプログラムを作ることができます。例えば、これまでに学習してきたtype()、int()、str()も組み込み関数です。

さて、ここではよく使われる組み込み関数の1つであるlen()について見てみましょう。len()は括弧内のオブジェクトの長さや要素の数を返します。

オブジェクトとは変数に代入することができるものです。オブジェクトの説明は、後にしますので、ここでは「変数のことだ」と思ってください。このような代入される値を「引数（ひきすう）」といいます。引数のことを「パラメータ」と呼ぶこともあります。

関数1つ1つに、引数に取れる変数の型

関数1つ1つに、引数に取れる変数の型は決まっています。ここで扱うlen()関数は、例えばstr型やlist型を入れることができます。しかし、int型やfloat型、bool型などは入れることができません。関数を学ぶときは、どの型が引数に取れるのか、確認するようにしましょう。引数を確認したいときは、Pythonのリファレンスを参照するのがよいでしょう。

len()関数でエラーが出る場合と出ない場合について見てみましょう。

まずエラーが出ない場合ですが（リスト7.1）、len()にtomatoという文字列を指定した場合です。この場合は、tomatoの文字数である6が入ります。次にlistを指定した場合は（リスト7.2）、このlistの要素数である3が返ります。

リスト7.1 エラーが出ない場合①

In

```
len("tomato")
```

Out

```
6
```

リスト7.2 エラーが出ない場合②

In

```
len([1, 2, 3])
```

Out

```
3
```

次にエラーが出る場合ですが、int型やfloat型、bool型を指定した場合は、TypeError: object of type 'int' has no len()などのメッセージが表示されます（リスト7.3、リスト7.4、リスト7.5）。

リスト7.3 エラーが出る場合①

In

```
len(3)
```

Out

```
---------------------------------------------------------------------------
TypeError                                 Traceback (most recent call last)

<ipython-input-8-6b3b01eb5e19> in <module>
----> 1 len(3)

TypeError: object of type 'int' has no len()
```

リスト7.4 エラーが出る場合②

In

```
len(2, 1)
```

Out

```
---------------------------------------------------------------------------
TypeError                                 Traceback (most recent call last)

<ipython-input-1-2c6ca8b63171> in <module>()
----> 1 len(2, 1)

TypeError: len() takes exactly one argument (2 given)
```

リスト7.5 エラーが出る場合③

In

```
len(true)
```

Out

```
---------------------------------------------------------------------------
NameError                                 Traceback (most recent call last)

<ipython-input-10-376ae814c17c> in <module>
----> 1 len(true)

NameError: name 'true' is not defined
```

関数や変数は、本質的には同じオブジェクトです。Pythonでは、その考えに基づき予約語や組み込み関数が保護されていません。ですので予約語や組み込み関数の名前を、そのまま変数として用いると、予約語や組み込み関数が上書きされてしまい、本来の挙動が行われなくなります。

第1章で、「変数名に予約語や組み込み関数の名前を用いないほうがよい」と説明したのは、このような理由があるからです。

問題

問題を見てみましょう（リスト7.6）。

- 変数vegeのオブジェクトの長さをlen()とprint()を用いて出力してください。
- 変数nのオブジェクトの長さをlen()とprint()を用いて出力してください。

リスト7.6 問題

In

```
vege = "potato"
n = [4, 5, 2, 7, 6]

# 変数vegeのオブジェクトの長さをlen()とprint()を用いて出力し➡
てください

# 変数nのオブジェクトの長さをlen()とprint()を用いて出力してく➡
ださい
```

解答例

それでは、実際に問題を解いてみましょう。変数vegeにはpotatoという文字列が代入されています。変数nには4, 5, 2, 7, 6というリストが代入されています。

最初に、変数vegeのオブジェクトの長さを出力します。print(len(vege))とすればよいですね。次に変数nのオブジェクトの長さを出力します。同じようにprint(len(n))とします。

実行してみましょう。実行すると、vegeの文字列の長さ、つまりpotatoの長さである6と、nの長さ、要素数5が出力されます（リスト7.7）。

リスト7.7 解答例

In

```
vege = "potato"
n = [4, 5, 2, 7, 6]

# 変数vegeのオブジェクトの長さをlen()とprint()を用いて出力してくだ➡
さい
print(len(vege))

# 変数nのオブジェクトの長さをlen()とprint()を用いて出力してください
print(len(n))
```

Out

```
6
5
```

7.2 関数とメソッド

関数とメソッドについて解説します。

 7.2.1 メソッドとは

メソッドとは、ある値に対して処理を行うもので、構文7.1のように書きます。

構文7.1

```
値.メソッド名
```

役割としては、関数と同じです。しかし、関数のときは、処理したい値を()の中に記入していましたが、メソッドでは、値の後に.（ドット）をつなげて、処理を書くと覚えておきましょう。関数と同じように、また、値の型によって使用できるメソッドが異なります。

例えば、3.6節のリストの要素の更新と追加で学んだappend()は、リスト型に付けることができるメソッドですね。

append()メソッドの操作の復習をしてみましょう（リスト7.8）。

リスト7.8 append()メソッドの操作の復習

In

```
alphabet = ["a", "b", "c", "d", "e"]
alphabet.append("f")
print(alphabet)
```

Out

```
['a', 'b', 'c', 'd', 'e', 'f']
```

alphabetという変数に、aからeまでのアルファベットが入ったリストが代入されています。ここでappendというメソッドを使って、fという文字を追加します。この値を出力すると、最後にfが追加されます。このように用いること

ができます。

さて、同じような処理が、組み込み関数でもメソッドでも用意されているケースもあります。例えば、「組み込み関数のsorted」と「メソッドのsort」などが挙げられます。これは、どちらも並び替えをするための関数、メソッドです。

それでは、sortedの操作を見てみましょう（リスト7.9）。numberという変数に1、5、3、4、2という順番で数が入ったリストが代入されています。これをsorted()を使って、並び替えをしてみます。print(sorted(number))とすることで、1、2、3、4、5という並び替えられた数の順で出力されます。このように値が小さい順に並んで、出力されるわけですね。

もう一度print(number)と出力すると、元のまま、1, 5, 3, 4, 2と出力されます。

リスト7.9 sortedの操作の例

In

```
number = [1, 5, 3, 4, 2]
print(sorted(number))
print(number)
```

Out

```
[1, 2, 3, 4, 5]
[1, 5, 3, 4, 2]
```

次にメソッドのsortの操作を見てみましょう（リスト7.10）。同じようにnumberには、1, 5, 3, 4, 2というリストが代入されています。ここで、number.sort()とすると、numberの中身のリストの要素が、並び替えられます。このためprint(number)とすると、先ほどとは違い、並び替えられたものが、1, 2, 3, 4, 5と出力されます。

以上のように、同じsort処理でもprint(number)としたときに、値が変化するかどうかという点で異なっています。すなわち、変数の中身そのものを変更しないのがsorted、変更するのがsortとなるのです。このように、元のリストの中身自体を変えてしまうメソッドのsortは、プログラムの世界では、破壊的メソッドと呼ばれることがあります。

リスト7.10 sortの操作の例

In

```
number = [1, 5, 3, 4, 2]
number.sort()
print(number)
```

Out

```
[1, 2, 3, 4, 5]
```

問題

問題を見てみましょう。

- リスト7.11、リスト7.12のコードを実行したときの出力結果を答えてください。

1問目

リスト7.11 1問目

In

```
alphabet = [ "b", "a", "e", "c", "d"]
sorted(alphabet)
print(alphabet)
```

2問目

リスト7.12 2問目

In

```
alphabet = [ "b", "a", "e", "c", "d"]
alphabet.sort()
print(alphabet)
```

解答例

1問目はalphabetという変数に、b、a、e、c、dという順に並んだ文字列の入ったリストが代入されています。ここで、sorted(alphabet)とした後に、print(alphabet)としています。

2問目では、同じリストに対して、sort()メソッドを呼んだ後に、print(alphabet)としています。

1問目ではsorted()関数を使っているので、alphabetの中身が書き換えられません。そのためprint(alphabet)では、元の並びのまま出力されます。

2問目ではsort()メソッドを使っているので、alphabetの中身が入れ替わります。そこで、print(alphabet)としたときには、a、b、c、d、eのように並び替えられたものが出力されます。

結果は元の順番がb、a、e、c、dでしたので、1問目はリスト7.13、2問目は並び替えられたa、b、c、d、eとなるので、リスト7.14が正解になります。

リスト7.13 1問目の解答例

In

```
alphabet = [ "b", "a", "e", "c", "d"]
sorted(alphabet)
print(alphabet)
```

Out

```
['b', 'a', 'e', 'c', 'd']
```

リスト7.14 2問目の解答例

In

```
alphabet = [ "b", "a", "e", "c", "d"]
alphabet.sort()
print(alphabet)
```

Out

```
['a', 'b', 'c', 'd', 'e']
```

7.3 文字列型のメソッド

前の節で、関数とメソッドの違いを解説しました。ここでは、文字列に付けられるメソッドについて解説します。

7.3.1 文字列型のメソッドについて

ここではupper()メソッドとcount()メソッドを扱います。

upper()メソッドは、文字列をすべて大文字にして返すメソッドです。また、count()メソッドは、()の中に指定した文字が、対象の変数の文字列にいくつ含まれているかを返すメソッドです。使い方はそれぞれ、構文7.2のように書きます。

構文7.2

```
変数.upper()
変数.count(数えたいオブジェクト)
```

扱い方はリスト7.15のとおりになります。

リスト7.15 upper()メソッドとcount()メソッドの例

In

```
city = "Tokyo"
print(city.upper())
print(city.count("o"))
```

Out

```
TOKYO
2
```

リスト7.15のメソッドの操作の例を見てみましょう。cityという変数に、Tokyoという文字列が代入されています。print(city.upper())で、cityの中身を全部大文字にして表示していますね。これにより、TOKYOが出力されます。

次にprint(city.count("o"))で小文字のoを数えて表示します。upper()メソッドは破壊的メソッドではないので、cityの中は小文字のoが2個のまま残っているため、2と出力されます。

問題

問題を見てみましょう（リスト7.16）。

- 変数animal_bigに変数名animalを格納します。格納するときには文字列を大文字にして、代入してください。
- 変数animalにeが何個存在するか出力してください。出力はprint()関数を用いてください。

リスト7.16 問題

In

```
animal = "elephant"

# 変数animal_bigに変数名animalを格納します。格納するときには➡
文字列を大文字にして、代入してください

print(animal)
print(animal_big)

# 変数animalにeが何個存在するか出力してください。出力はprint()➡
関数を用いてください
```

解答例

問題を解いてみましょう。

animalという変数に、elephantという文字列が代入されています。ここで、変数animal_bigに、変数animalに格納された文字列を大文字にしたものを代入します。文字列を大文字にするにはupper()メソッドを使います。animal_bigに対して、文字列型のupper()メソッドを呼びます。こうすることで、elephantが大文字になって返ります。animalとanimal_bigを出力した後、変数animalにeが何個存在するかを出力します。print (animal.count(“e”))とします。

実行すると、最初のanimalには、elephantという小文字の文字列が出力され、次のanimal_bigはupper()メソッドを使っているので、大文字の文字列が返っていますね。animal.count("e")ではelephantの中にeが2個あることがわかります（リスト7.17）。

リスト7.17 解答例

In

```
animal = "elephant"

# 変数animal_bigに変数名animalを格納します。格納するときには文字列➡
を大文字にして、代入してください
animal_big = animal.upper()

print(animal)
print(animal_big)

# 変数animalにeが何個存在するか出力してください。出力はprint()関数➡
を用いてください
print(animal.count("e"))
```

Out

```
elephant
ELEPHANT
2
```

7.4 文字列型のメソッド（format）

文字列型のメソッド（format）について解説します。

7.4.1 文字列型のメソッド（format）について

前の節で紹介した他にも文字列型のメソッドとして便利なものに、format()メソッドがあります。format()メソッドは文字列で作られたひな型に任意の値を代入して、文字列を生成します。つまり、変数を文字列に埋め込む際に、よく使われることになります。使うときは、文字列の中に、{}を入れることが特徴です。この{}の中に、任意の値を入れることになります。

リスト7.18 format()メソッドの例

In

```
print("私は{}生まれ、{}育ち".format("東京","埼玉"))
```

Out

```
私は東京生まれ、埼玉育ち
```

リスト7.18の例を見てみましょう。この例ではprint("私は{}生まれ、{}育ち".format("東京","埼玉"))となっていますね。出力結果を見ると、私は東京生まれ、埼玉育ちとなっています。この2つある{}の箇所にformatの1つ目にある東京、2つ目にある埼玉が左から順に入り、私は東京生まれ、埼玉育ちと出力されたわけです。

問題

それでは問題を見てみましょう（リスト7.19）。

- format()メソッドを用いて、「bananaはyellowです」と出力してください。
- 出力はprint()関数を用いてください。

リスト7.19 問題

In

```
fruit = "banana"
color = "yellow"

# format()メソッドを用いて、「bananaはyellowです」と出力してください
```

解答例

それでは、実際に解いてみましょう。変数fruitにはbananaという文字列が、変数colorにはyellowという文字列が入っています。問題にあるように、bananaはyellowですと出力します。print()関数で、format()メソッドを用いて、banana、yellowを出力します。{}は半角の中括弧です。これに.formatを使って、fruit、colorという変数を指定します。

実行すると、bananaはyellowですと出力され、fruitの中身であるbanana、colorの中身であるyellowが出力されたことがわかります(リスト7.20)。

リスト7.20 解答例

In

```
fruit = "banana"
color = "yellow"

# format()を用いて、「bananaはyellowです」と出力してください
print("{}は{}です".format(fruit, color))
```

Out

```
bananaはyellowです
```

7.5 リスト型のメソッド（index）

リスト型のメソッド（index）について解説します。

7.5.1 リスト型のメソッド（index）について

第3章で学んだように、リスト型にはインデックス番号が存在します。インデックス番号とは、リストの中身を0から順番に数えたときの番号でしたね。

目的のオブジェクトが、どのインデックス番号にあるのかを探すためのメソッドとしてindex()メソッドがあります。

また、リスト型でも、7.3節で扱ったcount()メソッドを使うことができます。使い方はリスト7.21のとおりです。

リスト7.21 index()メソッドとcount()メソッドの例

In

```
alphabet = [ "a", "b", "c", "d", "e"]
print(alphabet.index("a"))
print(alphabet.count("d"))
```

Out

```
0
1
```

リスト7.21の例を見てみましょう。alphabetという変数に、a、b、c、d、eというリストが代入されています。まずprint(alphabet.index("a"))でaがインデックスの何番目にあるかを出力します。aは0番目にあるので、0と出力されます。

次に、print(alphabet.count("d"))で、dがこのリストの中に何個あるのかを出力します。dは1つなので、ここでは1が出力されます。

問題

問題を見てみましょう（リスト7.22）。

- 文字列「2」のインデックス番号を出力してください。
- 変数n内の「6」の個数を出力してください。
- 出力はprint()関数を用いてください。

リスト7.22 問題

In

```
n = [ "3", "6", "8", "6", "3", "2", "4", "6"]

# 「2」のインデックス番号を出力してください

# 変数n内の「6」の個数を出力してください
```

解答例

問題を解いてみましょう。変数nには、"3", "6", "8", "6", "3", "2", "4", "6"というリストが代入されています。まず2のインデックス番号を出力します。ここでは、リストのindex()メソッドを使って、「2のインデックス番号は何なのか」を出力します。次に変数nの中の6の個数を出力します。これには、nのリストのcount()メソッドを使って、6がいくつあるのかを出力します。実行してみましょう。実行すると、2のインデックスが5、6の個数が3と出力されていますね（リスト7.23）。

リスト7.23 解答例

In

```
n = [ "3", "6", "8", "6", "3", "2", "4", "6"]

# 「2」のインデックス番号を出力してください
print(n.index(2))

# 変数n内の「6」の個数を出力してください
print(n.count(6))
```

Out

```
5
3
```

7.6 リスト型のメソッド（sort）

リスト型のメソッド（sort）について解説します。

7.6.1 リスト型のメソッド（sort）について

リスト型のメソッドとしてよく用いられるものに、7.2節の関数とメソッドで扱ったsort()メソッドがあります。sort()メソッドは、リストの中を小さい順にソートして並び替えてくれます。reverse()メソッドを用いると、リストの要素の順番を逆順にすることができます。なお、sort()メソッドを使うと、リストの中身がそのまま変更されます。もし、単純に並び替えたリストを参照したいだけであれば、組み込み関数のsorted()を使うのがよいでしょう。

リスト7.24 sort()メソッドの例

In

```
list = [1, 10, 2, 20]
list.sort()
print(list)
```

Out

```
[1, 2, 10, 20]
```

それでは、リスト7.24のsort()メソッドの利用例について見てみます。listという変数に1、10、2、20というリストが代入されています。sort()メソッドを使って、list.sort()とすると、listの中身がsortされます。print()関数でリストの中身を出力すると、リストが小さい順に1、2、10、20となっていることがわかるはずです。

リスト7.25 reverse()メソッドの例

In

```
list = ["あ","い","う","え","お"]
list.reverse()
print(list)
```

Out

```
['お', 'え', 'う', 'い', 'あ']
```

次にリスト7.25のreverse()の例です。今度はlistという変数に、"あ","い","う","え","お"という要素が入っていますね。これに対して、reverse()メソッドを用いると、リストの中身が逆順になります。なので、print()関数で出力すると、'お', 'え', 'う', 'い', 'あ'の順で出力されます。

問題

問題を見てみましょう（リスト7.26）。

- 変数n内の値をソートし、数字が小さい順になるように出力してください。
- n.reverse()を用いて、数字が小さい順になるようにソートされた変数nの要素の順番を反対にして、数字が大きい順になるように出力してください。
- 出力はprint()関数を用いてください。

リスト7.26 問題

In

```
n = [53, 26, 37, 69, 24, 2]

# 変数n内の値をソートし、数字が小さい順になるように出力してください

print(n)

# n.reverse()を用いて、数字が小さい順になるようにソートされた変数➡
nの要素の順番を反対にして、数字が大きい順になるように出力してください

print(n)
```

解答例

問題を解いてみましょう。変数nには53、26、37、69、24、2という要素が入ったリストが代入されています。ここで、nをソートし、数字が小さい順になるように出力します。sort()メソッドを使って、n.sort()とすればよいはずです。

次にソートしたリストに対して、数字が小さい順になるように、ソートされたnの要素を逆順にして、数字が大きい順になるように出力します。ここではreverse()メソッドを使えばよいはずです。

実行してみましょう。最初のprint()関数では、リストの要素が小さい順に出力されています。次のprint()関数では、これが逆順に、大きい順に出力されていることがわかります（リスト7.27）。

リスト7.27 解答例

In

```
n = [53, 26, 37, 69, 24, 2]

# 変数nをソートし、数字が小さい順になるように出力してください
n.sort()
print(n)

# n.reverse()を用いて、数字が小さい順になるようにソートされた変数nの➡
要素の順番を反対にして、数字が大きい順になるように出力してください
n.reverse()
print(n)
```

Out

```
[2, 24, 26, 37, 53, 69]
[69, 53, 37, 26, 24, 2]
```

P 1 2 3 4 5 6 7 8 9 10 11 12 13 関数とメソッド

7.7 関数の作成

関数の作成方法について解説します。

7.7.1 関数の作成方法

引数が空のシンプルな関数をリスト7.28に示します。関数の記述方法と呼び出し方法を確認してみてください。

リスト7.28 関数の作成の例

In

```
def sing():
    print("歌います！")

sing()
```

Out

```
歌います！
```

それでは、リスト7.28の例を見てみましょう。関数を定義するには、構文7.3のように書きます。

構文7.3

```
def　関数の名前:
```

ここではsingという名前の関数を定義しています。最後に:（コロン）を書くのを忘れないようにしましょう。そして、インデント（半角空き4文字分）して、関数の中身の処理を書きます。ここではprint("歌います！")と書いています。

次に、関数を呼ぶときには、**関数の名前()**と書きますので、sing()とします。すると、関数の内容が実行され、**歌います！**と出力されます。

問題

問題を見てみましょう（リスト7.29）。

- 「Yamadaです」と出力する関数introduceを作ってください。
- 出力はprint()関数を用いてください。

リスト7.29 問題

In

```
# 「Yamadaです」と出力する関数introduceを作ってください


# 関数を呼び出してください
introduce()
```

解答例

問題を解いてみましょう。Yamadaですと出力する関数introduceを作ります。まず関数を定義するためにはdefと書きます。そして関数名としてintroduceを書きます。引数はないので、()（括弧）とします。次に:（コロン）を書いて、字下げをし、print("Yamadaです")と書きます。introduce()を実行するとYamadaですと出力されます（リスト7.30）。

ATTENTION

記述ミスによるエラー

例えば、introduce is not definedというエラーが表示された場合、呼び出すときに書いた関数の名前のスペルミスが考えられます。もう一度、関数名を確認して実行しましょう。

リスト7.30 解答例

In

```
# 「Yamadaです」と出力する関数introduceを作ってください
def introduce():
    print("Yamadaです")

# 関数を呼び出してください
introduce()
```

Out

```
Yamadaです
```

7.8 引数

引数について解説します。

7.8.1 引数について

7.7節の関数の作成で引数が空の関数について説明しましたが、関数に渡す値を引数と呼びます。引数を渡すと、関数の中でその値を使用することができるようになります。

def 関数名(引数):のように引数を指定します。すると、関数名(引数)と書いて呼び出すときに引数を指定することができます。この引数が、引数で指定された変数に代入されるので、引数を変えるだけで出力内容を変えることができます。注意点としては、引数や関数内で定義した変数に関しては、その関数内だけでしか使うことができません。

引数を1つ指定する関数をリスト7.31に示します。関数の記述方法と呼び出し方法を確認してみてください。

リスト7.31 引数の例

In

```
def introduce(name):
    print(name + "です")

introduce("Yamada")
```

Out

```
Yamadaです
```

リスト7.31の例を見てみます。関数のintroduceを定義しています。def introduce(name)として、引数にnameを指定しています。関数の処理ではprint(name + "です")として、nameの値を出力しています。呼び出すときはintroduce("Yamada")とYamadaという文字列を指定していますが、これが引数nameに設定されます。出力結果ではYamadaですと出力されます。

問題

問題を見てみましょう（リスト7.32）。

- 引数nを用いて、引数を3乗した値を表示する関数cube_calを作ってください。

リスト7.32 問題

In

```
# 引数nを用いて、引数を3乗した値を表示する関数cube_calを作ってく➡
ださい


# 関数を呼び出します
cube_cal(4)
```

解答例

問題を解いてみましょう。引数nを用いて、引数を3乗した値を出力する関数cube_calを作ります。

まず関数を定義します。def cube_calとして、引数にnを指定します。次にnの値を3乗し、これを出力します。nを3乗するためには、**（アスタリスク）を2個使って、3とすればよいです。実行するには、cube_cal(4)として、4の3乗が出力されるようにします。それでは実行してみましょう。64という、4の3乗が出力されました（リスト7.33）。

リスト7.33 解答例

In

```
# 引数nを用いて、引数を3乗した値を表示する関数cube_calを作ってください
def cube_cal(n):
    print(n**3)

# 関数を呼び出します
cube_cal(4)
```

Out

```
64
```

7.9 複数の引数

複数の引数について解説します。

7.9.1 複数の引数について

引数は複数渡すことができます。複数渡すためには、()の中で複数の引数を,（コンマ）で区切って定義します。

引数を2つ指定する関数をリスト7.34に示します。関数の記述方法と呼び出し方法を、確認してみてください。

リスト7.34 複数の引数の例

In

```
def introduce(first, second):
    print("名字は" + first + "で、名前は" + second + "です")

introduce("Yamada", "Taro")
```

Out

```
名字はYamadaで、名前はTaroです
```

まず関数introduceを定義します。引数はfirst,secondとして、2つ定義されています。関数の中では、print("名字は" + first + "で、名前は" + second + "です")とします。

呼び出すときにはintroduce("Yamada", "Taro")と2つの引数を指定して、呼び出しています。出力結果では、名字はYamadaで、名前はTaroですと出力されています。

関数の中身の文が実行されたもので、firstの箇所にYamadaが、secondの箇所にTaroが入って、これがprint()関数で出力されました。

問題

問題を見てみましょう（リスト7.35）。

- 第1引数name、第2引数ageを用いて、「～です。～歳です」と出力する関数introduceを作ってください。
- 関数introduceに「Yamada」「18」を引数として指定し関数を呼び出してください。

リスト7.35 問題

In

```
# 第1引数name、第2引数ageを用いて、「～です。～歳です」と出力する➡
関数introduceを作ってください

# 関数introduceに「Yamada」「18」を引数として指定し関数を呼び出➡
してください
```

解答例

問題を解いてみましょう。前ページの解説に近いのでここでは詳細な説明を割愛しますが、リスト7.36を実行するとYamadaです。18歳ですと出力されます。

リスト7.36 解答例

In

```
# 第1引数name、第2引数ageを用いて、「～です。～歳です」と出力する関数➡
introduceを作ってください
def introduce(first, second):
    print(first + "です。" + second + "歳です")

# 関数introduceに「Yamada」「18」を引数として指定し関数を呼び出してく➡
ださい
introduce("Yamada","18")
```

Out

```
Yamadaです。18歳です
```

7.10 引数の初期値

引数の初期値について解説します。

7.10.1 引数の初期値について

引数には**初期値**を設定することができます。初期値を設定しておくことで、関数名(引数)で呼び出すときに、引数を省略すると代わりの値として初期値が使われます。初期値の設定は、()内で引数 = 初期値と書くだけです。

初期値を設定した関数をリスト7.37に示します。関数の記述方法と呼び出し方法を確認してみてください。

リスト7.37 引数の初期値の設定例

In

```
def introduce(first = "Yamada", second = "Taro"):
    print("名字は" + first + "で、名前は" + second + "です")

introduce("Suzuki")
```

Out

```
名字はSuzukiで、名前はTaroです
```

それでは、リスト7.37の例を見てみます。def introduce(first = "Yamada", second = "Taro"):として、firstの初期値にYamada、secondの初期値にTaroが設定されています。そして、print("名字は" + first + "で、名前は" + second + "です")としています。

次に、この関数を、第1引数だけをSuzukiと指定して、実行します。そうすると、名字はSuzukiで、名前はTaroですと出力されます。これは、第1引数はSuzukiが使用されて、第2引数には初期値であるTaroが使われているので、名字はSuzukiで、名前はTaroですとなったわけです。

ただし、注意点としては、初期値を与えた引数の後に、初期値を与えられてない引数を置くことはできません。すなわち、

```
def introduce (first,second = "Taro"):
    print("名字は" + first + "で、名前は" + second + "です。")
```

という関数は定義できますが、

```
def introduce (first = "Suzuki",second):
    print("名字は" + first + "で、名前は" + second + "です。")
```

という関数は定義できません。この場合、

```
SyntaxError: non-default argument follows default argument
```

というエラーが表示されます。

前側の引数に初期値を設定した場合は、後側の引数の初期値も設定しなくてはなりません。

問題

問題を見てみましょう（リスト7.38）。

- 引数nameの初期値をYamadaにしてください。
- 引数に18のみを入れて関数の呼び出しを行ってください。

リスト7.38 問題

In

```
# 引数nameの初期値をYamadaにしてください
def introduce(age, name):
    print(name + "です。" + str(age) + "歳です")

# 引数に18のみ入れて関数の呼び出しを行ってください
```

解答例

問題を解いてみましょう。まずdef introduce(age, name):として、関数が定義されています。ここでprint(name + "です。" + str(age) + "歳です")となっていますね。引数nameの初期値としてYamadaを加えます。

nameに続けて= "Yamada"と書けばOKです。

次に、関数に引数18を指定して呼び出します。このように呼び出すと、Yamadaです。18歳ですと出力されるはずです。

実行してみます。期待どおり、Yamadaです。18歳ですと、初期値を使って出力されました（リスト7.39）。

リスト7.39 解答例

In

```
# 引数nameの初期値をYamadaにしてください
def introduce(age, name = "Yamada"):
    print(name + "です。" + str(age) + "歳です")

# 引数に18のみ入れて関数の呼び出しを行ってください
introduce(18)
```

Out

```
Yamadaです。18歳です
```

7.11 return

returnについて解説します。

7.11.1 returnについて

関数で返り値を設定して、関数の呼び出し元にその値を渡すことができます。具体的には 構文7.4 のように書きます。

構文7.4

```
return 返り値
```

リスト7.40のように、returnの後に返り値を記入することもできます。

リスト7.40 returnの例①

In

```
def introduce(first = "Yamada", second = "Taro"):
    return "名字は" + first + "で、名前は" + second + "です"

print(introduce("Suzuki"))
```

Out

```
名字はSuzukiで、名前はTaroです
```

それでは、リスト7.40の例を見てみましょう。def introduceという関数が定義されています。first ="Yamada", second = "Taro"として、引数が設定されています。ここでreturnを使って、("名字は" + first + "で、名前は" + second + "です")という文字列を、呼び出し元に返しています。実行するときには、print(introduce("Suzuki"))として、呼び出しています。出力結果は、名字はSuzukiで、名前はTaroですとなっています。コードを見てみると、introduceの返り値に、この文字列が指定されているので、その文字列がprint()関数で出力されているという構造になっています。

returnの後に文字が並ぶと、関数が見にくくなるので、リスト7.41のように変数を定義して、変数で返すこともできます。

リスト7.41 returnの例②

In

```
def introduce(first = "Yamada", second = "Taro"):
    comment = "名字は" + first + "で、名前は" + second + "です"
    return comment

print(introduce("Suzuki"))
```

Out

```
名字はSuzukiで、名前はTaroです
```

リスト7.41の例を見てみます。def introduceという関数が定義されています。commentという変数に"名字は" + first + "で、名前は" + second + "です"という文字列が代入されています。次にreturn commentとして、このcommentという変数を返しています。実行するときには、リスト7.40と同じようにprint(introduce("Suzuki"))とします。出力結果は、名字はSuzukiで、名前はTaroですとなっています。

問題

問題を見てみましょう（リスト7.42）。

- ボディマス指数bmiを計算する関数を作り、bmiの値を返り値としてください。
- $\mathrm{bmi} = \dfrac{体重（weight）}{身長（height）^2}$ で計算できます。
- 2つの変数はweight、heightを用いてください。

リスト7.42 問題

In

```
# ボディマス指数bmiを計算する関数を作り、bmiの値を返り値としてください
def bmi(height, weight):


print(bmi(1.65, 65))
```

解答例

問題を解いてみましょう。bmiを計算する関数をまず作ってみます。def bmiとします。呼び出し元では、身長、体重が指定されているので、身長、体重の順で、引数を定義します。valueという変数に、bmiの計算結果を代入します。ここでは、value = weight / height**2とします。そして、この変数valueをreturnすれば、OKです。実行するときは、print(bmi(身長、体重))とします。

実行してみましょう。リスト7.43のようにbmiが出力されました。

リスト7.43 解答例

In

```
# ボディマス指数bmiを計算する関数を作り、bmiの値を返り値としてください
def bmi(height, weight):
    value = weight / height**2
    return value

print(bmi(1.65, 65))
```

Out

```
23.875114784205696
```

7.12 関数のimport（インポート）

関数のimportについて解説します。

7.12.1 関数のimportについて

Pythonでは自分で作った関数の他に、一般に公開されている関数を使用することもできます。このような関数は、同じような用途を持つものがセットになって公開されています。このセットのことをパッケージといいます。そして、その中にある1つ1つのファイルのことをモジュールといいます。モジュールの中には関数があります。ここでは具体例として、datetimeパッケージを例に取ってみましょう。

図7.1を見てください。datetimeというパッケージについて説明しています。datetimeというパッケージの中には、datetime、timedelta、timeなどのモジュールがあります。timeモジュールの中には、time()、sleep()、location()という関数がそれぞれ入っています。

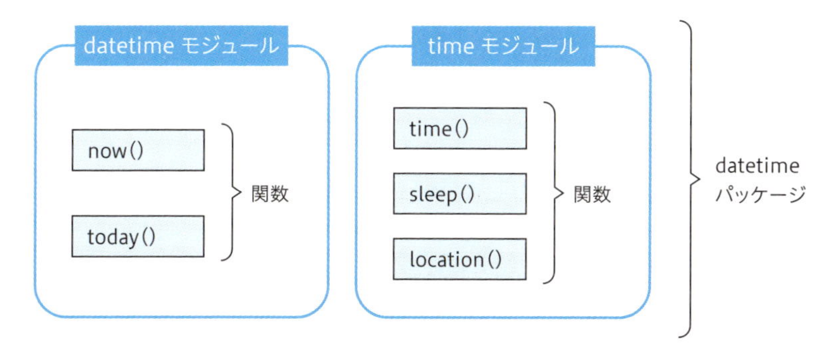

図7.1 モジュールとパッケージ

現在実行している時間の出力やプログラムの停止など、時間に関係する関数がtimeというモジュールとして公開されています。またtimeモジュールの中には、プログラム中で使用する関数がいくつも入っています。図7.1では3つのみですが、実際には数十という単位で関数は存在しています。

パッケージは、importという作業をすることによって、使用することが可能になります。パッケージのモジュールを使用したい場合、構文7.5や構文7.6のように書くことでモジュールを使用することができます。

構文7.5

```
import　パッケージ
```

構文7.6

```
from パッケージ import モジュール
```

例として、datetimeパッケージを用いて、現在の時刻を出力してみます（リスト7.44）。

リスト7.44 importの例①

In

```
# datetimeパッケージをimportする
import datetime

# datetime.now()関数を使用することで現在の日時を取得する
now_time = datetime.datetime.now()

print(now_time)
```

Out

```
2019-03-06 17:21:36.685879
```

まず、import　datetimeとして、datetimeパッケージをimportします。次にdatetime.datetimeモジュールの関数、now()を使用することで、現在時刻を得ることができます。得た現在時刻をnow_timeに代入しています。

次に、この変数now_timeを出力するという例になっています。

モジュールは、パッケージ名を省略して使用することもできます（リスト7.45）。

リスト7.45 importの例②

In

```
# fromを使用してdatetimeモジュールをimportする
from datetime import datetime
```

```
# datetimeモジュールでimportしているので、パッケージ名を省略できる
now_time = datetime.now()

print(now_time)
```

Out

```
2019-03-06 17:21:13.453676
```

リスト7.45では、from パッケージ名 import モジュール名で該当するモジュールのみをimportして使用します。先ほどと同様に、現在の時刻を出力してみます。ここではfrom datetime import datetimeとして、datetimeパッケージの中から、datetimeモジュールをimportします。fromでimportしているので、作成するコードの中ではパッケージ名を省略し、datetime.now()だけで使用することができます。

パッケージには、どのような種類があるのでしょうか。Pythonでは、PyPIというPythonのパッケージ管理システムがあり、そこで公開されているパッケージをインストールすると、使用可能な状態になります。

インストールにはpipというパッケージ管理ツールを利用する方法が、よく知られています。Anaconda Navigaterから作成した仮想環境をクリックして、「Open Terminal」を選択します。ターミナル上で、pip install パッケージ名と入力することでインストールが完了します。ご自身のパソコンでプログラミングするときに必要になります(インストールについては本書のPrologueを参照してください)。

問題

問題を見てみましょう(リスト7.46)。

- fromを利用してdatetimeパッケージのdatetimeモジュールをimportしてください。
- today()を利用して、現在の日時を出力してください。

リスト7.46 問題

In

```
# fromを利用してdatetimeパッケージのdatetimeモジュールを
import してください
from import

# now_timeに現在の日時を代入してください
now_time =

print(now_time)
```

解答例

問題を解いてみましょう。まずfromを使って、datetimeモジュールをimportします。from datetime import datetimeとします。次にnow_timeにdatetime.today()の結果を代入します。print(now_time)とすることで、timeの値が出力されます（リスト7.47）。

リスト7.47 解答例

In

```
# fromを利用してdatetimeパッケージのdatetimeモジュールを➡
import してください
from datetime import datetime

# now_timeに現在の日時を代入してください
now_time = datetime.today()

print(now_time)
```

Out

```
2019-03-06 17:23:10.424494
```

CHAPTER 8

オブジェクトとクラス

ここではオブジェクトとクラスについて解説します。最後に文字列のフォーマット指定についても触れます。この章でPythonの入門編は終わりです。

8.1 オブジェクト

オブジェクトについて解説します。

8.1.1 オブジェクトとは

Pythonでは、コードを構成するすべての要素（変数や関数）は、オブジェクトとして扱われます。オブジェクトとは、それ自体が持つ値（メンバ）やそれ自体に対する処理（メソッド）をひとまとめにしたもののことをいいます。例えばリスト型のオブジェクトは配列として用いられますが、

- メンバとして配列の要素など
- メソッドとして要素を追加するappend()や要素をソートするsort()など

という構造を持っています。すべての要素をオブジェクトとして扱うことで、

- 値の格納
- 値の処理

という2つの処理を持たせることができます。このような考え方に基づいて作られたプログラミング言語を、オブジェクト指向言語と呼び、Pythonの他にJavaやRubyなどといった言語があります。

これに対してC言語などは指向が異なっており、上記2つの役割をおのおのに分担させています。大まかに説明すると、値の格納は変数に、値の処理は関数に担わせています。Pythonは一見するとこちらのタイプのようにも見えますが、最古のオブジェクト指向言語なのです。

問題

問題を見てみましょう。

- リスト8.1 の辞書型オブジェクトを用いたコードについて、メンバとメソッドを示す正しくない説明文はどれでしょうか？

リスト8.1 問題

In

```
# 関数型オブジェクトdic_capを定義
dic_cap = {"Japan": "Tokyo", "Korea": "Seoul"}

# dic_capキー一覧の取得(dic_cap.keys())し、cap_keysに格納
cap_keys = dic_cap.keys()
```

- 1. 5行目でdic_cap.keys()という処理をしていることから、dic_capはkeys()というメソッドを持っていることがわかる。
- 2. dic_capは辞書型オブジェクトなので、リスト型オブジェクトのメソッドであるsort()メソッドは使えない。
- 3. cap_keysはdic_capから作られたオブジェクトなので、辞書型オブジェクトである。
- 4. dic_capは辞書型なので、キーと値をメンバとして持つ。キーは"Japan"、"Korea"、値は"Tokyo"と"Seoul"である。

解答例

それでは、実際に解いてみましょう。

まず、dic_capに、JapanというキーにTokyo、KoreaというキーにSeoulという値が指定された辞書が代入されています。次にdic_capのキー一覧を取得し、cap_keysに格納するという処理を行っています。ここでは、dic_cap.keys()としてcap_keysに代入されています。

各選択肢を見ていきましょう。

1つ目の選択肢「5行目でdic_cap.keys()という処理をしていることから、dic_capはkeys()というメソッドを持っていることがわかる。」これは正しいです。

2つ目の選択肢「dic_capは辞書型オブジェクトなので、リスト型オブジェク

トのメソッドであるsort()メソッドは使えない。」これも正しいです。

3つ目の選択肢「cap_keysはdic_capから作られたオブジェクトなので、辞書型オブジェクトである。」とありますが、cap_keysが、辞書型とは限りませんので、これは誤っています。

4つ目の選択肢「dic_capが辞書型なので、キーと値をメンバとして持つ。キーは"Japan"と"Korea"、値は"Tokyo"、"Seoul"である。」とあります。これは正しい説明です。

誤っているのは、3つ目の選択肢です。

8.2 クラス（メンバとコンストラクタ）

クラスのメンバとコンストラクタについて解説します。

8.2.1 クラスのメンバとコンストラクタとは

それぞれのオブジェクトは、どのような値を持てるか、どのような処理ができるかが決まっています。それを決定付けるには、オブジェクトの構造を決めるような**設計図**が必要になります。この設計図のことを**クラス**と呼びます。listオブジェクトもlistクラスによって設計が決められており、決まった処理を行うことができます。

ここでは、以下のような構造を持ったオブジェクトを考えます。

- オブジェクト「商品」の内容
  - listオブジェクト　MyProduct
- メンバ
  - 商品名:name
  - 値段:price
  - 在庫:stock
  - 売れ行き:sales

この商品オブジェクトMyProductを定義するには、リスト8.2のようなクラスを定義します。

リスト8.2 定義するクラス

In

```
# MyProductクラスを定義
class MyProduct:
    # コンストラクタ（コンストラクタについては次ページを参照）の定義
    def __int__(self, name, price):
        # 引数をメンバに格納
        self.name = name
        self.price = price
```

```
        self.stock = 0
        self.sales = 0
```

まず、クラスをMyProductとして、MyProductクラスを定義してみます。:（コロン）を忘れないようにしましょう。defと記述して半角を1つ入れ_（アンダーバー）を2つ入れてint、_（アンダーバー）を2つ入れて、コンストラクタを定義します。クラスのメンバ関数には、selfという引数をはじめに取ります。その次にname、priceを引数として取っています。

コンストラクタの中では、引数をメンバに格納しています。まずself.nameとして、nameというメンバを定義しています。ここに、引数に取ったnameを格納しています。同じようにself.priceとして、priceをメンバに格納しています。引数にないself.stock、self.salesを定義して、それぞれに0を代入しています。

定義したクラスは、あくまでも**設計図**なので、オブジェクトを作るにはクラスを呼び出す必要があります。オブジェクトを作成するには、リスト8.3のようにします。

リスト8.3 定義するクラス

In

```
# MyProductを呼び出し、オブジェクトproduct1を生成する
product1 = MyProduct("cake", 500)
```

product1というオブジェクトに、MyProduct()として引数を指定することで、コンストラクタが呼び出されます。ここでは、nameにcake、priceに500が指定されたMyProductクラスのオブジェクトが生成されています。

クラスを呼び出す際に作動するメソッドを、**コンストラクタ**と呼びます。コンストラクタはクラス定義において、__init__によって定義されます。

クラス内では、メンバはself.priceのように、変数名の前にself.を付けます。また、コンストラクタには第1引数にselfを指定する必要があります。

リスト8.3の例では、MyProductが呼び出されると、引数name = cake、price = 500としてコンストラクタが作動し、各引数によって各メンバname、priceが初期化されていきます。

作成されたオブジェクトのメンバを参照する際は、**オブジェクト.変数名**として直接参照することができます。直接参照では、メンバの変更も可能です。

問題

問題を見てみましょう（リスト8.4）。

- MyProductクラスのコンストラクタを修正して、クラスの呼び出し時にname、price、stockの初期値を指定できるようにしてください。その際、それぞれの引数名は、以下のようにしてください。

  ・商品名:name
  ・値段:price
  ・在庫:stock

- 次にproduct_1のstockを直接参照して、出力してください。

リスト8.4 問題

In

```
# MyProductクラスを定義
class MyProduct:
    # コンストラクタを修正してください
    def __init__():
        # 引数をメンバに格納してください


        self.sales = 0

# MyProductを呼び出し、オブジェクトproduct_1を作成


# product_1のstockを出力してください
```

解答例

問題を解いてみましょう。class MyProduct:としてMyProductクラスが定義されています。次にdef __init__として、コンストラクタが定義されていますが、引数が書かれていません。引数として、self、name、price、stockを書きます。

次にこの引数をそれぞれメンバに格納します。self.name = name、self.price = price、self.stock = stockです(self.sales = 0としています)。これでコンストラクタは完成です。

次にMyProductを呼び出して、オブジェクトproduct_1を作成しています。nameにcake、priceに500、stockに20が指定されています。そして、「product_1のstockを出力してください」という問題です。print()関数の引数をproduct_1.stockとすることで、メンバを参照できます。実行すると、20が表示されます(リスト8.5)。

リスト8.5 解答例

In

```
# MyProductクラスを定義
class MyProduct:
    # コンストラクタを修正してください
    def __init__(self, name, price, stock):
        # 引数をメンバに格納してください
        self.name = name
        self.price = price
        self.stock = stock
        self.sales = 0

# MyProductを呼び出し、オブジェクトproduct_1を作成
product_1 = MyProduct("cake", 500, 20)

# product_1のstockを出力してください
print(product_1.stock)
```

Out

```
20
```

8.3 クラス（メソッド）

クラス（メソッド）について解説します。

8.3.1 クラス（メソッド）とは

8.2節で定義したクラスにはメソッドがありませんでした。そこで、MyProductクラスのメソッドを以下のように定義します。

メソッド

- 商品をn個仕入れ、在庫を更新する
  - buy_up(n)
- 商品をn個売り、在庫と売れ行きを更新する
  - sale(n)
- 商品の概要を出力する
  - summary()

これらのメソッドを リスト8.5 のクラス定義に追加すると、リスト8.6 のように書けます。

リスト8.6 メソッドを リスト8.5 のクラス定義に追加した例

In

```
# MyProduct クラスを定義
class MyProduct:
    def __init__(self, name, price, stock):
        self.name = name
        self.price = price
        self.stock = stock
        self.sales = 0
    # 仕入れメソッド
    def buy_up(self, n):
        self.stock += n
```

```
    # 売却メソッド
    def sale(self, n):
        self.stock -= n
        self.sales += n*self.price
    # 概要メソッド
    def summary(self):
        message = "called summary().\n name: " + ➡
self.get_name() + \
        "\n price: " + str(self.price) + \
        "\n stock: " + str(self.stock) + \
        "\n sales: " + str(self.sales)
        print(message)
```

MyProductクラスにメソッドを定義しています。

まず、仕入れメソッドbuy_upには引数nを取り、self.stockにnを足しています。

売却メソッドsaleでは、self.stockからnを引いています。そしてself.salesにpriceを掛けるnの値を足しています。

概要メソッドsummaryでは、messageという変数に、オブジェクトの内容を代入して最後にprint()関数で出力しています。

メソッド定義はコンストラクタと同様に、メンバの頭にself.を付け、第1引数にselfを指定する必要があります。しかし、他の部分は、通常の関数定義と同様に書くことができます。

メソッドを呼び出す際は、**オブジェクト.メソッド名**として使います。

メンバは直接参照できるとはいったものの、これはオブジェクト指向としてはよくない傾向でもあります。メンバは容易に変更されないような作りにすることが、よいクラス設計の基本とされており、オブジェクト指向言語を使う以上、なるべくこれに従うようにしましょう。

そのため、メンバの参照や変更をする際にも、それ専用のメソッドを用意するのが最善です。

問題

問題を見てみましょう（リスト8.7）。

- MyProduct クラスに以下のメソッドを追加してください。
  - ・nameの値を取得して返す：
    get_name()
  - ・priceをnだけ減らす：
    discount()
- 作成されたproduct_2のpriceを5000円減らし、summary()メソッドを用いて、その概要を出力してください。

リスト8.7 問題

In

```
# MyProduct クラスを定義
class MyProduct:
    def __init__(self, name, price, stock):
        self.name = name
        self.price = price
        self.stock = stock
        self.sales = 0
    # 概要メソッド
    def summary(self):
        message = "called summary().\n name: " + ➡
self.get_name() + \
        "\n price: " + str(self.price) + \
        "\n stock: " + str(self.stock) + \
        "\n sales: " + str(self.sales)
        print(message)

    # nameを返すget_name()を作成してください
    def get_name():

    # 引数の分だけpriceを減らすdiscount()を作成してください
    def discount():

product_2 = MyProduct("phone", 30000, 100)
# 5000だけdiscountしてください

# product_2のsummaryを出力してください
```

解答例

問題を解いてみましょう。

最初にclass MyProduct:が定義されています。これに、nameを返すget_nameを定義します。nameを返すには、returnを使えばできます。nameを参照するには、self.nameとします。

次に、引数の分だけpriceを減らすdiscountを定義します。discountには引数self、nが必要なので（self, n）とします。そして、priceを参照するのでself.priceとします。これをnだけ減らします。

次に作成されたproduct_2を5000（円）だけdiscount（値引き）するという処理を書きます。ここでは、product_2に対して、discount()メソッドを入れればよいですね。引数に5000（円）を指定します。そしてproduct_2のsummary（概要）を出力します。

実行すると、classのsummaryが出力されました。nameにphone、priceに30000（円）から5000（円）をdiscountした25000（円）、stockに100、salesは0となっています（リスト8.8）。

リスト8.8 問題

In

```
# MyProduct クラスを定義
class MyProduct:
    def __init__(self, name, price, stock):
        self.name = name
        self.price = price
        self.stock = stock
        self.sales = 0
    # 概要メソッド
    def summary(self):
        message = "called summary().\n name: " + ➡
self.get_name() + \
        "\n price: " + str(self.price) + \
        "\n stock: " + str(self.stock) + \
        "\n sales: " + str(self.sales)
        print(message)

    # nameを返すget_name()を作成してください
```

```
    def get_name(self):
        return self.name

    # 引数の分だけpriceを減らすdiscount()を作成してください
    def discount(self, n):
        self.price -= n

product_2 = MyProduct("phone", 30000, 100)
# 5000だけdiscountしてください
product_2.discount(5000)
# product_2のsummaryを出力してください
product_2.summary()
```

Out

```
called summary().
 name: phone
 price: 25000
 stock: 100
 sales: 0
```

8.4 文字列のフォーマット指定

それでは、文字列のフォーマット指定について説明します。

8.4.1 文字列のフォーマット指定について

7.4節で文字列型のformat()メソッドを用いて、文字列をフォーマットしました。Pythonには文字列をフォーマットする方法が他にも存在します。

%の演算子を用いる方法です。ダブルクオートやシングルクオートで囲まれた文字列の中に%を記述することにより、文字列の後ろに置かれたオブジェクトを引き渡すことができます。

- %d：整数型で表示される
- %f：小数型で表示される
- %.2f:小数点第2位まで表示される
- %s：文字列として表示される

具体的な例を見てみましょう。

リスト8.9 文字列のフォーマットを指定した例

In

```
pai = 3.141592
print("円周率は%f" % pai)
print("円周率は%.2f" % pai)
```

Out

```
円周率は3.14159
円周率は3.14
```

リスト8.9を見てみましょう。paiという変数に3.141592という値が入っています。print("円周率は%f" % pai)となっており、円周率は3.14159（Jupyter Notebookの既定値で浮動小数点数は小数点以下第5位まで表示されます）と、ここでは出力されます。次に、("円周率は%.2f" % pai)となっていますので、小数点以下第2位までの3.14が出力されます。

問題

問題を見てみましょう（リスト8.10）。

- __（空欄）を埋めて、「bmiは ** です」と出力させてください。ただし、小数点第4位まで求めてください。
- 身長（メートル単位：height）と体重（キログラム単位：weight）の値は自由です。

リスト8.10 問題

In

```
def bmi(height, weight):
    return weight / height**2

# 「bmiは ＊＊ です」と出力させてください
print("bmiは__です" % _________))
```

解答例

それでは、問題を解いてみましょう。def bmiとしてbmiの値を返す関数が定義されています。print()関数で「bmiは ** です」と出力するので、ここにbmiは小数点第4位まで表示するという指定の%.4fを書きます。次に、bmiの値をprint()関数で出力します。身長と体重は、自由に入力してください。

実行してみます。小数点第4位まで出力されました（リスト8.11）。

ここまでで、Pythonの入門編は終了です。

リスト8.11 解答例

In

```
def bmi(height, weight):
    return weight / height**2

# 「bmiは ＊＊ です」と出力させてください
print("bmiは%.4fです" % bmi(1.7, 60))
```

Out

```
bmiは20.7612です
```

Part 2

深層学習編

第2部では、深層学習に必要な知識の紹介からはじまり、サンプルを利用した基本的な実装方法と、より実践的な手法について解説します。具体的には、第9章ではNumPyと配列を、第10章ではPandasとDataFrameを、第11章では機械学習でおなじみの単純パーセプトロンを、第12章では深層学習の基本と実際のプログラミング手法を、第13章では、転移学習を利用したNyanCheckというアプリケーションの紹介とGoogle Cloud Platformへのデプロイ方法を解説します。

CHAPTER 9

NumPyと配列

この章ではNumPyとそれを利用した配列の扱い方について解説します。

9.1 NumPyの概要

NumPyの概要について解説します。

9.1.1 NumPyとは

NumpyはPythonの数値計算を効率的に行うためのモジュールです。
以下のような特徴があります。

- 多次元配列を扱える
- ブロードキャスティングなどの洗練された配列へのアクセス方法
- 線形代数、フーリエ変換、乱数生成などの演算方法のサポート

次節から、基本的なNumpyの使い方を見ていきましょう。

MEMO

NumPy

NumPyについては以下の公式サイトで詳細な情報を得られます。

- **NumPy**
  URL https://www.numpy.org/

9.2 NumPyのimport

NumPyを利用する方法を解説します。

9.2.1 NumPyをimportするには

NumPyを使うためには、リスト9.1のようにimportを行います。

リスト9.1のように、npという別名を付けることが多いです。リスト9.1を実行しても何も表示されませんが、正しくNumPyがimportされています。

リスト9.1 NumPyのimport

In

```
import numpy as np
```

MEMO

モジュールのimport

Pythonでモジュールをimportする場合、

```
import <モジュール名>
```

という形で記述することが多いです。

9.3 NumPy vs リスト

NumPyを利用するメリットを解説します。

9.3.1 NumPyを利用するメリット

Pythonには組み込み型として、リンクトリスト（連結リスト）を扱うためにリストが用意されています。なのに、わざわざNumPyを使うメリットは何でしょうか。それには以下の2つが挙げられます。

- 高速
- 様々な演算のサポート

リスト9.2のコードでは、行列積をリストとNumPyで実装した場合の実行時間を示しています。NumPyのほうが簡単に書けて実行時間も100倍以上速いです。

リスト9.2 NumPyとリストの演算処理にかかる時間の比較

In

```
import numpy as np
import time
N = 100
a_list = [[1] * N for i in range(N)]
b_list = [[2] * N for i in range(N)]
c_list = [[0] * N for i in range(N)]
a_numpy = np.array(a_list)
b_numpy = np.array(b_list)

# list
start = time.time()
for i in range(N):
    for j in range(N):
        for k in range(N):
            c_list[i][j] += a_list[i][k] * b_list[k][j]
```

```
end = time.time() - start
print(f"list  {end}秒")

# NumPy
start = time.time()
c_numpy = np.dot(a_numpy, b_numpy)
end = time.time() - start
print(f"NumPy {end}秒")
```

Out

```
list  0.2450559139251709秒
NumPy 0.0006875991821289062秒
```

具体的に リスト9.2 のコードを見てみましょう。まず実行時間を計るためにtimeをimportしています。次にリストとNumPyで100×100の配列を作っています。次にリストで行列積を計算し、c_listに保存しています。リストの場合は、for文で1個ずつ実行する必要があります。次に、NumPyで行列積を計算します。NumPyでは、行列積を扱うためのnp.dotが用意されています。np.dotでは、並列に行列積を計算することができます。実行するとlistが約0.24505秒、Numpyが約0.00069秒で実行されていることがわかります。NumPyのほうが圧倒的に速いですね。

9.4 arrayの生成

NumPyのarray（配列）の生成方法について解説します。

9.4.1 arrayの生成について

NumPyのarray（配列）を生成するにはnp.array()を用います（リスト9.3）。NumPyのarrayを生成するには、np.arrayの中にリストを指定します。ここでは、リストのリストを指定して、2次元の配列を作っています。実行すると、2次元の配列が表示されます。

リスト9.3 arrayを生成する例

In

```
arr = np.array([[1, 2, 3, 4, 5],
                [2, 3, 4, 5, 6],
                [3, 4, 5, 6, 7]])
print(arr)
```

Out

```
[[1 2 3 4 5]
 [2 3 4 5 6]
 [3 4 5 6 7]]
```

9.4.2 配列の形を指定する方法

また、配列の形を指定してゼロ埋めや1埋めでも配列を作成できます。初期化しない方法や乱数で初期化する方法もあります。リスト9.4で見ていきましょう。

まず、0（ゼロ）埋めで生成する方法です。これには、np.zerosを使います。リスト9.4①の例では、3行5列のfloat型の配列を作っています。float型を指定するため、dtype=floatとします。

リスト9.4②ではnp.onesを使って1埋めで配列を生成しています。4行3列を指定して、dtypeにintを指定しています。

リスト9.4 ③では、np.emptyを使って、配列を初期化せずに生成しています。2行6列としています。

リスト9.4 ④では、np.random.randを使って、0から1の乱数で初期化して、配列を生成しています。2行3列を指定しています。

実行すると、それぞれの配列が生成されます。0埋め、1埋め、初期化なし、乱数で初期化の配列が、それぞれ生成されていることがわかります。

リスト9.4 配列の形を指定する例①

In

```
# ①3行5列のfloat型の配列をゼロ埋めで生成
print(np.zeros((3, 5), dtype=float))

# ②4行3列のint型の配列を1埋めで生成
print(np.ones((4, 3), dtype=int))

# ③2行6列の配列を初期化せずに生成
print(np.empty((2, 6)))

# ④2行3列の配列を 0~1の乱数で初期化
print(np.random.rand(2,3))
```

Out

```
[[0. 0. 0. 0. 0.]
 [0. 0. 0. 0. 0.]
 [0. 0. 0. 0. 0.]]
[[1 1 1]
 [1 1 1]
 [1 1 1]
 [1 1 1]]
[[1.17295901e-311 2.47032823e-322 0.00000000e+000 ➡
0.00000000e+000
  0.00000000e+000 1.58817677e-052]
 [4.51618239e-090 2.00392079e-076 3.54867612e-062 ➡
1.01331910e-070
  3.99910963e+252 1.46030983e-319]]
[[0.67048712 0.57554499 0.68730213]
 [0.48046056 0.08325293 0.16713204]]
```

9.4.3　指定した範囲の数値で埋める方法

他には、指定した範囲の数値で埋めるnp.arange()があります。

リスト9.5 ①では、10から19の要素からなる配列を生成しています。np.arangeとして、最初の値と最後の値プラス1の値を書きます。

リスト9.5 ②のように、最初の値を省略すると、0からはじまる配列が生成されます。

実行すると、10から19までの配列と、0から4までの配列ができていることがわかります。

リスト9.5　配列の形を指定する例

In

```
# ①10 から 19 の要素からなる配列を生成
print(np.arange(10, 20))

# ②0から4の配列を生成
print(np.arange(5))
```

Out

```
[10 11 12 13 14 15 16 17 18 19]
[0 1 2 3 4]
```

9.5 要素へのアクセス

要素へのアクセス方法を解説します。

9.5.1 要素へのアクセスについて

arrayの要素を取り出すためには、C言語風の方法と添字の,（コンマ）で渡す2とおりの方法が使えます。

ここでは、arrayについて、要素を取り出す方法を見ていきましょう。

まず リスト9.6 を実行しておいてください。すると、要素が生成されます。

次に リスト9.7 ①のC言語風のアクセスでは、最初に0次元目を指定し、次の[]（括弧）で1次元目を指定する、というように指定できます。このようにすると、0行1列目、2が出力されます。

リスト9.7 ②のように、同じ配列に対して、,（コンマ）で0次元目と1次元目を指定することができます。同じように2が出力されます。

少し複雑な方法になるのですが、リスト9.7 ③のように、タプルで複数の要素を指定することもできます。0行1列目、1行2列目、2行3列目を取り出すためには、最初の所に0、1、2と1次元目の要素を指定し、次の箇所に1、2、3と2次元目の所を指定します。すると、0行1列目にある2、1行2列目にある4、2行3列目にある6が取り出されます。

リスト9.6 要素へのアクセスの例①

In

```
arr = np.array([[1, 2, 3, 4, 5],
                [2, 3, 4, 5, 6],
                [3, 4, 5, 6, 7]])
print(arr)
```

Out

```
[[1 2 3 4 5]
 [2 3 4 5 6]
 [3 4 5 6 7]]
```

リスト9.7 要素へのアクセスの例②

In

```
# ①C言語風のアクセス
print(arr[0][1])

# ②添字をコンマで指定
print(arr[0, 1])

# ③タプルで複数の要素を指定（[0, 1], [1, 2], [2, 3]を取り出す）
print(arr[(0, 1, 2), (1, 2, 3)])
```

Out

```
2
2
[2 4 6]
```

9.6 np.arrayのプロパティ

np.arrayのプロパティについて解説します。

9.6.1 np.arrayのプロパティについて

配列のプロパティ(属性) を リスト9.8 を元に見てみましょう。

リスト9.8 の配列の次元数を見るためには、`.ndim`としています（リスト9.9）。リスト9.8 では2次元の配列になっているので、2が出力されます。

`array`の形状を調べるためには、`.shape`を使います。リスト9.10 は、3行5列の配列なので3、5と出力されます。

次に、要素数を調べるためには、`.size`を用います（リスト9.11）。3行5列の配列ですから、3×5で15要素あることがわかります。

次に`array`のデータ型について調べます。これは`.dtype`で取得することができます（リスト9.12）。`int32`と出力されます。

最後に要素の大きさ(バイト数)について見ていきましょう。これは`.itemsize`で取ることができます（リスト9.13）。1要素当たり4バイトの大きさであることがわかります。

リスト9.8 np.arrayのプロパティの例①

In

```
arr = np.array([[1, 2, 3, 4, 5],
                [2, 3, 4, 5, 6],
                [3, 4, 5, 6, 7]])
print(arr)
```

Out

```
[[1 2 3 4 5]
 [2 3 4 5 6]
 [3 4 5 6 7]]
```

リスト9.9 np.arraのプロパティの例②

In

```
# 次元数 ndim
print(arr.ndim)
```

Out

```
2
```

リスト9.10 np.arrayのプロパティの例③

In

```
# シェイプ
print(arr.shape)
```

Out

```
(3, 5)
```

リスト9.11 np.arrayのプロパティの例④

In

```
# 要素数
print(arr.size)
```

Out

```
15
```

リスト9.12 np.arrayのプロパティの例⑤

In

```
# データ型 (Windowsの場合、int64がint32と表示されることがある)
print(arr.dtype)
```

Out

```
int32
```

リスト9.13 np.arrayのプロパティの例⑥

In

```
# 要素の大きさ（バイト数）
print(arr.itemsize)
```

Out

```
4
```

9.7 slice

slice について解説します。

9.7.1 slice について

slice を使って特定の範囲の要素を取り出せます。

slice は<start>:<end+1>のようにして範囲を指定します。NumPyでは、構文9.1のように指定します。

構文9.1

```
array[<1次元目のslice>, <2次元目のslice>]
```

前節と同じように、リスト9.14の配列について、範囲を指定して要素を取り出してみましょう。

リスト9.14 配列の例

In

```
arr = np.array([[1, 2, 3, 4, 5],
                [2, 3, 4, 5, 6],
                [3, 4, 5, 6, 7]])
print(arr)
```

Out

```
[[1 2 3 4 5]
 [2 3 4 5 6]
 [3 4 5 6 7]]
```

リスト9.15でarrayの1次元目の0から1、2次元目の2から4を取り出してみます。このときは、array [0:2, 2:5] のように指定します。すると、1次元目の0から1、2次元目の2から4、つまりこの範囲の要素が取り出されます。

リスト9.15 sliceの例①

In

```
# arr の 1次元目の 0から1, 2次元目の 2から4を取り出す
arr[0:2, 2:5]
```

Out

```
array([[3, 4, 5],
       [4, 5, 6]])
```

リスト9.16①のように、sliceの1つ目を省略するとはじめから取り出されます。arr[:2]とすると、0次元目から1次元目まで（1次元目の0から1、2次元目の全範囲）が取り出されます。

リスト9.16②のように2つ目を省略すると、最後まで取り出されます。

リスト9.16③のように両方を省略すると、全範囲になります。1次元目のすべてと2次元目の2から4までを取り出すので、このような結果になります。元の配列と見比べてみると、取り出されている範囲がわかると思います。

リスト9.16 sliceの例②

In

```
# ①slice の 1つ目を省略するとはじめから取り出す
print(arr[:2])

# ②2つ目を省略すると最後まで取り出す
print(arr[1:])

# ③両方省略すると全範囲になる
print(arr[:, 2:4])
```

Out

```
[[1 2 3 4 5]
 [2 3 4 5 6]]
[[2 3 4 5 6]
 [3 4 5 6 7]]
[[3 4]
 [4 5]
 [5 6]]
```

9.8 条件を指定して配列にアクセスする

条件を指定してアクセスする方法について解説します。

9.8.1 条件を指定して配列にアクセスするには

np.where()を使うことで、条件に従った要素のindexを取り出すことができます。前節と同じように、リスト9.17の配列について条件を指定して、アクセスする方法を見ていきましょう。

リスト9.17 配列の例

In

```
arr = np.array([[1, 2, 3, 4, 5],
                [2, 3, 4, 5, 6],
                [3, 4, 5, 6, 7]])
print(arr)
```

Out

```
[[1 2 3 4 5]
 [2 3 4 5 6]
 [3 4 5 6 7]]
```

np.whereを用いて、arrayの3よりも小さい要素を取り出します。リスト9.18のように、(array[0, 0, 1]), array([0, 1, 0])が返ってきます(Windows環境の場合、結果に「, dtype=int64」が表示されます)。

リスト9.18 条件を指定して配列にアクセスする例①

In

```
print(np.where(arr < 3))
```

Out

```
(array([0, 0, 1], dtype=int64), array([0, 1, 0], ➡
dtype=int64))
```

少しわかりづらいですが、リスト9.18の結果では、1次元目が[0, 0, 1]で2次元目が[0, 1, 0]となる要素を表しています。つまり、[0, 0], [0, 1], [1, 0]の3つの配列です。

実際の値を取り出すには、リスト9.19のようにします。np.whereで取り出した、先ほどのこちらの値をarrayの引数に指定します。そうすると、1、2、2と3よりも小さい要素が取り出されていることがわかります。

リスト9.19 条件を指定して配列にアクセスする例②

In

```
print(arr[np.where(arr < 3)])
```

Out

```
[1 2 2]
```

9.9 配列の演算

配列の演算について解説します。

9.9.1 配列の演算について

配列の要素ごとの和、差、積、商と剰余を計算してみましょう。それぞれ、+、−、*、/、%で計算します。ここではリスト9.20の配列を使って、計算します。aに、1、2、3という要素が入ったもの、bに2、2、2という要素の入ったものを用います。

リスト9.20 配列の例

In

```
a = np.array([1, 2, 3])
print(a)
b = np.array([2, 2, 2])
print(b)
```

Out

```
[1 2 3]
[2 2 2]
```

まず、リスト9.21のaとbの足した結果について見てみましょう。a + bを出力すると、要素ごとの和である1 + 2 = 3、2 + 2 = 4、3 + 2 = 5が出力されます。

リスト9.22のようにa - bとすると、要素ごとの差である1 - 2の-1、2 - 2の0、3 - 2の1が出力されます。

リスト9.23のようにa * bを実行すると、要素ごとの積である、1 * 2の2、2 * 2の4、3 * 2の6が出力されます。

リスト9.24のようにa ÷ bを実行すると、1 ÷ 2の結果である0.5、2 ÷ 2の結果である1、3 ÷ 2の結果である1.5が出力されます。

リスト9.25のようにaをbで割ったときの余りを出力すると、1 ÷ 2の余り1、2 ÷ 2の余り0、3 ÷ 2の余り1が出力されます。

リスト9.21 配列の演算の例①

In

```
print(a + b)
```

Out

```
[3 4 5]
```

リスト9.22 配列の演算の例②

In

```
print(a - b)
```

Out

```
[-1  0  1]
```

リスト9.23 配列の演算の例③

In

```
print(a * b)
```

Out

```
[2 4 6]
```

リスト9.24 配列の演算の例④

In

```
print(a / b)
```

Out

```
[0.5 1.  1.5]
```

リスト9.25 配列の演算の例⑤

In

```
print(a % b)
```

Out

```
[1 0 1]
```

9.10 np.arrayのshapeを操作する

次に配列のshape（シェイプ）を操作する方法について説明します。

9.10.1 np.arrayのshapeを操作するには

reshapeを用いることで配列のシェイプ[※1]を変えることができます。
例えば、ravelを使うことで、多次元配列を1次元にすることができます。
expand_dimsを使うことで、次元を追加することができます。
squeezeを使うことで、次元数が1の軸を消すことができます。
.Tを使うことで、配列を転置することができます。
transposeを使うことで、軸を指定して、入れ替えることができます。
まとめると以下のとおりです。

- reshape：配列のシェイプを変える
- ravel：多次元配列を1次元にする
- expand_dims：次元を追加
- squeeze：次元数が1の軸を消す
- .T：配列を転置する
- transpose：軸を指定して入れ替える

それでは、実際に操作してみましょう。

配列のシェイプを変える

最初に、0から99の1次元配列をnp.arangeで作ります。これを10行×10列にreshapeします。実行すると、リスト9.26のようになり、10行10列の配列が出力されていることがわかります。

リスト9.26 1次元配列を10行10列の配列にする例

In

```
# 0 から 99 の1次元配列を作り、10行10列に rehsapeする
print(np.arange(0, 100).reshape(10, 10))
```

※1　シェイプとは次元数のようなものです。

Out

```
[[ 0  1  2  3  4  5  6  7  8  9]
 [10 11 12 13 14 15 16 17 18 19]
 [20 21 22 23 24 25 26 27 28 29]
 [30 31 32 33 34 35 36 37 38 39]
 [40 41 42 43 44 45 46 47 48 49]
 [50 51 52 53 54 55 56 57 58 59]
 [60 61 62 63 64 65 66 67 68 69]
 [70 71 72 73 74 75 76 77 78 79]
 [80 81 82 83 84 85 86 87 88 89]
 [90 91 92 93 94 95 96 97 98 99]]
```

多次元配列を1次元にする

次に10行10列の配列を、ravelで1次元に変換しましょう。まず、np.zerosを使って10行10列の配列を作ります。これに対して、.ravelを呼ぶことで、1次元の出力がされていることがわかります（リスト9.27）。

リスト9.27　10行10列の配列を、ravelで1次元に変換する

In

```
# 10行10列の配列を ravel で1次元に変換する
print(np.zeros((10, 10), dtype=int).ravel())
```

Out

```
[0 0 0 0 0 0 0 0 0 0 0 0 0 0 0 0 0 0 0 0 0 0 0 0 0 0 0 0 ➡
0 0 0 0 0 0 0 0 0 0
 0 0 0 0 0 0 0 0 0 0 0 0 0 0 0 0 0 0 0 0 0 0 0 0 0 0 0 0 ➡
0 0 0 0 0 0 0 0 0 0
 0 0 0 0 0 0 0 0 0 0 0 0 0 0 0 0 0 0 0 0 0 0 0 0 0 0 0 0]
```

次元数が1の軸を消す

次にexpand_dimsについて説明します（リスト9.28）。まず、2行2列の配列を作ります。配列の形状（シェイプ）を見ると、2行2列になっていることがわかりますね。次に、この0次元目に1つの次元を追加します。np.expand_dims(arr1, axis=0).shapeとすることで、0次元目に1つの次元を追加することができます。print()関数で出力すると、shapeが1、2、2と変わっ

ていることがわかります。axisの箇所を1にすると、中央に次元が1つ追加され、2、1、2となります。

リスト9.28 2行2列の配列に、expand_dimsで次元を追加する

In

```
arr1 = np.zeros((2, 2), dtype=int)
print(arr1.shape)
# 0次元目に1つ次元を追加
print(np.expand_dims(arr1, axis=0).shape)
# 1次元目に1つ次元を追加
print(np.expand_dims(arr1, axis=1).shape)
```

Out

```
(2, 2)
(1, 2, 2)
(2, 1, 2)
```

次元数が1の軸を消す

次にsqueezeについて説明します。リスト9.29のようにshapeの1が多いような次元の配列を生成します。shapeを出力すると、リスト9.29①の出力結果のようになります。squeezeを使用することで、リスト9.29②の出力結果のように要素が1つの軸を削除し、100行10列の配列を主として取り出すことができます。

リスト9.29 100行10列の配列を主として取り出す

In

```
arr1 = np.empty((1, 1, 1, 1, 1, 100, 1, 1, 1, 10, 1, 1))
print(arr1.shape) # ①shapeを出力する
print(np.squeeze(arr1).shape) # ②squeezeを使用して出力する
```

Out

```
(1, 1, 1, 1, 1, 100, 1, 1, 1, 10, 1, 1)
(100, 10)
```

配列を転置する

次に.Tを使って配列を転置します（リスト9.30）。2行5列の配列を作り、この

shapeを出力すると、2行5列となっています。配列を.Tに（転置）してからshapeを見ると、今度はこれが逆になり、5行2列となっていることがわかります。

リスト9.30 配列を転置する

In

```
arr1 = np.empty((2, 5))
print(arr1.shape)
# 配列を転置
print(arr1.T.shape)
```

Out

```
(2, 5)
(5, 2)
```

軸を指定して入れ替える

最後にtransposeについて説明します（リスト9.31）。次元数が1、2、3である配列を生成します。shapeを出力すると、リスト9.31①の出力結果のように1、2、3となっています。リスト9.31②のようにtransposeを使って、1次元目を0次元目、2次元目を1次元目に、0次元目を2次元目に入れ替えます。np.transposeにarrayを指定し、0次元目を1次元目に、1次元目を2次元目に、2次元目を0次元目にするように指定します。shapeを出力すると、指定したとおりに2、3、1となっていることがわかります。

リスト9.31 軸を指定して入れ替える例

In

```
arr1 = np.empty((1, 2, 3))
# ①shapeを出力する
print(arr1.shape)
# ②1次元目を0次元目に、2次元目を1次元目に、0次元目を2次元目に➡
入れ替える
print(np.transpose(arr1, (1, 2, 0)).shape)
```

Out

```
(1, 2, 3)
(2, 3, 1)
```

9.11 配列の連結

配列の連結方法について解説します。

9.11.1　配列の連結について

2つ以上の配列を連結して1つの配列にすることもできます。そのためには、hstack、vstack、concatenateを使います。hstackは配列を横方向に連結します。vstackは縦方向に連結します。concatenateの場合は、向きを指定して連結することができます。まとめると以下のとおりです。

- hstack：横方向に連結する
- vstack：縦方向に連結する
- concatenate：向きを指定して連結する

横方向に連結する

それでは、実際に配列の連結をしてみましょう。ここでは、リスト9.32のarr1とarr2について連結を試してみます。arr1は0から10までをarangeで指定して、0から9までの要素が入った配列です。arr2はarangeに10と20を指定して、10から19までの要素が入った配列となっています。

リスト9.32　配列の例

In

```
arr1 = np.arange(0, 10)
print(arr1)
arr2 = np.arange(10, 20)
print(arr2)
```

Out

```
[0 1 2 3 4 5 6 7 8 9]
[10 11 12 13 14 15 16 17 18 19]
```

それでは、hstackを使って、arr1とarr2を横方向に連結してみます（リスト9.33）。np.hstackとして、(と)が必要なことに注意してください。(と)の中はarr1、arr2とします。すると、arr1の内容とarr2の内容が横方向に連結されます。

リスト9.33 横方向に連結

In

```
# 横方向に連結
print(np.hstack((arr1, arr2)))
```

Out

```
[ 0  1  2  3  4  5  6  7  8  9 10 11 12 13 14 15 16 17 ➡
18 19]
```

縦方向に連結する

次にarr1とarr2を縦方向に連結します（リスト9.34）。これには、vstackを使います。リスト9.33と同じように、vstackを使うときにも、(と)がそれぞれもう1つずつ必要なことに注意してください。出力すると、配列が縦方向に連結され、2次元の配列が表示されることがわかります。

リスト9.34 縦方向に連結

In

```
# 縦方向に連結
print(np.vstack((arr1, arr2)))
```

Out

```
[[ 0  1  2  3  4  5  6  7  8  9]
 [10 11 12 13 14 15 16 17 18 19]]
```

向きを指定して連結する

最後に向きを指定して連結するconcatenateについて見ていきましょう（リスト9.35）。ここでは、0次元目で連結してみます。np.concatenate(arr1, arr2)でaxisに0を指定します。そうすると、リスト9.33のhstack

のときと同じように横方向に連結された結果が出力されます。

リスト9.35 向きを指定して連結

In

```
# 向きを指定して連結 (0次元目で連結)
print(np.concatenate((arr1, arr2), axis=0))
```

Out

```
[ 0  1  2  3  4  5  6  7  8  9 10 11 12 13 14 15 16 17 ➡
18 19]
```

9.12 配列の分割

配列を分割する方法について解説します。

9.12.1 配列を分割する方法

1つの配列を分割するにはnp.split()を使います（構文9.2）。

構文9.2

```
np.split(<分割する配列>, <分割数>)
```

分割された 配列はリストに格納された形式になります。

それでは、実際に配列を分割してみましょう。ここではリスト9.36のarr1を分割します。arr1は0から100をarangeで指定し、0から99までが入った100要素の配列になっています。shapeを指定すると、リスト9.36①の出力結果になります。この配列に対して、splitを指定することによって、10個に分割します。すると、リスト9.36②の出力結果のように、0から9までの10個と10から19までの10個、20から29までの10個というように、10個ずつ分割されていることがわかります。

リスト9.36 splitを指定して分割

In

```
arr1 = np.arange(0, 100) # 配列の例
print(arr1.shape) # ①shapeを出力する

print(np.split(arr1, 10)) # ②splitを指定して分割する
```

Out

```
(100,)
[array([0, 1, 2, 3, 4, 5, 6, 7, 8, 9]), array([10, 11, ➡
12, 13, 14, 15, 16, 17, 18, 19]), array([20, 21, 22, ➡
23, 24, 25, 26, 27, 28, 29]), array([30, 31, 32, 33, ➡
34, 35, 36, 37, 38, 39]), array([40, 41, 42, 43, 44, ➡
45, 46, 47, 48, 49]), array([50, 51, 52, 53, 54, 55, ➡
56, 57, 58, 59]), array([60, 61, 62, 63, 64, 65, 66, ➡
67, 68, 69]), array([70, 71, 72, 73, 74, 75, 76, 77, ➡
78, 79]), array([80, 81, 82, 83, 84, 85, 86, 87, 88, ➡
89]), array([90, 91, 92, 93, 94, 95, 96, 97, 98, 99])]
```

9.13 配列のコピー

配列をコピーする方法について解説します。

9.13.1 配列のコピー方法

配列を代入しただけではコピーされず、同じ配列を共有したままとなります。コピーするにはcopyを用います。

それでは実際に配列をコピーしてみましょう。ここではリスト9.37のように、arr1として、np.zerosで10行10列のint型の配列を作っています。arr2には代入によってarr1の内容をコピーします。arr3にはarr1.copy()として、コピーします。この後、arr1の3行3列目の値に10を代入します。arr2の内容を出力すると、arr2は共有されているため、arr1にだけ代入したにもかかわらず、arr2の値も変わります。arr3はcopyを用いたコピーなので、arr3の3行3列目の値は、元の0のままです。

リスト9.37 配列のコピー

In

```
arr1 = np.zeros((10, 10), dtype=int)

arr2 = arr1
arr3 = arr1.copy()

arr1[(3, 3)] = 10

# 共有されているため arr2 の値も変わる
print(arr2[(3, 3)])
# arr3 はコピーなので値が変わらない
print(arr3[(3, 3)])
```

Out

```
10
0
```

9.14 配列の様々な演算

配列の様々な演算方法について解説します。

9.14.1 NumPyによる配列の様々な演算方法

NumPyには様々なメソッドが用意されています。ここでは、以下のメソッドを紹介します。

- sum：要素の総和
- mean：要素の平均
- var：要素の分散
- std：要素の標準偏差
- max：要素の最大値
- min：要素の最小値
- argmax：最大の要素のindex
- argmin：最小の要素のindex
- cov：分散共分散行列
- dot：行列積、ベクトルの内積
- np.linalg.svd：特異値分解

sumを用いて要素の総和を取ることができます。meanを用いて要素の平均を取ることができます。varを用いると要素の分散がわかります。stdで要素の標準偏差を求めることができます。maxで要素の最大値が、minで要素の最小値がわかります。argmaxを用いることで、最大の要素のindexが、argminで最小の要素のindexがわかります。covを用いることで、分散共分散行列がわかります。dotで行列積、ベクトルの内積を取ることができます。np.linalg.svdを使うことで特異値分解を行うことができます。

それでは、リスト9.38の配列を用いて、様々な演算を試してみましょう。

リスト9.38 配列の例

In

```
arr = np.array([[1, 2, 3, 4, 5],
                [2, 3, 4, 5, 6],
```

```
                    [3, 4, 5, 6, 7]])
print(arr)
```

Out

```
[[1 2 3 4 5]
 [2 3 4 5 6]
 [3 4 5 6 7]]
```

要素の総和

要素の総和を求めるには、.sumを用います。60が出力されます（リスト9.39）。

リスト9.39 要素の総和を取る

In

```
# 要素の総和
print(np.sum(arr))
```

Out

```
60
```

要素の平均

要素の平均を求めるには、meanを用います（リスト9.40）。

リスト9.40 要素の平均を求める

In

```
# 要素の平均
print(np.mean(arr))
```

Out

```
4.0
```

要素の分散

要素の分散を求めるには、varを用います（リスト9.41）。

リスト9.41 要素の分散を求める

In

```
# 要素の分散
print(np.var(arr))
```

Out

```
2.6666666666666665
```

要素の標準偏差

要素の標準偏差を求めるには、stdを使います。(np.std(arr))とすることで計算できます（リスト9.42）。

リスト9.42 要素の標準偏差を求める

In

```
# 要素の標準偏差
print(np.std(arr))
```

Out

```
1.632993161855452
```

要素の最大値

要素の最大値を求めるには、maxを使います。(np.max(arr))とすると、この場合、最大の要素の7が返ります（リスト9.43）。

リスト9.43 要素の最大値を求める

In

```
# 要素の最大値
print(np.max(arr))
```

Out

```
7
```

要素の最小値

np.minとすることで、要素の最小値を求めることができます。リスト9.44の例では1が返ります。

リスト9.44 要素の最小値を求める

In

```
# 要素の最小値
print(np.min(arr))
```

Out

```
1
```

最大の要素のindex

np.argmaxとすることで、最大の要素のindexがわかります（リスト9.45）。

リスト9.45 最大の要素のindexを求める

In

```
# 最大の要素のindex
print(np.argmax(arr))
```

Out

```
14
```

最小の要素のindex

argminとすることで、最小の要素のindexがわかります（リスト9.46）。

リスト9.46 最小の要素のindexを求める

In

```
# 最小要素のindex
print(np.argmin(arr))
```

Out

```
0
```

分散共分散行列

arrの分散共分散行列を求めるには、np.covを用います。リスト9.47のように書くことで、リスト9.38の行列の分散共分散行列が出力されます。

リスト9.47 分散共分散行列を求める

In

```
print(np.cov(arr))
```

Out

```
[[2.5 2.5 2.5]
 [2.5 2.5 2.5]
 [2.5 2.5 2.5]]
```

行列積、ベクトルの内積

np.dotを使用すると、行列積を計算できます。行列積は、2つの配列を指定します。リスト9.48では最初の配列と転置する配列を指定します。すると正方行列が出力されます。

リスト9.48 行列積を求める

In

```
print(np.dot(arr, arr.T))
```

Out

```
[[ 55  70  85]
 [ 70  90 110]
 [ 85 110 135]]
```

特異値分解

特異値分解をするためには、np.linalg.svdを用います（リスト9.49）。リスト9.38の配列を指定して、np.linagl.svdを実行すると、3つのarrayが出力されます。

リスト9.49 特異値分解を行う

In

```
print(np.linalg.svd(arr))
```

Out

```
(array([[-0.44127483,  0.79913069,  0.40824829],
       [-0.56800242,  0.10347264, -0.81649658],
       [-0.69473   , -0.59218541,  0.40824829]]), ➡
array([1.67010311e+01, 1.03709214e+00, ➡
9.14681404e-16]), array([[-0.21923614, ➡
-0.32126621, -0.42329627, -0.52532633, -0.6273564 ],
       [-0.74292363, -0.44360796, -0.1442923 ,  ➡
0.15502336,  0.45433903],
       [ 0.62702762, -0.65909334, -0.31848012,  ➡
0.10612977,  0.24441607],
       [-0.06507662,  0.17578258, -0.51267914,  ➡
0.75831701, -0.35634383],
       [ 0.05100386,  0.4844548 , -0.66009887, ➡
-0.33718212,  0.46182232]]))
```

9.15 ブロードキャスト

ブロードキャストについて解説します。

9.15.1 ブロードキャストとは

演算するときの配列のshapeが合っていない場合、ブロードキャストを利用すれば、自動的にshapeが推論されます。

それでは、リスト9.50のarrayを使ってブロードキャストを見ていきます。

リスト9.50 配列の例

In

```
arr = np.array([[1, 2, 3, 4, 5],
                [2, 3, 4, 5, 6],
                [3, 4, 5, 6, 7]])
print(arr)
```

Out

```
[[1 2 3 4 5]
 [2 3 4 5 6]
 [3 4 5 6 7]]
```

すべての要素に1を足すには、arr + [1]と1つの要素の配列を加えます（リスト9.51）。すると、この1が3行5列に展開されて、arr + [1]が実行され、1つずつ大きさが増えた行列が返されます。

各行に、このarrayを足すためにはarr + [1, 2, 3, 4, 5]というリストを加えることで、それぞれの行に対して、その値を足したものを得ることができます。

リスト9.51 ブロードキャストの例

In

```
print(arr)
# すべての要素に1を足す
print(arr + [1])
# 各行に [1, 2, 3, 4, 5] を足す
print(arr + [1, 2, 3, 4, 5])
```

Out

```
[[1 2 3 4 5]
 [2 3 4 5 6]
 [3 4 5 6 7]]
[[2 3 4 5 6]
 [3 4 5 6 7]
 [4 5 6 7 8]]
[[ 2  4  6  8 10]
 [ 3  5  7  9 11]
 [ 4  6  8 10 12]]
```

CHAPTER 10

PandasとDataFrame

この章ではPandasとDataFrameについて解説します。

10.1 Pandasの概要

Pandasの概要について解説します。

10.1.1 Pandasとは

Pandas はデータ解析をするためのPythonパッケージです。DataFrameという表形式のデータを扱うためのデータ構造やExcel、CSV、様々なSQLデータベース、HDF5形式をサポートしています。また、いろいろな統計処理をすることができます。

- DataFrameという表形式データを扱うためのデータ構造
- Excel、CSV、様々なSQLデータベース、HDF5形式のサポート
- 統計処理

例として、日本とアメリカの1960年から2017年までのCO_2排出量を出力してみましょう（リスト10.1）。

`import pandas as pd`とすることで、Pandasを`import`します。また、`%matplotlib inline`とすることで、Jupyter Notebookのノートブック上でグラフを出力できるようにしています。

例では、`pandas_datareader`というパッケージを使うので、ここでインストールしておきます（リスト10.2）。Jupyter Notebookのノートブック上でコマンドを実行するには、エクスクラメーションマーク（!）を付けてコマンドを実行します。`!pip install pandas_datareader`を実行しておいてください。

リスト10.1　Pandasのimportとグラフの出力

In

```
import pandas as pd
%matplotlib inline
```

リスト10.2　pandas_datareaderのインストール

In

```
!pip install pandas_datareader
```

Out

```
Collecting pandas_datareader
  Downloading https://files.pythonhosted.org/packages/➡
cc/5c/ea5b6dcfd0f55c5fb1e37fb45335ec01cceca199b8a793391➡
37f5ed269e0/pandas_datareader-0.7.0-py2.py3-none-any.➡
whl (111kB)
    100% |████████████████████████████████➡
███| 112kB 34kB/s ta 0:00:01
Requirement already satisfied: wrapt in /home/masashi/➡
anaconda3/lib/python3.6/site-packages (from pandas_➡
datareader) (1.10.11)
Requirement already satisfied: pandas>=0.19.2 in /home/➡
masashi/anaconda3/lib/python3.6/site-packages (from ➡
pandas_datareader) (0.23.4)
Requirement already satisfied: lxml in /home/masashi/➡
anaconda3/lib/python3.6/site-packages (from pandas_➡
datareader) (4.2.5)
Requirement already satisfied: requests>=2.3.0 in /home/➡
masashi/anaconda3/lib/python3.6/site-packages (from ➡
pandas_datareader) (2.19.1)
Requirement already satisfied: python-dateutil>=2.5.0 ➡
in /home/masashi/.local/lib/python3.6/site-packages ➡
(from pandas>=0.19.2->pandas_datareader) (2.7.3)
Requirement already satisfied: pytz>=2011k in /home/➡
masashi/anaconda3/lib/python3.6/site-packages (from ➡
pandas>=0.19.2->pandas_datareader) (2018.7)
Requirement already satisfied: numpy>=1.9.0 in /home/➡
masashi/anaconda3/lib/python3.6/site-packages (from ➡
pandas>=0.19.2->pandas_datareader) (1.15.3)
Requirement already satisfied: chardet<3.1.0,>=3.0.2 in ➡
/home/masashi/anaconda3/lib/python3.6/site-packages ➡
(from requests>=2.3.0->pandas_datareader) (3.0.4)
Requirement already satisfied: idna<2.8,>=2.5 in /home/➡
masashi/anaconda3/lib/python3.6/site-packages (from ➡
requests>=2.3.0->pandas_datareader) (2.7)
Requirement already satisfied: certifi>=2017.4.17 in /➡
home/masashi/.local/lib/python3.6/site-packages (from ➡
requests>=2.3.0->pandas_datareader) (2018.4.16)
```

```
Requirement already satisfied: urllib3<1.24,>=1.21.1 in ➡
/home/masashi/anaconda3/lib/python3.6/site-packages ➡
(from requests>=2.3.0->pandas_datareader) (1.22)
Requirement already satisfied: six>=1.5 in /home/➡
masashi/anaconda3/lib/python3.6/site-packages (from ➡
python-dateutil>=2.5.0->pandas>=0.19.2->pandas_➡
datareader) (1.11.0)
Installing collected packages: pandas-datareader
Successfully installed pandas-datareader-0.7.0
```

それでは、実際にコードを見ていきましょう（リスト10.3）。from pandas_datareaderをimport wbでimportします。このようにすることで、日本、アメリカ、中国のCO_2の排出量を取り出すことができます。コードについては詳しく説明しませんが、co2_df.plotとすることで、日本、アメリカ、中国のCO_2排出量をグラフで見ることができます。

リスト10.3 pandas_datareaderのimport

In

```
from pandas_datareader import wb
df = wb.download(indicator='EN.ATM.CO2E.KT', country=➡
['JP', 'US', 'CN'],
                 start=1960, end=2014)
co2_df = df.unstack(level=0)
co2_df.columns = ['China', 'Japan', 'United States']
co2_df.plot(grid=True)
```

Out

```
<matplotlib.axes._subplots.AxesSubplot at 0x7f462b60c780>
```

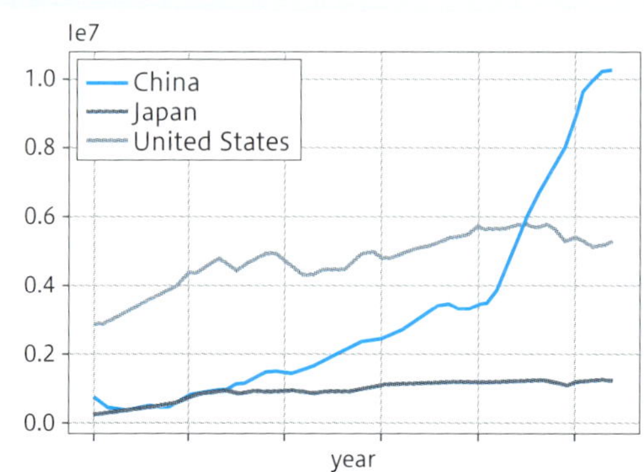

10.2 DataFrameの生成

DataFrameの生成方法について解説します。

10.2.1 DataFrameの生成方法

Pandas では DataFrameを用いてデータの解析を行うことができます。ここでは辞書からDataFrameを生成する方法を紹介します。pd.DataFrameとして、その引数に辞書を渡します。ここでは、col1として、1、2、3、4という数値型のリスト、col2として文字列型のリスト、col3として、pd.Timestampを渡しています。そうすると、出力結果のような表形式のデータが作成されます。col1には数値が、col2には文字列が、col3にはタイムスタンプ形式のデータが作成されます（リスト10.4）。

リスト10.4 DataFrameの生成

In

```
df = pd.DataFrame({'col1' : [1, 2, 3, 4],
                   'col2' : ['a', 'ab', 'abc', 'abcd'],
                   'col3' : pd.Timestamp('20180312')})
df
```

Out

	col1	col2	col3
0	1	a	2018-03-12
1	2	ab	2018-03-12
2	3	abc	2018-03-12
3	4	abcd	2018-03-12

先ほどのDataFrameの各列のタイプを見てみましょう。各列のタイプを見るためには、df.dtypesと書きます（リスト10.5）。実行するとcol1はint64型、col2はオブジェクト型、col3はdatetime64が指定されています。このように、DataFrameでは様々なデータ型を扱うことができます。

リスト10.5 DataFrameの各列のタイプ

In

```
df.dtypes
```

Out

```
col1              int64
col2             object
col3    datetime64[ns]
dtype: object
```

これ以外にも、いろいろな方法でDataFrameを生成できます。例えば、NumPyからDataFrameを生成するには リスト10.6 のようにします。

`df = pd.DataFrame`として、引数にNumPy配列を指定します。ここでは`np.random.randint`を用いて、`0`から`9`までのランダムな整数型の配列を指定しています。5行5列の配列です。このとき`columns`として、列名を指定することを忘れないようにしてください。

実行すると、ランダムな配列なので、実行するたびに結果が変わります。このように5行5列の表形式のデータが作成されます。

リスト10.6 NumPyからDataFrameを生成する

In

```
import numpy as np
df = pd.DataFrame(np.random.randint(low=0, high=10, ➡
size=(5, 5)),
    columns=['a', 'b', 'c', 'd', 'e'])
print(df)
```

Out

```
   a  b  c  d  e
0  1  3  4  6  4
1  2  2  5  7  5
2  1  4  3  4  8
3  2  7  2  2  6
4  2  3  9  1  4
```

10.3 DataFrameの表示

DataFrameを表示する方法について解説します。

10.3.1 DataFrameを表示するには

10.2節で用いた中国、日本、アメリカのCO_2の排出量のDataFrameを用います。最初にリスト10.7を実行しておいてください。

リスト10.7 中国、日本、アメリカのCO_2の排出量のDataFrame

In

```
from pandas_datareader import wb
df = wb.download(indicator='EN.ATM.CO2E.KT', ➡
country=['JP', 'US', 'CN'],
                 start=1960, end=2014)
co2_df = df.unstack(level=0)
co2_df.columns = ['China', 'Japan', 'United States']
```

DataFrameの先頭を表示するには head()（リスト10.8）、末尾を表示するには tail()を使います（リスト10.9）。co2_df.head()とすると、先頭の5年分が表示されます。また、tail()を使うことによって末尾の5年分のデータが出力されます。

リスト10.8 DataFrameの先頭を表示

In

```
co2_df.head()
```

Out

year	China	Japan	United States
1960	780726.302	232781.160	2890696.100
1961	552066.850	283118.069	2880505.507
1962	440359.029	293220.654	2987207.873
1963	436695.696	325222.563	3119230.874
1964	436923.050	359318.329	3255995.306

リスト10.9 DataFrameの末尾を表示

In

```
co2_df.tail()
```

Out

year	China	Japan	United States
2010	8.776040e+06	1171624.835	5395532.125
2011	9.733538e+06	1191074.603	5289680.503
2012	1.002857e+07	1230168.490	5119436.361
2013	1.025801e+07	1246515.976	5159160.972
2014	1.029193e+07	1214048.358	5254279.285

列名だけを表示するには columns を使います。co2_df.columns とすることで、Index(['China', 'Japan', 'United States'] という形で列名を取り出すことができます（リスト10.10）。

リスト10.10 列名だけを表示

In

```
co2_df.columns
```

Out

```
Index(['China', 'Japan', 'United States'], dtype='object')
```

DataFrameのindexを表示するには、.indexを使います。co2_df.indexとすることで、DataFrameに入っている値の各nameを取り出すことができます（リスト10.11）。

リスト10.11 DataFrameに入っている値の各nameを取り出す

In

```
co2_df.index
```

Out

```
Index(['1960', '1961', '1962', '1963', '1964', '1965', ➡
'1966', '1967', '1968',
       '1969', '1970', '1971', '1972', '1973', '1974', ➡
'1975', '1976', '1977',
       '1978', '1979', '1980', '1981', '1982', '1983', ➡
'1984', '1985', '1986',
       '1987', '1988', '1989', '1990', '1991', '1992', ➡
'1993', '1994', '1995',
       '1996', '1997', '1998', '1999', '2000', '2001', ➡
'2002', '2003', '2004',
       '2005', '2006', '2007', '2008', '2009', '2010', ➡
'2011', '2012', '2013',
       '2014'],
      dtype='object', name='year')
```

また、valuesを使うとNumPy形式で値を取り出せます。co2_df.valuesのtypeを見てみましょう。すると、numpy.ndarrayになっていることがわかりますね（リスト10.12）。

リスト10.12 co2_df.valuesのtypeを見る

In

```
type(co2_df.values)
```

Out

```
numpy.ndarray
```

10.4 統計量の表示

統計量を表示する方法を解説します。最初に リスト10.7 を実行しておいてください。

10.4.1 統計量を表示するには

Pandas では descrive() メソッドによって、基本的な統計量を簡単に求めることができます。各行は以下の値を表しています。count が要素数を、mean が平均を、std が標準偏差を表しています。min が最小値を、25%、50%、75% は、それぞれの4分位数を表しています。max が最大値を表しています。

- count：要素数
- mean：平均
- std：標準偏差
- min：最小値
- 25%, 50%, 75%：それぞれの4分位数
- max：最大値

リスト10.13 のように、co2_df.describe によって、統計量を取り出せます。各列の count はそれぞれ同じです。mean で平均が、std で標準偏差、min にそれぞれの最小の値が出力されています。25% は下から 25% の値が表示されています。50% で中央値が、75% で 75% の値、max で最大値が出力されます。

リスト10.13 統計量を取り出す

In

```
co2_df.describe()
```

Out

	China	Japan	United States
count	5.500000e+01	5.500000e+01	5.500000e+01
mean	3.098573e+06	9.449562e+05	4.723442e+06
std	2.846173e+06	2.979319e+05	7.878118e+05
min	4.332340e+05	2.327812e+05	2.880506e+06
25%	9.782786e+05	8.769557e+05	4.381550e+06
50%	2.209709e+06	9.556202e+05	4.823403e+06
75%	3.478538e+06	1.198652e+06	5.276593e+06
max	1.029193e+07	1.266010e+06	5.789727e+06

10.5 DataFrameの整列（sort）

DataFrameの整列について解説します。最初に リスト10.7 を実行しておいてください。

10.5.1 DataFrameを整列させるには

DataFrameをindexでsortするには、sort_index()メソッドを用います。引数ascendingによって、昇順と降順を切り替えることができます。ここではascending=Falseとして降順にsortしてみましょう（リスト10.14）。co2_df.sort_indexとすることによって、yearの値で降順にsortしています。

リスト10.14 DataFrameの整列

In

```
co2_df.sort_index(axis=0, ascending=False).head()
```

Out

year	China	Japan	United States
2014	1.029193e+07	1214048.358	5254279.285
2013	1.025801e+07	1246515.976	5159160.972
2012	1.002857e+07	1230168.490	5119436.361
2011	9.733538e+06	1191074.603	5289680.503
2010	8.776040e+06	1171624.835	5395532.125

値でsortするには、sort_values()メソッドを用います。リスト10.15 で、日本のCO_2排出量を降順にsortしてみましょう。co2_df.sort_valuesによって、値でsortすることができます。ここでは、by = 'Japan'を指定し、日本のCO_2排出量をascending=Falseに指定して、降順に出力しています。2004年に排出量が一番多かったことがわかりますね。

リスト10.15 値でsortした例

In

```
co2_df.sort_values(by='Japan', ascending=False).head()
```

Out

	China	Japan	United States
year			
2004	5.233539e+06	1266009.748	5756075.232
2007	7.030798e+06	1252229.162	5789030.561
2013	1.025801e+07	1246515.976	5159160.972
2003	4.540417e+06	1242093.574	5675701.926
2005	5.896958e+06	1239255.316	5789727.291

また、.Tを利用すれば、目的に合わせて行列を入れ替えることができます。co2_df.Tとすることで、リスト10.16のように出力されます。先ほどとは違い、行側に国名が、列側にyearが表示されています。表の形式が横向きになります。

リスト10.16 行列を入れ替えた例

In

```
co2_df.T
```

Out

year	1960	1961	1962	1963
China	780726.302	552066.850	440359.029	436695.696
Japan	232781.160	283118.069	293220.654	325222.563
United States	2890696.100	2880505.507	2987207.873	3119230.874

3 rows × 55 columns

10.6 DataFrameの選択

DataFrameを選択する方法について解説します。最初にリスト10.7を実行しておいてください。

10.6.1 DataFrameを選択する方法

Pandasには、DataFrameの値を選択するための様々な方法が用意されています。最も単純な方法として、添字（[ ]）を使ったアクセス方法があります。co2_dfに対して、1つ目の[ ]（角括弧）でindexの範囲、2つ目と[ ]で列の範囲を指定します。ここではsliceを使って、1970年から1980年の日本のCO_2排出量を取り出しています（リスト10.17）。

リスト10.17 DataFrameを選択する例①

In

```
co2_df['1970':'1980']['Japan']
```

Out

```
year
1970    768823.220
1971    797543.164
1972    853373.239
1973    915748.909
1974    915873.587
1975    870072.757
1976    908902.620
1977    935213.345
1978    903886.164
1979    955620.200
1980    947571.135
Name: Japan, dtype: float64
```

ただし、この方法では、コピーを生成するため、大量のデータを扱うには向きません。.locを使うことで、コピーを避けることができます。

リスト10.18のように、co2_df.locとすることで、コピーを生成せずに値を取り出すことができます。1つ目の要素にすべてのindexの範囲を指定します。ここでは1970年から1980年までの範囲を指定します。2つ目に列名を指定します。

リスト10.18 DataFrameを選択する例②

In

```
co2_df.loc['1970':'1980','Japan']
```

Out

```
year
1970    768823.220
1971    797543.164
1972    853373.239
1973    915748.909
1974    915873.587
1975    870072.757
1976    908902.620
1977    935213.345
1978    903886.164
1979    955620.200
1980    947571.135
Name: Japan, dtype: float64
```

他にも、.at、.iat、.ilocなどの方法が用意されています。
1つずつ見ていきましょう。

.at

特定の値にキーを使ってアクセスするには、.atを用います。1970年の日本のCO_2排出量を見るためには、.at['1970', 'Japan']とします（リスト10.19）。

リスト10.19 DataFrameを選択する例③

In

```
# 特定の値にキーを使ってアクセス
co2_df.at['1970', 'Japan']
```

Out

```
768823.22
```

.iat

特定の値に、添字（[ ]）を使ってアクセスするためには、.iatを用います。先ほどと同じ値にアクセスするためには、11行目の2列目（インデックスで[10, 1]）を指定することでアクセスすることができます（リスト10.20）。

リスト10.20 DataFrameを選択する例④

In

```
# 特定の値に 添字を使ってアクセス
co2_df.iat[10, 1]
```

Out

```
768823.22
```

.loc

特定の範囲にキーを使ってアクセスするには、.locを用います。リスト10.18のコードの再掲になりますが、.loc、indexの範囲、列名のように指定します（リスト10.21）。

リスト10.21 DataFrameを選択する例⑤

In

```
# 特定の範囲にキーを使ってアクセス（再掲）
co2_df.loc['1970':'1980', 'Japan']
```

Out

```
year
1970    768823.220
1971    797543.164
1972    853373.239
1973    915748.909
1974    915873.587
1975    870072.757
1976    908902.620
1977    935213.345
1978    903886.164
1979    955620.200
```

```
1980    947571.135
Name: Japan, dtype: float64
```

.iloc

特定の範囲に添字（[ ]）を使ってアクセスするには、.ilocを用います。リスト10.21と同じ範囲にアクセスするためには、indexに10番目から21番目を、列のインデックスに1を指定することで、アクセスすることができます（リスト10.22）。

リスト10.22 DataFrameを選択する例⑥

In

```
# 特定の範囲に添字を使ってアクセス
co2_df.iloc[10:21, 1]
```

Out

```
year
1970    768823.220
1971    797543.164
1972    853373.239
1973    915748.909
1974    915873.587
1975    870072.757
1976    908902.620
1977    935213.345
1978    903886.164
1979    955620.200
1980    947571.135
Name: Japan, dtype: float64
```

10.7 条件を指定して値を取り出す

条件を指定して値を取り出す方法を解説します。最初に リスト10.7 を実行しておいてください。

10.7.1 条件を指定して値を取り出すには

条件式によってDataFrameにアクセスすることもできます。条件外のデータはNaN (Not a Number)になります。

co2_dfに対して、co2_dfの中の1eの7乗よりも大きい要素を出力します。.tail()で末尾のデータだけを取り出してみます。そうすると、中国の2012年から2014年までのデータの値が表示され、それ以外はNaNとなっています（リスト10.23）。

リスト10.23 条件を指定して値を取り出す

In

```
co2_df[co2_df > 1e7].tail()
```

Out

	China	Japan	United States
year			
2010	NaN	NaN	NaN
2011	NaN	NaN	NaN
2012	1.002857e+07	NaN	NaN
2013	1.025801e+07	NaN	NaN
2014	1.029193e+07	NaN	NaN

10.8 列の追加

列の追加について解説します。最初に リスト10.7 を実行しておいてください。

10.8.1 列を追加するには

列を追加するには、単純に要素を代入することで、結果を得ることができます。

まずdfにco2_dfの値をコピーしておきます。そして、dfのtestという列に、1という値を代入してみます。head()で取り出すと、すべての要素に1が入った列、testが追加されています（リスト10.24）。

リスト10.24 列の追加

In

```
# co2_dfは後で使うのでコピーしておく
df = co2_df.copy()

df['test'] = 1
df.head()
```

Out

	China	Japan	United States	test
year				
1960	780726.302	232781.160	2890696.100	1
1961	552066.850	283118.069	2880505.507	1
1962	440359.029	293220.654	2987207.873	1
1963	436695.696	325222.563	3119230.874	1
1964	436923.050	359318.329	3255995.306	1

10.9 DataFrameの演算

DataFrameの演算について解説します。

10.9.1 DataFrameの演算をするには

PandasにはDataFrameの値を操作する様々な方法が用意されています。まずは、単純な演算を見てみましょう。リスト10.25のようなDataFrameを使うことにします。col1に1から5、col2に2から6が入ったDataFrameです。

リスト10.25 DataFrameの例

In

```
df = pd.DataFrame({'col1': [1, 2, 3, 4, 5],
                   'col2': [2, 3, 4, 5, 6]})
```

リスト10.26のようにdf + 1とすると、各要素に1が足されたDataFrameを得ることができます。同じようにdf - 1とすることで、各要素から1が引かれたDataFrameを得ることができます（リスト10.27）。

リスト10.26 DataFrameの演算の例①

In

```
df + 1
```

Out

	col1	col2
0	2	3
1	3	4
2	4	5
3	5	6
4	6	7

リスト10.27 DataFrameの演算の例②

In

```
df - 1
```

Out

	col1	col2
0	0	1
1	1	2
2	2	3
3	3	4
4	4	5

DataFrameの各要素に対して、定数を掛けるには、`df * 2`のようにします（リスト10.28）。このようにすると、値が2倍になったDataFrameが手に入ります。同じように`df / 2`とすることで、各要素が2で割られたDataFrameを得ることができます（リスト10.29）。

リスト10.28 DataFrameの演算の例③

In

```
df * 2
```

Out

	col1	col2
0	2	4
1	4	6
2	6	8
3	8	10
4	10	12

リスト10.29 DataFrameの演算の例④

In

```
df / 2
```

Out

	col1	col2
0	0.5	1.0
1	1.0	1.5
2	1.5	2.0
3	2.0	2.5
4	2.5	3.0

次にdf % 2とすることで、各要素を2で割った余りの値を持ったDataFrameを得ることができます（リスト10.30）。

リスト10.30 DataFrameの演算の例⑤

In

```
df % 2
```

Out

	col1	col2
0	1	0
1	0	1
2	1	0
3	0	1
4	1	0

DataFrameの列同士の演算をすることもできます。df['col1']とした後に、+ df['col2']とすることで、各行の値を足したDataFrameを得ることができます（リスト10.31）。

リスト10.31 DataFrame の演算の例⑥

In

```
# DataFrameの列同士も演算できる
df['col1'] + df['col2']
```

Out

```
0     3
1     5
2     7
3     9
4    11
dtype: int64
```

平均（リスト10.32）や分散（リスト10.33）を計算することもできます。これには、`df.mean`、`df.var`を使います。これによって、各列の平均、各列の分散を取り出すことができます。

リスト10.32 DataFrameの演算の例⑦

In

```
df.mean()
```

Out

```
col1    3.0
col2    4.0
dtype: float64
```

リスト10.33 DataFrameの演算の例⑧

In

```
df.var()
```

Out

```
col1    2.5
col2    2.5
dtype: float64
```

10.10 複雑な演算

複雑な演算方法について解説します。

10.10.1 複雑な演算をするには

DataFrameの値に対して複雑な演算を行いたい場合は`.apply()`を用いると便利です。ここでは、各要素の`sin`を取ってみましょう。

`.apply()`を説明する前に、無名関数`lambda`について説明します。`f = lambda x: np.sin(x)`とすることで、引数`x`を取る関数`f`を宣言することができます（リスト10.34）。

`print(f(3.14/2))`とすると、`sin`の値である`0.99...`が表示されます。`lambda`の式は、このような関数を定義しているのと同じです。引数`x`を取る関数で`sin`を実行するというものです。実際に値が同じになっていることがわかります。

リスト10.34 複雑な演算の例①

In

```
f = lambda x: np.sin(x)

print(f(3.14/2))

def g(x):
  return np.sin(x)

print(g(3.14/2))
```

Out

```
0.9999996829318346
0.9999996829318346
```

次に各要素のsinを取ってみましょう。df.applyとして、引数に関数を渡します。関数には、lambdaでnp.sinを取る関数を与えることにします。そうすることで、各要素のsinを取ったDataFrameに変換されます（リスト10.35）。

リスト10.35 複雑な演算の例②

In

```
df.apply(lambda x: np.sin(x))
```

Out

	col1	col2
0	0.841471	0.909297
1	0.909297	0.141120
2	0.141120	-0.756802
3	-0.756802	-0.958924
4	-0.958924	-0.279415

applyを列ごとに呼ぶこともできます。ここでは、新しいカラムでcol3にcol1を2乗したものを代入してみましょう。そうすると、col1の2乗がcol3に入っていることがわかります（リスト10.36）。

リスト10.36 複雑な演算の例③

In

```
df['col3'] = df['col1'].apply(lambda x: x**2)
df
```

Out

	col1	col2	col3
0	1	2	1
1	2	3	4
2	3	4	9
3	4	5	16
4	5	6	25

10.11 DataFrameの連結

DataFrameの連結方法について解説します。

10.11.1 DataFrameを連結するには

データ分析をしていると2つ以上の DataFrameを1つに連結したいことがあります。Pandas では、DataFrameを連結する方法が複数用意されています。

ここでは、リスト10.37〜39のようなDataFrame、df1、df2そしてdf3を連結することを考えます。

df1は、リスト10.37〜39のようなDataFrameになっていて、col1に1、2、3、col2に1、2、3と入っています。

df2は、col1に4、5、6、col2に4、5、6と入っています。

df3は、col1に7、8、9、そしてcol3に7、8、9という値が入っているDataFrameです。

リスト10.37 DataFrameの例①

In

```
df1 = pd.DataFrame({'col1': [1, 2, 3],
                    'col2': [1, 2, 3]})
df1
```

Out

	col1	col2
0	1	1
1	2	2
2	3	3

リスト10.38 DataFrameの例②

In

```
df2 = pd.DataFrame({'col1': [4, 5, 6],
                    'col2': [4, 5, 6]})
df2
```

Out

	col1	col2
0	4	4
1	5	5
2	6	6

リスト10.39 DataFrameの例③

In

```
df3 = pd.DataFrame({'col1': [7, 8, 9],
                    'col3': [7, 8, 9]})
df3
```

Out

	col1	col3
0	7	7
1	8	8
2	9	9

concat

concatを用いることで、DataFrameを単純に連結することができます。縦方向に連結するには、pd.concatを用います。引数にリストでDataFrameを与えて、ignore_index = Trueと引数を与えます。すると、DataFrame1（df1）の値とDataFrame2（df2）の値が連結されていることがわかります（リスト10.40）。

リスト10.40 concatの例①

In

```
# 縦方向に連結
pd.concat([df1, df2], ignore_index = True)
```

Out

	col1	col2
0	1	1
1	2	2
2	3	3
3	4	4
4	5	5
5	6	6

concatを用いて、列名が一致していないDataFrameを連結する場合を考えます。この場合は、df1とdf3を連結するのですが、df1にはcol3がなくて、df3にはcol2がありません。そうすると、df1の部分はcol3がNaN、df3の部分はcol2がNaNになります（リスト10.41）。

リスト10.41 concatの例②

In

```
# 列名が一致していない部分は NaN になる
pd.concat([df1, df3], ignore_index = True)
```

Out

	col1	col2	col3
0	1	1.0	NaN
1	2	2.0	NaN
2	3	3.0	NaN
3	7	NaN	7.0
4	8	NaN	8.0
5	9	NaN	9.0

pd.concatにaxis = 1と指定すると、DataFrameは横方向に連結することができます。結果を見ると、このようにDataFrame1（df1）の値とDataFrame2（df2）の値が、横に連結されていることがわかります（リスト10.42）。

リスト10.42 concatの例③

In

```
# 横方向に連結
pd.concat([df1, df2], axis = 1)
```

Out

	col1	col2	col1	col2
0	1	1	4	4
1	2	2	5	5
2	3	3	6	6

join='inner'を指定すると、指定している列だけが残ります。pd.concatとして、リストにdf1とdf3を指定します。join='inner', ignore_index = Trueとすると、列名が一致している列だけが連結されたDataFrameが得られます（リスト10.43）。

リスト10.43 concatの例④

In

```
# join='inner'を指定すると、一致している列だけが残る
pd.concat([df1, df3], join='inner', ignore_index = True)
```

Out

	col1
0	1
1	2
2	3
3	7
4	8
5	9

append

単純に縦方向に連結したい場合は、appendを使うことができます。df1.append(df2, ignore_index=True)とすると、df1にdf2が連結されます（リスト10.44）。

リスト10.44 appendの例

In

```
df1.append(df2, ignore_index=True)
```

Out

	col1	col2
0	1	1
1	2	2
2	3	3
3	4	4
4	5	5
5	6	6

merge

mergeを使うと、2つのDataFrameを統合することができます。例えば、同じ要素を持つ行をまとめることができます。例で確認してみましょう。

リスト10.45、46のようなDataFrame、df1とdf2を連結、統合することを考えます。

df1はbar、foo、keyという列を持っていて、リスト10.45のような値が入っています。

df2は、同じように、リスト10.46のような列bar、foo、keyを持っていて、keyには同じ値が入っています。

pd.merge、df1、df2、そしてonに列名keyを指定することで、DataFrameを統合できます（リスト10.47）。keyの値がaの場合、その行が3、1、5、3と1行に統合されます。次にkeyの値がbの場合、その行が4、2、6、4と統合されます（リスト10.47）。

リスト10.45 DataFrameの例①

In

```
df1 = pd.DataFrame({'key': ['a', 'b'],
                    'foo': [1, 2],
                    'bar': [3, 4]})
df1
```

Out

	bar	foo	key
0	3	1	a
1	4	2	b

リスト10.46 DataFrameの例②

In

```
df2 = pd.DataFrame({'key': ['a', 'b'],
                    'foo': [3, 4],
                    'bar': [5, 6]})
df2
```

Out

	bar	foo	key
0	5	3	a
1	6	4	b

リスト10.47 mergeの例

In

```
pd.merge(df1, df2, on='key')
```

Out

	bar_x	foo_x	key	bar_y	foo_y
0	3	1	a	5	3
1	4	2	b	6	4

10.12 グルーピング

グルーピングについて解説します。

10.12.1 グルーピングするには

グルーピングを利用すれば同じ要素を持つ列を1つにまとめることができます。リスト10.48のようなDataFrameを考えてみることにします。A列にfooとbarという値が入っています。またB列にはone、one、two、three、two、two、one、threeというように値が入っています。C列とD列にはランダムな値が入っています。このようなDataFrameです。

リスト10.48 DataFrameの例

In

```
df = pd.DataFrame({'A' : ['foo', 'bar', 'foo', 'bar',
                          'foo', 'bar', 'foo', 'foo'],
                   'B' : ['one', 'one', 'two', 'three',
                          'two', 'two', 'one', ➡
'three'],
                   'C' : np.random.randn(8),
                   'D' : np.random.randn(8)})
df
```

Out

	A	B	C	D
0	foo	one	1.743702	-0.474506
1	bar	one	0.556694	0.132985
2	foo	two	1.718192	-1.167333
3	bar	three	0.902946	-0.158837
4	foo	two	-0.860974	-2.168141
5	bar	two	1.220781	-0.414502
6	foo	one	0.451595	-0.789279
7	foo	three	-0.628765	-0.113362

A列が一致する行を総和してまとめるには、df.groupby('A').sum()とします。そうすることで、A列がbarの箇所のCとDの値が総和されて、A列がfooの箇所のC列の値が総和されて出力されます（リスト10.49）。

リスト10.49 グルーピングの例①

In

```
# A 列が一致する行を総和してまとめる
df.groupby('A').sum()
```

Out

A	C	D
bar	2.680421	-0.440354
foo	2.423749	-4.712620

次に、A列とB列の要素が一致する行を総和してまとめてみましょう。df.groupbyにリストで列名を指定します。そして、.sum()とすることでA列とB列の両方で一致している行を1つにまとめることができます。リスト10.50の出力結果のようになります。

リスト10.50 グルーピングの例②

In

```
# A, B の要素が一致する行を総和してまとめる
df.groupby(['A', 'B']).sum()
```

Out

A	B	C	D
bar	one	0.556694	0.132985
	three	0.902946	-0.158837
	two	1.220781	-0.414502
foo	one	2.195297	-1.263785
	three	-0.628765	-0.113362
	two	0.857217	-3.335474

10.13 グラフの表示

グラフを表示する方法について解説します。

10.13.1 様々なグラフを表示するには

PandasではDataFrameのグラフを簡単に描くことができます。10.1節で見た、リスト10.3のCO_2排出量のグラフをもう一度確認してみましょう。リスト10.51のようにして、CO_2排出量のDataFrameを取り出して、co2_df.plot()とすることで、グラフを表示することができます（リスト10.52）。

リスト10.51 CO_2排出量のDataFrameを取り出す

In

```
from pandas_datareader import wb
df = wb.download(indicator='EN.ATM.CO2E.KT', ➡
country=['JP', 'US', 'CN'],
                start=1960, end=2014)
co2_df = df.unstack(level=0)
co2_df.columns = ['China', 'Japan', 'United States']
```

リスト10.52 グラフを表示する

In

```
# グラフの表示
co2_df.plot()
```

Out

```
<matplotlib.axes._subplots.AxesSubplot at 0x1bfeff874e0>
```

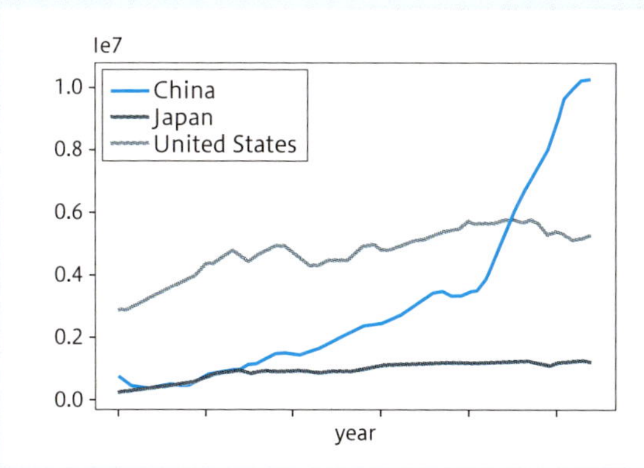

箱ひげ図を出力するには、co2_df.plot.box()とします。すると、最小値と最大値、4分位点が表示されたグラフが出力されます（リスト10.53）。

リスト10.53 箱ひげ図

In

```
# 箱ひげ図
co2_df.plot.box()
```

Out

```
<matplotlib.axes._subplots.AxesSubplot at 0x1bfeffd7780>
```

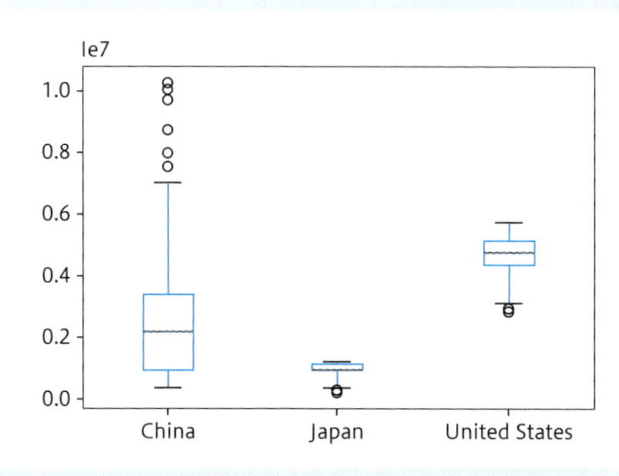

ヒストグラムを表示するためには、co2_df.plot.hist()とします（リスト10.54）。alpha=0.8とすることによって、ヒストグラムの重なった部分を透過させることができます。このようにCO_2排出量のヒストグラムが出力されます。

リスト10.54 ヒストグラム

In

```
# ヒストグラム
co2_df.plot.hist(alpha=0.8)
```

Out

```
<matplotlib.axes._subplots.AxesSubplot at 0x1bff004e5c0>
```

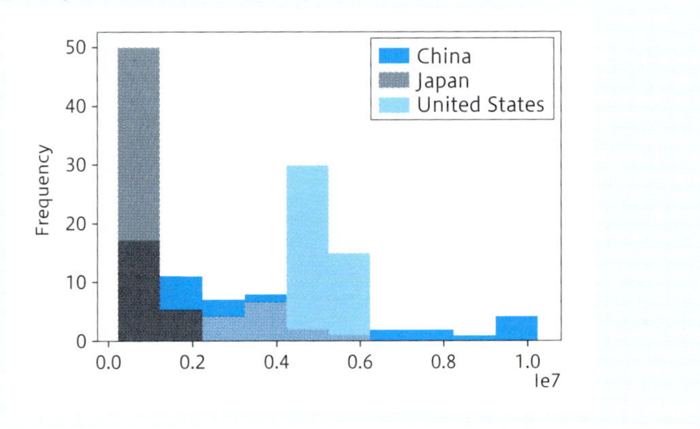

積み上げグラフを出力するためには、co2_df.plot.area()とします（リスト10.55）。すると値が積み上がったグラフが出力されます。

リスト10.55 積み上げグラフ

In

```
# 積み上げグラフ
co2_df.plot.area()
```

Out

```
<matplotlib.axes._subplots.AxesSubplot at 0x1bff00ca390>
```

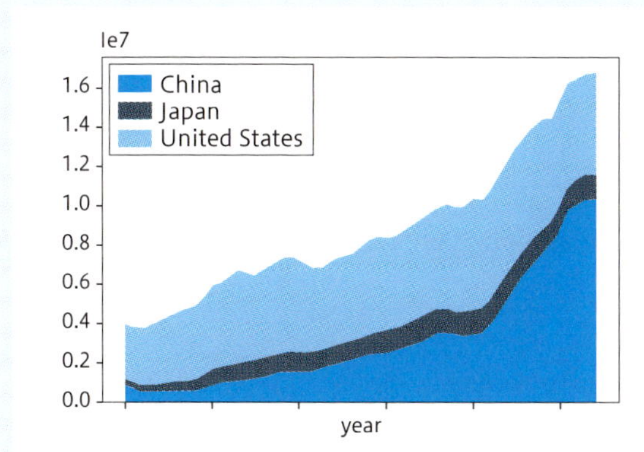

散布図を出力するためには、co2_df.plot.scatter()とします（リスト10.56）。ここでは、日本と中国のCO_2排出量の散布図が出力されます。

リスト10.56 散布図の例①

In

```
# 散布図
co2_df.plot.scatter(x='Japan', y='China')
```

Out

```
<matplotlib.axes._subplots.AxesSubplot at 0x1bff00e1eb8>
```

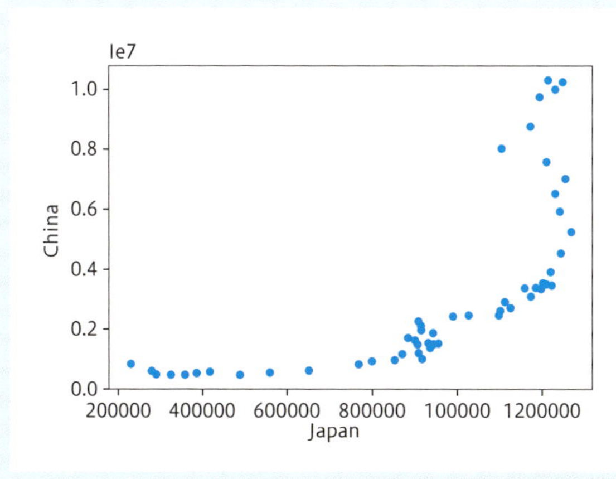

次にco2_df.plot.hexbin()とすることによって、先ほどの散布図のデータが多く重なっている箇所が濃い、Hexagonal Binning（ヘキサゴナル ビニング）の形で出力することができます（リスト10.57）。

リスト10.57 散布図の例②

In

```
# hexagonal bin plot
co2_df.plot.hexbin(x='Japan', y='China', gridsize=25)
```

Out

```
<matplotlib.axes._subplots.AxesSubplot at 0x1bff119d5c0>
```

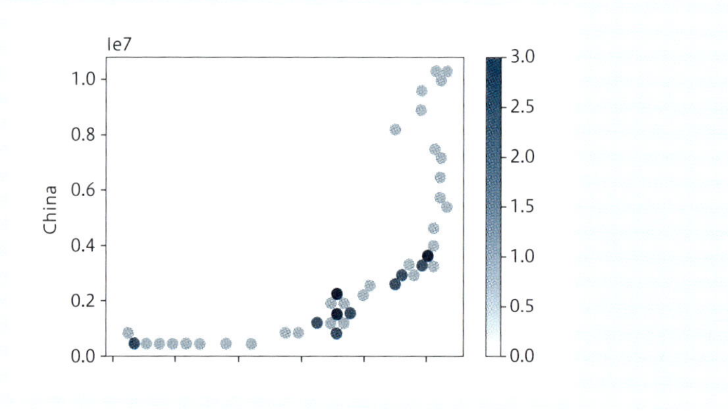

CHAPTER 11

単純パーセプトロン

この章では、機械学習でおなじみの単純パーセプトロンについて解説します。

11.1 単純パーセプトロンの概要

単純パーセプトロンの概要について解説します。

11.1.1　単純パーセプトロンとは

単純パーセプトロンは、図11.1のようなニューラルネットワークです。図の丸の1つのことを、ユニットと呼びます。下の層（図11.1左）のユニットと次の層のユニットは、結合重みによって、結合されています。左側の所にxの記号で表されているのが、入力です。また、常に1が入力される仮想的な入力を、ここでは用意しています。このことをバイアスとも呼びます。

単純パーセプトロンの出力は、図11.1中央に示した式で表すことができます。入力xに結合重みを掛けたものが、足し合わされていきます。$w_1x_1 + w_2x_2 + w_3 \times 1$です。この$w_3$の箇所はバイアスです。この足し合わせたものを関数$f$に掛けます。この関数のことを活性化関数と呼びます。これを総和記号で書き直すと、$\sum_i w_i x_i$と書くこともできます。

単純パーセプトロンでは、活性化関数fにこのようなシグモイド関数を使います。シグモイド関数は、この重みを掛ける入力の総和が小さいときは0に近い値

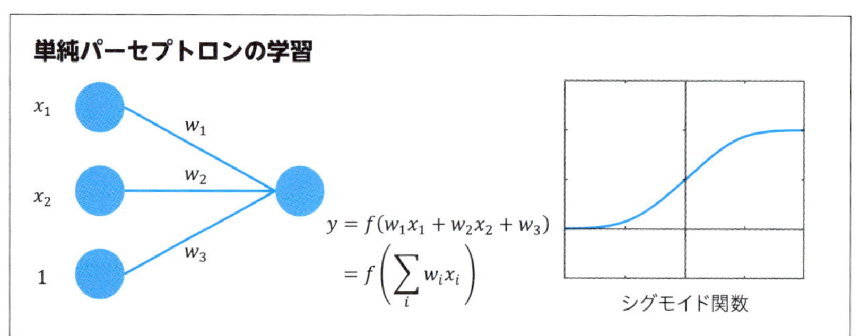

図11.1　単純パーセプトロン

を出力し、大きくなると1に近い値を出力します。

シグモイド関数は、スイッチのようになっていると見なすことができて、入力が小さい間はスイッチが切れていて、入力が大きくなるとスイッチが入るというようなものと見なすことができます。

11.1.2 単純パーセプトロンの学習について

次に単純パーセプトロンの学習について見ていきます。先ほどの単純パーセプトロンに、図11.2の右表のような論理積(and)を学習させてみましょう。論理積は、2つの入力が1のときだけ出力が1になって、それ以外のときは出力が0となるような関数です。この単純パーセプトロンで重みが0.1、0.9、-1のときを見ると、出力が、yのようになります。x_1とx_2が0のときは、yは0.27、x_1が0でx_2が1のときは0.48、x_1が1でx_2が0のときは0.29、x_1が1でx_2が1のときは0.5です。実際に出力したい値は、tの0、0、0、1です。さて、これを学習させて、yをtに近づけていきましょう。tのことを**教師データ**と呼びます（**教師信号**などとも呼びます）。

単純パーセプトロンの学習

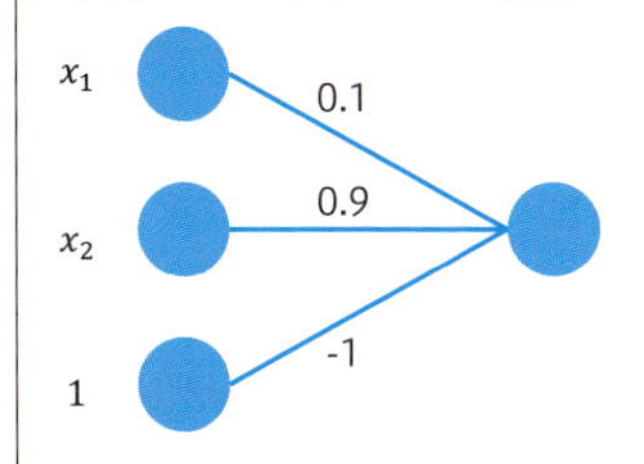

x_1	x_2	y	t
0	0	0.27	0
0	1	0.48	0
1	0	0.29	0
1	1	0.5	1

上のような単純パーセプトロンに右表のような論理積（and）を学習させる。
期待する値をt（教師データ）として、重みを0.1、0.9、-1とすると、yは右表のようになる。

図11.2 単純パーセプトロンの学習①

学習させるには、出力yと教師データtとの間のLossを測ります（図11.3）。ここでは、LossにMSE（平均自乗誤差）を用いることにします。LossをLと置くと、MSEは図11.3に示した式で表されます。$L = \frac{1}{N}$の$\sum (t-y)^2$です。Lossが小さいときに、tとyの値が近くなっていることがわかります。tとyが近くなれば近くなるほど、Lossが小さくなることがわかります。

単純パーセプトロンの学習

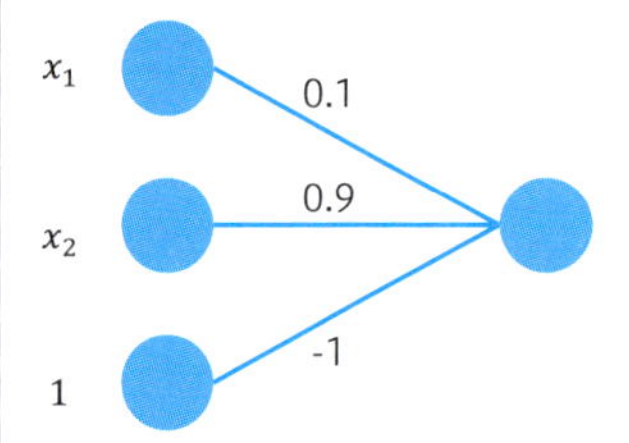

x_1	x_2	y	t
0	0	0.27	0
0	1	0.48	0
1	0	0.29	0
1	1	0.5	1

次に、出力と教師データとの間のLoss（損失）を測る。ここでは、LossにMSE（平均自乗誤差）を用いる。LossをLと置く。

$$L = \frac{1}{N}\sum(t-y)^2$$

図11.3 単純パーセプトロンの学習②

先ほど見たように、出力を教師データに近づけるには、この間のLossを最小にすればよいわけです。MSEをグラフに書くと、図11.4右のようになります。右のグラフから、Lossが最小の点を見つければよいわけです。この点を見つけるためには、グラフの傾きを用います。グラフの傾きが0になっている所が、Lossが最小になる所です。関数の傾きは微分で求められますから、Lossの微分が0になるように、重みを更新していけばよいことになります。

単純パーセプトロンの学習

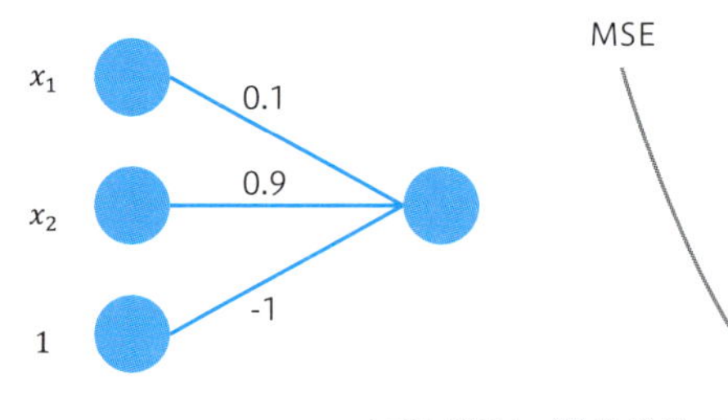

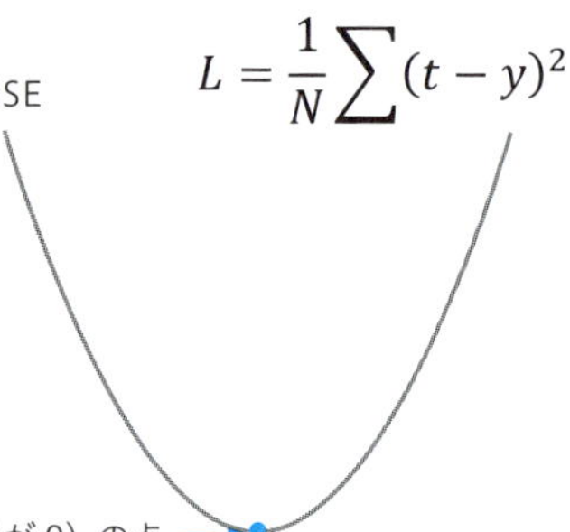

出力を教師データに近づけるには、この間のLossを最小にすればよい。右のグラフからLossが最小になる点では曲線の傾きが0になっていることがわかる。傾きは微分によって求めることができる。
したがって、Lossの微分が0になるように重みを更新すればよい。

図11.4 単純パーセプトロンの学習③

最初、ある重みを持った単純パーセプトロンのLossが、MSEのグラフの右側のAの位置にあったとします。この位置における傾きを見ると、右上の方向になっていることがわかります。MSEのグラフの最小の点を近づけるには、傾きの反対方向に少しだけ値を変化させればよいことがわかります。式で書くと、図11.5下のようになります。$w_i{}'$が更新された重みです。w_iがもともとの重み、αは小さな値で**学習率**と呼ばれます。これは、Lをwで微分した傾きです。$w_i{}'$は元の値のwから傾きの反対方向に少しだけ移動したものとして表されます。これをLossが変化しなくなるまで、繰り返せばよいわけです。このような学習方法を**最急降下法**と呼びます。

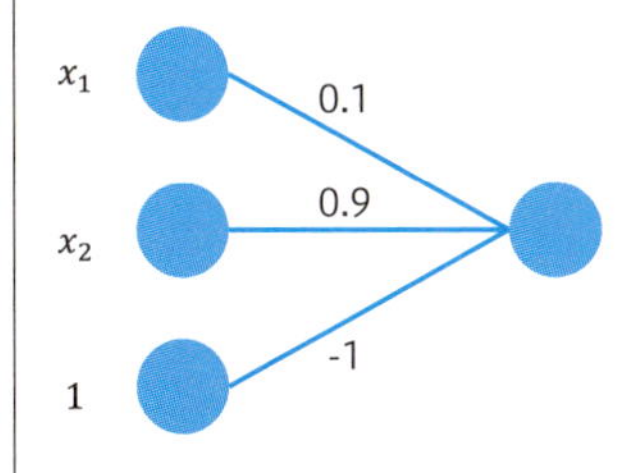

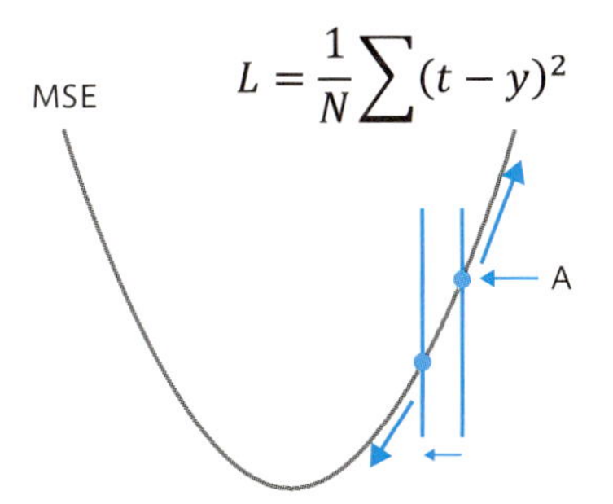

$$w_i' = w_i - \alpha \frac{\partial L}{\partial w_i}$$ （つまり、傾きの反対方向に少しだけ値を変化させる）

α：学習率

Lossが変化しなくなる（収束する）まで繰り返す。

※このような学習方法を最急降下法と呼ぶ。

図11.5 単純パーセプトロンの学習④

実際に学習させて、w_1が4.38、w_2が4.38、w_3が-6.66になったとします（図11.6）。このときの出力は、図11.6の右表にあるyのようになります。x_1が0でx_2が0のとき、yは0です。x_1が0でx_2が1のときは0.09、x_1が1でx_2が0のときは0.09、x_1が1でx_2が1のときは0.90です。教師信号であるtに近い値になっていることがわかります。

単純パーセプトロンの学習

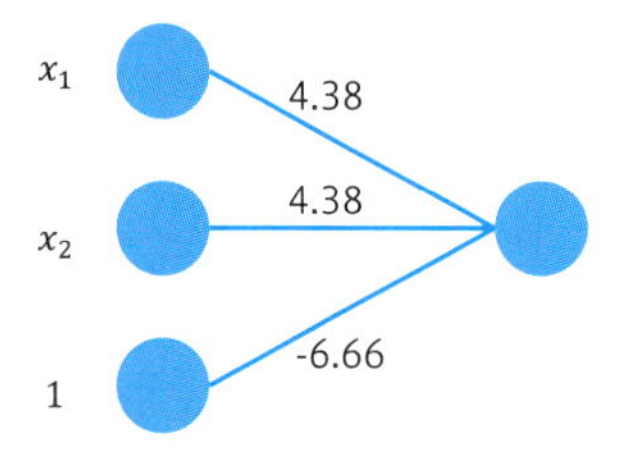

x_1	x_2	y	t
0	0	0.00	0
0	1	0.09	0
1	0	0.09	0
1	1	0.90	1

収束すると、教師信号に近い値を出力できるようになる。

図11.6 単純パーセプトロンの学習⑤

11.2 単純パーセプトロンの実習

単純パーセプトロンの学習を実際にプログラムで実行してみます。

11.2.1 NumPyとKerasのモジュールをimport

まず前準備として必要なモジュールを`import`します。ここでは、NumPyとKerasのモジュールを`import`します（リスト11.1）。実行すると、まず、カーネルに接続されて、接続が終わると実行がはじまり、リスト11.1のように、`Using TensorFlow backend.`というメッセージが表示されます。これは、TensorFlowがbackendで使われることを意味します。Kerasは裏側でTensorFlowを使うので、このような表示が出てくるわけです。Kerasについては、12.12節のKerasで解説します。

リスト11.1 NumPyとKerasのモジュールをimport

In

```
import numpy as np
from keras.models import Sequential
from keras.layers import Dense, Activation
from keras import optimizers
```

Out

```
Using TensorFlow backend.
```

11.2.2 学習に使うネットワークを定義

次に学習に使うネットワークを定義します（リスト11.2）。最初に、`model = Sequential()`として、Sequential型のインターフェースを使うことを宣言します（リスト11.2 ❶）。その次に密結合層である`Dense`という層を追加します（リスト11.2 ❷）。ここでは、入力が2個で、ユニットが1個の密結合層を追加します。そして、この密結合層の`Activation`関数に、活性化関数の`sigmoid`関数を使うことを宣言します（リスト11.2 ❸）。

次に、model.compileとして、学習法に**最急降下法**を使うこと、lossにmseを使うこと、metrics（評価基準）にmaeを使い**絶対誤差**を測ることを宣言します（リスト11.2 ❹）。

リスト11.2 学習に使うネットワークを定義

In

```
model = Sequential()                                    ❶
model.add(Dense(1, input_dim=2))                        ❷
model.add(Activation('sigmoid'))                        ❸
model.compile(optimizer=optimizers.SGD(1),
              loss='mse',                               ❹
              metrics=['mae'])
```

11.2.3 ニューラルネットワークの入力と教師データを宣言

次にニューラルネットワークの入力と教師データを宣言します（リスト11.3）。まず入力として、リスト形式のデータを宣言しています（リスト11.3 ❶）。最初の入力が0と0、その次の入力が0と1、次の入力が1と0、最後の入力が1と1です。それに対応する教師データとして、最初のものが0、次が0、またその次も0、両方が1の箇所だけ1となります（リスト11.3 ❷）。Kerasはネットワークの入力として、NumPyを利用するので、リストをNumPyに変換します（リスト11.3 ❸）。実行すると、特に何も出力されませんが、そのままリスト11.4に進んでください。

リスト11.3 ニューラルネットワークの入力と教師データを宣言

In

```
x = [[0, 0],
     [0, 1],                                            ❶
     [1, 0],
     [1, 1]]
y = [0, 0, 0, 1]                                        ❷
x = np.array(x)                                         ❸
y = np.array(y)
```

11.2.4 学習の設定と実行

リスト11.4でmodel.fitを呼び出すことにより、実際に学習を行います。入力と教師データを設定して、500回学習すると設定してあります。実行すると、学習が実行されます。学習されるたびに、一番右側の平均絶対誤差が減っていくことがわかります。

リスト11.4 学習を行う

In

```
model.fit(x, y, epochs=500)
```

Out

```
    Epoch 1/500
    4/4 [==============================] - 0s ➡
29ms/step - loss: 0.2701 - mean_absolute_error: 0.5024
    Epoch 2/500
    4/4 [==============================] - 0s ➡
0us/step - loss: 0.2597 - mean_absolute_error: 0.4915
    Epoch 3/500
    4/4 [==============================] - 0s ➡
0us/step - loss: 0.2502 - mean_absolute_error: 0.4812
    Epoch 4/500
    4/4 [==============================] - 0s ➡
0us/step - loss: 0.2415 - mean_absolute_error: 0.4715
    Epoch 5/500
    4/4 [==============================] - 0s ➡
255us/step - loss: 0.2337 - mean_absolute_error: 0.4625
    Epoch 6/500
    4/4 [==============================] - 0s ➡
0us/step - loss: 0.2265 - mean_absolute_error: 0.4542
    Epoch 7/500
    4/4 [==============================] - 0s ➡
0us/step - loss: 0.2198 - mean_absolute_error: 0.4464
    Epoch 8/500
    4/4 [==============================] - 0s ➡
0us/step - loss: 0.2137 - mean_absolute_error: 0.4392
    Epoch 9/500
    4/4 [==============================] - 0s ➡
1ms/step - loss: 0.2080 - mean_absolute_error: 0.4325
```

```
    Epoch 10/500
    4/4 [==============================] - 0s ➡
0us/step - loss: 0.2026 - mean_absolute_error: 0.4263

(…略…)

    Epoch 490/500
    4/4 [==============================] - 0s ➡
0us/step - loss: 0.0128 - mean_absolute_error: 0.0983
    Epoch 491/500
    4/4 [==============================] - 0s ➡
0us/step - loss: 0.0127 - mean_absolute_error: 0.0982
    Epoch 492/500
    4/4 [==============================] - 0s ➡
0us/step - loss: 0.0127 - mean_absolute_error: 0.0980
    Epoch 493/500
    4/4 [==============================] - 0s ➡
1000us/step - loss: 0.0127 - mean_absolute_error: 0.0979
    Epoch 494/500
    4/4 [==============================] - 0s ➡
0us/step - loss: 0.0126 - mean_absolute_error: 0.0978
    Epoch 495/500
    4/4 [==============================] - 0s ➡
0us/step - loss: 0.0126 - mean_absolute_error: 0.0977
    Epoch 496/500
    4/4 [==============================] - 0s ➡
0us/step - loss: 0.0126 - mean_absolute_error: 0.0976
    Epoch 497/500
    4/4 [==============================] - 0s ➡
1ms/step - loss: 0.0126 - mean_absolute_error: 0.0975
    Epoch 498/500
    4/4 [==============================] - 0s ➡
0us/step - loss: 0.0125 - mean_absolute_error: 0.0974
    Epoch 499/500
    4/4 [==============================] - 0s ➡
0us/step - loss: 0.0125 - mean_absolute_error: 0.0973
    Epoch 500/500
    4/4 [==============================] - 0s ➡
0us/step - loss: 0.0125 - mean_absolute_error: 0.0972
```

```
<keras.callbacks.History at 0x2370cff07b8>
```

11.2.5 学習された重みの確認

それでは、学習された重みがどのようになっているか見てみましょう。学習された重みを見るには、リスト11.5のように、model.layersの最初のlayerを見るので[0].get_weights()とします。実行すると、学習された重みが出力されます。ここでは両方とも3.77程度の重み、バイアスに−5.76程度の重みが設定されたことがわかります。

リスト11.5 学習された重みを確認する

In

```
model.layers[0].get_weights()
```

Out

```
[array([[3.7685945],
        [3.768557 ]], dtype=float32), ➡
array([-5.758247], dtype=float32)]
```

11.2.6 学習したニューラルネットワークの出力の確認

次にmodel.predict(x)とすることで、先ほど学習したニューラルネットワークに入力を入れたときの出力を見ることができます（リスト11.6）。実行すると、出力の値を確認できます。一番上が0と0を入れたとき、次が0と1を入れたとき、1と0を入れたとき、1と1を入れたときとなります。もう少し収束させると0、0、0、1のような出力になることが期待されます。

リスト11.6 学習したニューラルネットワークに入力を入れたときの出力を確認

In

```
model.predict(x)
```

Out

```
array([[0.00314671],
       [0.12028968],
       [0.12029365],
       [0.85556155]], dtype=float32)
```

CHAPTER 12

ディープラーニング入門

この章では、ディープラーニングについて解説します。

12.1 ディープラーニングの概要

ディープラーニングの概要について解説します。

12.1.1 ディープラーニングとは

ディープラーニングとは 図12.1 のようなニューラルネットワークのことです。まず、多層パーセプトロンとディープラーニングの関係について、説明します。

隠れ層を持つパーセプトロンのことを、一般に多層パーセプトロンと呼びます。特に複数の隠れ層を持つニューラルネットワークのことを、ディープニューラルネットワークと呼び、その学習を、ディープラーニングと呼びます。隠れ層とは、入力層と出力層の間にある 図12.1 のような層のことを指します。

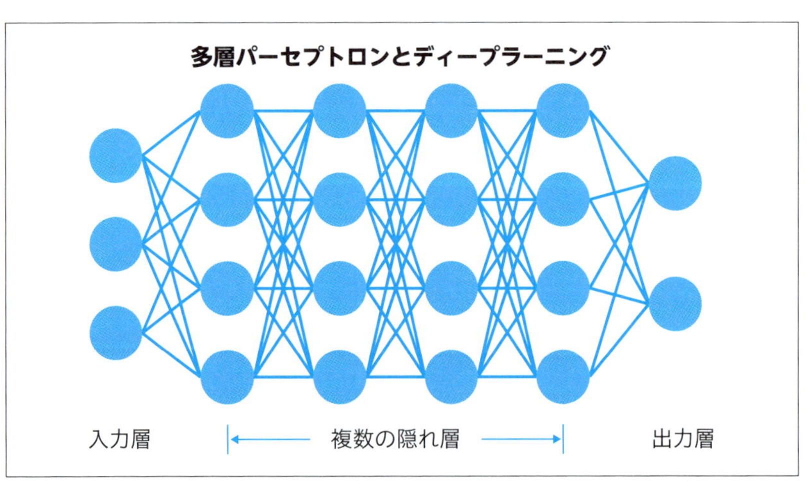

図12.1 多層パーセプトロンとディープラーニング

12.1.2 多層パーセプトロンを学習する方法

次に、多層パーセプトロンを学習する方法について説明します。多層パーセプトロンを学習するには、通常**バックプロパゲーション**と呼ばれる手法が用いられます。バックプロパゲーションは**誤差逆伝播法**とも呼ばれます。バックプロパゲーションというのは、**11.1節の単純パーセプトロンの概要**で説明した**最急降下法**を**チェインルール**という方法によって行う手法です。

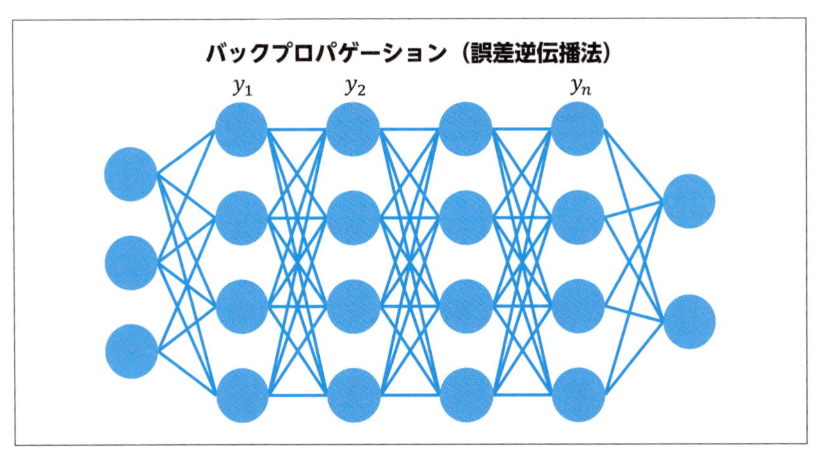

図12.2 バックプロパゲーション（誤差逆伝播法）

図12.3 のディープラーニングのモデルをよく見てみると、背景灰色の部分は単純パーセプトロンと同じ形をしていることがわかります。ですので、背景水色の部分の出力を入力と見なせば、背景灰色の部分と教師データの差を使って、最急降下法で背景灰色の部分の重みを学習することができます。

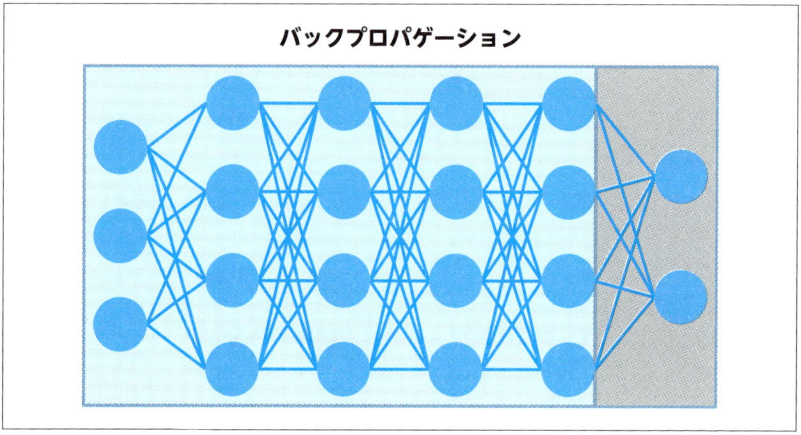

バックプロパゲーション

図12.3 ディープラーニングのモデル

次に、図12.4の背景水色の部分の重みは、背景白色の部分の出力と背景灰色の部分に渡す最適な出力がわかれば、最急降下法によって解くことができます。このように、入力までこの最急降下法を順々に行っていけば、次々と重みを更新していくことができます。バックプロパゲーションでは、このように学習を行います。

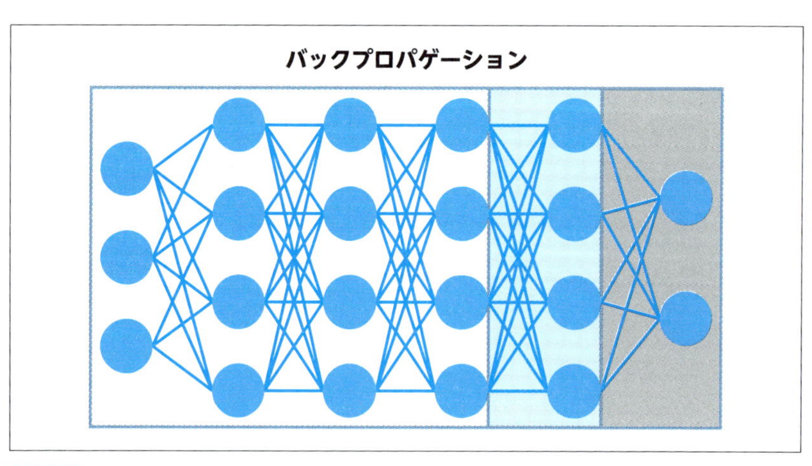

図12.4 重みを更新

以上を数式で表すと、n層目の出力をy_nとしたとき、1層目の傾きは図12.5下のように求められます。このとき、n層目の出力を$n-1$層目で微分して、$n-1$層目を$n-2$層目で微分します。このように式の形がチェインのように見えるために、これをチェインルールと呼びます。

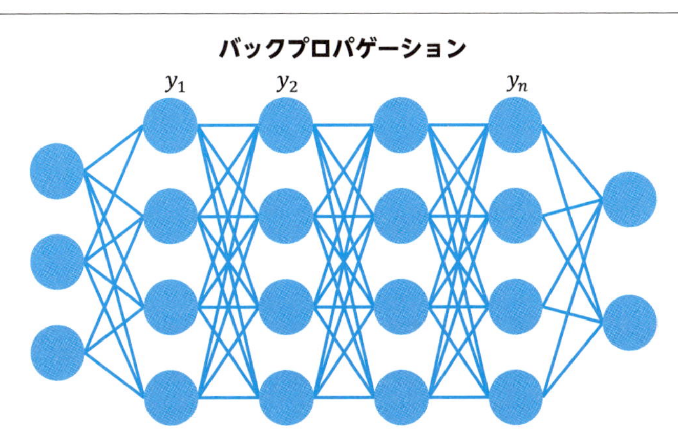

数式で表すと、n層目の出力をy_nとしたとき、1層目の傾きは以下のように求められる。

$$\frac{\partial L}{\partial w_i} = \frac{\partial L}{\partial y_n}\frac{\partial y_n}{\partial y_{n-1}} \cdots \frac{\partial y_2}{\partial y_1}\frac{\partial y_1}{\partial w_i}$$

図12.5 数式で表す

12.2 CrossEntropy

CrossEntropyについて解説します。

12.2.1 CrossEntropyとは

CrossEntropyはLoss（損失）の一種です。第11章で解説したように、連続的な数値を出力したい場合、LossにはMSEを使います。

出力に0、1、0、0のような、1つだけ1で、後は0というような離散的な値を扱うときには、一般にCrossEntropyを使うことが多いです。CrossEntropyの説明はやや難解になるため割愛しますが、CrossEntropyとは、Kullback-Leiblerダイバージェンスと大小関係が一致します。つまりここでは、最尤推定を行っていることに相当します。

12.3 softmax

softmaxについて解説します。

12.3.1 softmaxとは

softmaxはニューラルネットワークの出力を確率に変換します。つまり、各出力が0から1、出力の総和が1になるようにします。単純にMaxを取るものとの違いは、softmaxが微分可能なことです。これはバックプロパゲーションを計算するために必要な条件となります。

12.4 SGD

SGDについて解説します。

12.4.1 SGDとは

SGDは、最適化手法（Optimizer）の一種で、確率的勾配降下法(Stochastic Gradient Descent)のことです。これは、最急降下法を逐次学習（オンライン学習）するように改良したものです。

最急降下法では、すべての学習データからLoss関数の傾きを計算します。SGDでは、学習データのうちいくつかのデータからLoss関数の傾きを計算して、重みの更新を行う処理を繰り返します。通常、データを1周するたびにランダムにシャッフルします。この「いくつかのデータ」のことをミニバッチと呼びます。ミニバッチの大きさには、通常1から100程度を用います。

SGDを使うことによって、ニューラルネットワークが局所最適解にはまりにくくなります。局所最適解とは、近傍を見た場合にLossが一番小さくなっている点のことです。一方で全体でLossが最も小さくなっている点のことを大域最適解と呼びます。

12.5 勾配消失問題

勾配消失問題について解説します。

12.5.1 勾配消失問題とは

ディープラーニングを行うときに、避けては通れない問題として、**勾配消失問題**があります。

理論的には、バックプロパゲーションによって、どのような深さのニューラルネットワークも学習することができます。では、ディープラーニングが最近まで発展しなかった理由ななぜでしょうか。この理由が勾配消失問題です。これは、活性化関数と大きな関わりがあります。

ここでは、**勾配消失問題**について簡単に説明します（図12.6）。シグモイド関数の傾きは、最大でも0.25となっています。これを踏まえて、バックプロパゲー

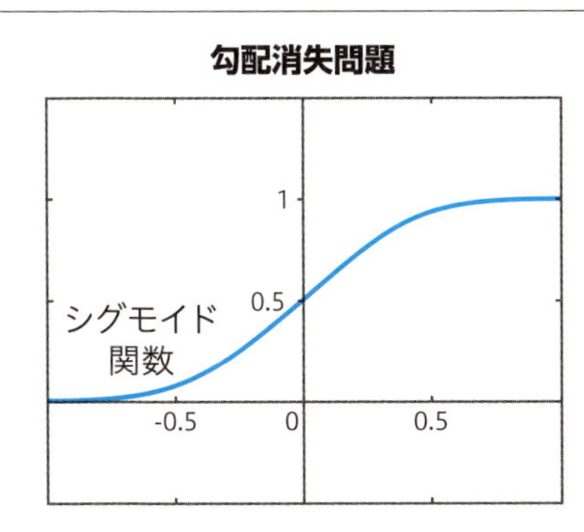

シグモイド関数の傾きは最大でも0.25。
これを踏まえて、バックプロパゲーションのときに出てきた微分式をもう一度見ると、層が増えるごとに、傾きが指数的に小さくなることがわかる。

$$\frac{\partial L}{\partial w_i} = \underset{\times 0.25}{\frac{\partial L}{\partial y_n}} \underset{\times 0.25}{\frac{\partial y_n}{\partial y_{n-1}}} \cdots \underset{\times 0.25}{\frac{\partial y_2}{\partial y_1}} \frac{\partial y_1}{\partial w_i}$$

n層あると最大でも、0.25のn乗になる。

図12.6 勾配消失問題

ションのときに出てきた微分式をもう一度見てみます。シグモイド関数の傾きの最大が0.25なので、層が増えるごとに微分値には0.25が掛けられ続けていくことなります。よって、層が増えるごとに傾きは指数的に小さくなり、n層あると最大でも0.25のn乗になります。

活性化関数にシグモイド関数を用いると、勾配が消失していく問題が発生します。そこで、勾配消失問題を回避するために、シグモイド関数の代わりに 図12.7 右のReLUという関数が最近では用いられます（図12.7）。ReLUはRectified Linear Unitの略で、正規化線形関数といいます。正規化線形関数は、`max(0, x)`で表すことができます。ReLUは0より大きい部分の傾きが1になっており、勾配消失が起こりにくくなっています。

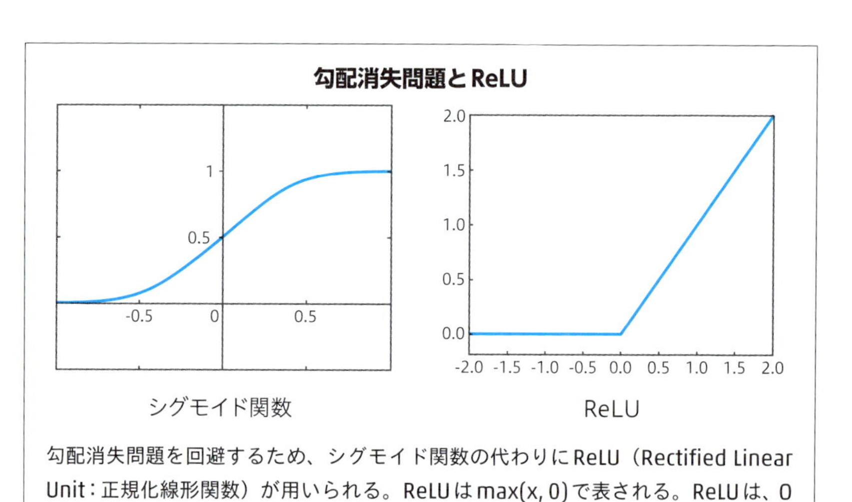

勾配消失問題を回避するため、シグモイド関数の代わりにReLU（Rectified Linear Unit：正規化線形関数）が用いられる。ReLUはmax(x, 0)で表される。ReLUは、0より大きい部分の傾きが1で、勾配消失が起こらない。

図12.7 勾配消失問題とReLU

12.6 ディープラーニングを利用した学習

実際にディープラーニングを使った学習を行います。ディープラーニングのプログラムのサンプルを参考にして解説します。

12.6.1 手書き数字認識を行う

ここでは、手書き数字認識を行います。データセットとして、MNIST（MEMO参照）を利用します。Kerasに用意されているメソッドを用いて、簡単にMNISTのデータをダウンロードすることができます。最初に必要なモジュールをimportします（リスト12.1）。

MEMO

MNIST

MNISTは手書き数字認識用のデータセットです。

リスト12.1 モジュールのimport

In

```
from keras.models import Sequential
from keras.layers import Dense, Activation, Flatten, ➡
Conv2D, MaxPooling2D, BatchNormalization, ➡
GlobalAveragePooling2D
from keras.utils import to_categorical
import numpy as np
from keras.datasets import mnist, cifar10
```

Out

```
Using TensorFlow backend.
```

MNIST

MNISTは 手書き数字認識用のデータセットです（リスト12.2）。Kerasに用意されているメソッドを利用してデータを読み込んでみましょう。読み込んだ教師データをto_categoricalを使って、0と1のデータに変換します。

リスト12.2 MNIST

In

```
# MNIST をダウンロード
(x_train, y_train), (x_test, y_test) = mnist.load_data()
y_train = to_categorical(y_train)
y_test = to_categorical(y_test)
```

Out

```
Downloading data from https://s3.amazonaws.com/➡
img-datasets/mnist.npz
11493376/11490434 [==============================] - ➡
12s 1us/step
```

データの表示

MNISTに入っている先頭のデータ10個を表示してみましょう。リスト12.3を実行すると、どのような画像が入っているのかを確認できます。

ここでは先頭のデータを10個表示しています（図12.8）。

リスト12.3 データの表示

In

```
import matplotlib.pyplot as plt
%matplotlib inline
for i in range(10):
    img=x_train[i]
    plt.subplot(2, 5, i+1)
    plt.imshow(img)
plt.show()
```

Out

```
# 図12.8参照
```

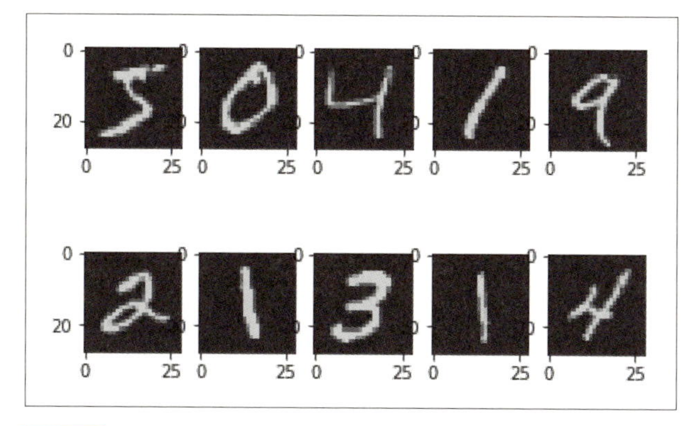

図12.8 実行結果

12.7 密結合ニューラルネットワークによる分類

密結合ニューラルネットワークを使ってMNISTを分類してみましょう。

12.7.1 密結合ニュートラルネットワークによる分類の実践

第11章の単純パーセプトロンのように、Sequential型のインターフェース（Sequential API）を利用します。MNISTは、画像が2次元のデータで保存されているので、Flattenを使って、データを1次元にします（リスト12.4 ❶）。次にDense（密結合層）を追加します（リスト12.4 ❷）。ここでは、100ユニットの密結合層を追加します。活性化関数にReLUを使います。

次の層では、同じように100ユニットの密結合をつなぎますが、ここでは活性化関数としてsigmoidを利用します（リスト12.4 ❸）。

次に数字は10種類あるので、出力層として、10個のユニットの層をつなげます（リスト12.4 ❹）。活性化関数にsoftmaxを使います（リスト12.4 ❺）。modelをcompileして、Lossにcategorical_crossentropyを設定します（リスト12.4 ❺）。

metricsとしては、正解率であるaccuracyを設定します（リスト12.4 ❺）。

model.fitとすることで、学習をすることができます。ここでは、20 epochsを学習させてみます（リスト12.4 ❻）。

最後にmodel.evaluateをすることで、どの程度正しく分類できたのかを調べます（リスト12.4 ❼）。

すべて設定したところで、ニューラルネットワークを実行します。実行すると学習が進んでいくことがわかると思います。20 epochsまで待ってみましょう。20 epochsの学習が終わると、正解率は96.99%になります。このようにKerasを使うと簡単にディープラーニングのプログラムを書くことができます。

リスト12.4 ニューラルネットワークの実行

In

```
model = Sequential()
model.add(Flatten(input_shape=(28, 28)))  ❶
model.add(Dense(100, activation='relu'))  ❷
model.add(Dense(100, activation='sigmoid'))  ❸
model.add(Dense(10))  ❹
model.add(Activation('softmax'))  ❺
model.compile(optimizer='sgd', loss=➡
'categorical_crossentropy', metrics=['accuracy'])  ❺
model.fit(x_train, y_train, validation_data=➡
[x_test, y_test], epochs=20)  ❻
loss, acc = model.evaluate(x_test, y_test)  ❼
print(f"Acc: {acc*100}%")
```

Out

```
Train on 60000 samples, validate on 10000 samples
Epoch 1/20
60000/60000 [==============================] - 3s ➡
45us/step - loss: 0.6015 - acc: 0.8448 - val_loss: ➡
0.3245 - val_acc: 0.9115
Epoch 2/20
60000/60000 [==============================] - 2s ➡
36us/step - loss: 0.2833 - acc: 0.9212 - val_loss: ➡
0.2359 - val_acc: 0.9336
Epoch 3/20
60000/60000 [==============================] - 2s ➡
35us/step - loss: 0.2302 - acc: 0.9347 - val_loss: ➡
0.2078 - val_acc: 0.9390
Epoch 4/20
60000/60000 [==============================] - 2s ➡
36us/step - loss: 0.1950 - acc: 0.9446 - val_loss: ➡
0.1896 - val_acc: 0.9447
Epoch 5/20
60000/60000 [==============================] - 2s ➡
35us/step - loss: 0.1746 - acc: 0.9487 - val_loss: ➡
0.1888 - val_acc: 0.9442
```

```
Epoch 6/20
60000/60000 [==============================] - 2s ➡
36us/step - loss: 0.1550 - acc: 0.9550 - val_loss: ➡
0.1568 - val_acc: 0.9565
Epoch 7/20
60000/60000 [==============================] - 2s ➡
36us/step - loss: 0.1446 - acc: 0.9582 - val_loss: ➡
0.1430 - val_acc: 0.9592
Epoch 8/20
60000/60000 [==============================] - 2s ➡
36us/step - loss: 0.1335 - acc: 0.9612 - val_loss: ➡
0.1356 - val_acc: 0.9589
Epoch 9/20
60000/60000 [==============================] - 2s ➡
35us/step - loss: 0.1203 - acc: 0.9656 - val_loss: ➡
0.1262 - val_acc: 0.9637
Epoch 10/20
60000/60000 [==============================] - 2s ➡
35us/step - loss: 0.1145 - acc: 0.9664 - val_loss: ➡
0.1298 - val_acc: 0.9632
Epoch 11/20
60000/60000 [==============================] - 2s ➡
35us/step - loss: 0.1098 - acc: 0.9684 - val_loss: ➡
0.1172 - val_acc: 0.9668
Epoch 12/20
60000/60000 [==============================] - 2s ➡
35us/step - loss: 0.1053 - acc: 0.9691 - val_loss: ➡
0.1187 - val_acc: 0.9650
Epoch 13/20
60000/60000 [==============================] - 2s ➡
35us/step - loss: 0.0951 - acc: 0.9723 - val_loss: ➡
0.1165 - val_acc: 0.9660
Epoch 14/20
60000/60000 [==============================] - 2s ➡
35us/step - loss: 0.0924 - acc: 0.9731 - val_loss: ➡
0.1124 - val_acc: 0.9674
Epoch 15/20
60000/60000 [==============================] - 2s ➡
35us/step - loss: 0.0908 - acc: 0.9730 - val_loss: ➡
0.1114 - val_acc: 0.9655
```

```
Epoch 16/20
60000/60000 [==============================] - 2s ➡
36us/step - loss: 0.0862 - acc: 0.9743 - val_loss: ➡
0.1038 - val_acc: 0.9682
Epoch 17/20
60000/60000 [==============================] - 2s ➡
35us/step - loss: 0.0826 - acc: 0.9757 - val_loss: ➡
0.1070 - val_acc: 0.9682
Epoch 18/20
60000/60000 [==============================] - 2s ➡
35us/step - loss: 0.0766 - acc: 0.9780 - val_loss: ➡
0.1032 - val_acc: 0.9686
Epoch 19/20
60000/60000 [==============================] - 2s ➡
36us/step - loss: 0.0740 - acc: 0.9786 - val_loss: ➡
0.0959 - val_acc: 0.9713
Epoch 20/20
60000/60000 [==============================] - 2s ➡
35us/step - loss: 0.0696 - acc: 0.9794 - val_loss: ➡
0.0984 - val_acc: 0.9699
10000/10000 [==============================] - 0s ➡
17us/step
Acc: 96.99%
```

12.8 密結合ニューラルネットワークによる分類（CIFAR10）

次にCIFAR10の認識を行ってみましょう。

12.8.1 CIFAR10による画像分類の実践

CIFAR10は、10カテゴリの一般物体認識用のデータセットです。Kerasを用いて、MNISTと同じようにデータを読み込みます。リスト12.5を実行すると、データのダウンロードが行われます。

リスト12.5 CIFAR10をダウンロード

In

```
# CIFAR10 をダウンロード
(x_train, y_train), (x_test, y_test) = cifar10.load_data()
y_train = to_categorical(y_train)
y_test = to_categorical(y_test)
```

Out

```
Downloading data from https://www.cs.toronto.edu/➡
~kriz/cifar-10-python.tar.gz
170500096/170498071 [==============================] - ➡
98s 1us/step
```

データの表示

次にCIFAR10の画像のデータを表示してみましょう。リスト12.6を実行すると、画像を表示することができます。CIFAR10は、このように写真データとなっております。車のデータや馬、鳥などのデータを含んでいます（図12.9）。

リスト12.6 データの表示

In

```
import matplotlib.pyplot as plt
for i in range(20):
    img=x_train[i]
    plt.subplot(4, 5, i+1)
    plt.imshow(img)
plt.show()
```

Out

```
# 図12.9を参照
```

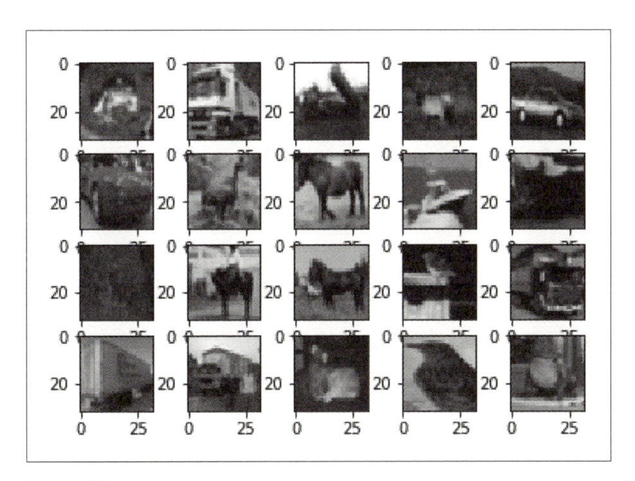

図12.9 データの表示

密結合ネットワークによる分類

それでは、CIFAR10を先ほどMNISTで使ったときと同じ構造のネットワークを使って、分類を学習してみます。一部分だけ違う箇所があります。CIFAR10はカラーの画像なので、入力のx軸とy軸と、そして、3チャンネル分の画像があります。これをフラットにして1次元にしてみます（リスト12.7 ❶）。実行してみましょう。20 epochsの学習が終わると、正解率は11.46%となります。正解率は11%より少しよいぐらいです。また、もともと10クラスあるので、ランダムに学習したときも10%ぐらいになりますので、ほとんどランダムと変わりません。CIFAR10は、MNISTに比べて難しい問題になっていることがわかります。この正解率を上げるためには、どのようにすればよいでしょうか？　次節以降（具体的には12.11節）でその方策を解説します。

リスト12.7 密結合ネットワークによる分類

In

```
model = Sequential()
model.add(Flatten(input_shape=(32, 32, 3)))  ❶
model.add(Dense(100, activation='relu'))
model.add(Dense(100, activation='sigmoid'))
model.add(Dense(10))
model.add(Activation('softmax'))
model.compile(optimizer='sgd', ➡
loss='categorical_crossentropy', metrics=['accuracy'])
model.fit(x_train, y_train, validation_data=➡
[x_test, y_test], epochs=20)
loss, acc = model.evaluate(x_test, y_test)
print(f"Acc: {acc*100}%")
```

Out

```
Train on 50000 samples, validate on 10000 samples
Epoch 1/20
50000/50000 [==============================] - 4s ➡
78us/step - loss: 2.3082 - acc: 0.0990 - val_loss: ➡
2.3068 - val_acc: 0.0996
Epoch 2/20
50000/50000 [==============================] - 4s ➡
78us/step - loss: 2.3062 - acc: 0.0999 - val_loss: ➡
2.3045 - val_acc: 0.1002
Epoch 3/20
50000/50000 [==============================] - 4s ➡
82us/step - loss: 2.3061 - acc: 0.0982 - val_loss: ➡
2.3056 - val_acc: 0.1001
Epoch 4/20
50000/50000 [==============================] - 4s ➡
79us/step - loss: 2.3064 - acc: 0.0995 - val_loss: ➡
2.3056 - val_acc: 0.1043
Epoch 5/20
50000/50000 [==============================] - 4s ➡
79us/step - loss: 2.3058 - acc: 0.0995 - val_loss: ➡
2.3049 - val_acc: 0.1001
```

```
Epoch 6/20
50000/50000 [==============================] - 4s ➡
80us/step - loss: 2.3058 - acc: 0.1009 - val_loss: ➡
2.3085 - val_acc: 0.0998
Epoch 7/20
50000/50000 [==============================] - 4s ➡
81us/step - loss: 2.3060 - acc: 0.0999 - val_loss: ➡
2.3053 - val_acc: 0.1001
Epoch 8/20
50000/50000 [==============================] - 4s ➡
79us/step - loss: 2.3066 - acc: 0.0979 - val_loss: ➡
2.3085 - val_acc: 0.1002
Epoch 9/20
50000/50000 [==============================] - 4s ➡
78us/step - loss: 2.3066 - acc: 0.1028 - val_loss: ➡
2.3061 - val_acc: 0.1013
Epoch 10/20
50000/50000 [==============================] - 4s ➡
80us/step - loss: 2.3058 - acc: 0.1029 - val_loss: ➡
2.3192 - val_acc: 0.1464
Epoch 11/20
50000/50000 [==============================] - 4s ➡
80us/step - loss: 2.3028 - acc: 0.1060 - val_loss: ➡
2.2977 - val_acc: 0.1019
Epoch 12/20
50000/50000 [==============================] - 4s ➡
79us/step - loss: 2.2674 - acc: 0.1375 - val_loss: ➡
2.2303 - val_acc: 0.1586
Epoch 13/20
50000/50000 [==============================] - 4s ➡
78us/step - loss: 2.2170 - acc: 0.1487 - val_loss: ➡
2.1961 - val_acc: 0.1382
Epoch 14/20
50000/50000 [==============================] - 4s ➡
78us/step - loss: 2.1970 - acc: 0.1567 - val_loss: ➡
2.1703 - val_acc: 0.1744
Epoch 15/20
50000/50000 [==============================] - 4s ➡
79us/step - loss: 2.2055 - acc: 0.1509 - val_loss: ➡
2.1603 - val_acc: 0.1658
```

```
Epoch 16/20
50000/50000 [==============================] - 4s ➡
77us/step - loss: 2.2212 - acc: 0.1533 - val_loss: ➡
2.1384 - val_acc: 0.1698
Epoch 17/20
50000/50000 [==============================] - 4s ➡
77us/step - loss: 2.1708 - acc: 0.1616 - val_loss: ➡
2.1533 - val_acc: 0.1577
Epoch 18/20
50000/50000 [==============================] - 4s ➡
77us/step - loss: 2.1669 - acc: 0.1579 - val_loss: ➡
2.2621 - val_acc: 0.1184
Epoch 19/20
50000/50000 [==============================] - 4s ➡
79us/step - loss: 2.1740 - acc: 0.1646 - val_loss: ➡
2.1466 - val_acc: 0.1602
Epoch 20/20
50000/50000 [==============================] - 4s ➡
77us/step - loss: 2.1642 - acc: 0.1680 - val_loss: ➡
2.2858 - val_acc: 0.1146
10000/10000 [==============================] - 0s ➡
28us/step
Acc: 11.459999999999999%
```

12.9 畳み込みニューラルネットワークの概要

次に畳み込みニューラルネットワークについて説明します。

12.9.1 ディープラーニングで用いられるレイヤの種類

まず、ディープラーニングで用いられるレイヤの種類について説明します(図12.10)。ディープラーニングで用いられるレイヤには、大きく分けて3つあります。

1つ目が密結合層です。これは、これまで見てきた下層のすべてのユニットと上層のすべてのユニットとの接続があるような層（レイヤ）になっています。これがFully Connected LayerやDensely Connected Layerと呼ばれます。ここまで何度か登場したDenseがこれに当たります。

レイヤの種類

ディープラーニングで用いられるレイヤには以下のようなものがある。

密結合層

- これまで解説してきた、下層のすべてのユニットと、上層のすべてのユニットとの接続がある層
- Fully Connected LayerやDensely Connected Layerとも呼ばれる

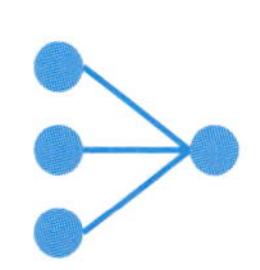

畳み込み層

- 下層レイヤの一部の領域に反応する層
- Convolution Layer
- 本章で解説

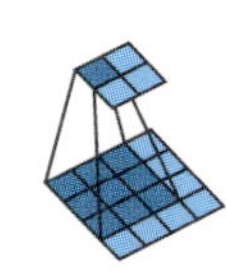

再帰層

- 上層の出力が再帰的に下層に戻る層
- Recurrent Layer
- 本書では扱わない

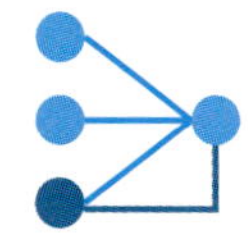

図12.10 レイヤの種類

そして、これから説明するのが畳み込み層です。畳み込み層は、下層のレイヤの一部の領域にだけ反応するレイヤです。Convolution Layerと呼ばれます。また、本書では扱いませんが、再帰層というものもあります。これは、上層の出力が再帰的に下層に戻るような層です。Recurrent Layerと呼ばれます。

12.9.2 畳み込みニューラルネットワークとは

次に畳み込みニューラルネットワークについて解説します。図12.11のグラフは画像の認識によく用いられるベンチマークであるImageNetの認識誤差を表したものです。2012年にディープラーニングによって、大きく性能が改善されました。このときに使われたのが、畳み込みニューラルネットワークです。それ以降もディープラーニングの発展により、ImageNetの認識誤りはどんどん小さくなっています。

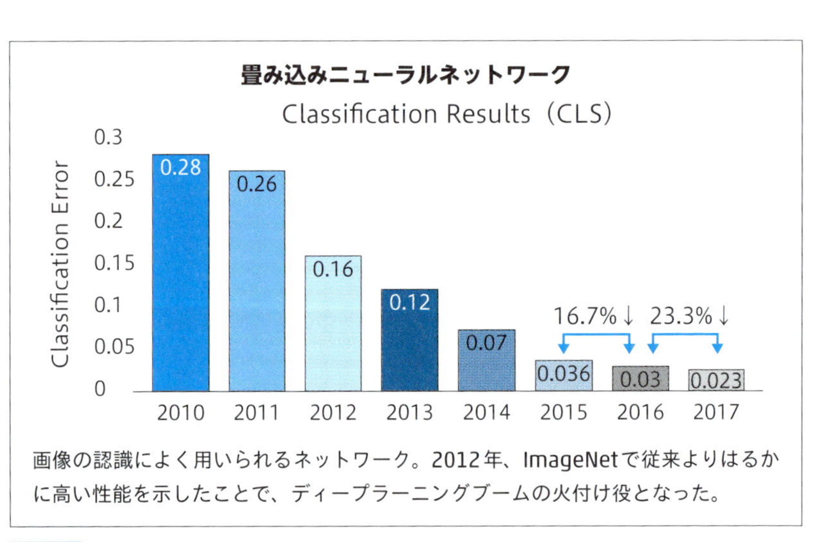

図12.11 畳み込みニューラルネットワーク

出典 『IMAGENET Large Scale Visual Recognition Challenge（ILSVRC）2017　Overview』（Eunbyung Park、Wei Liu、Olga Russakovsky、Jia Deng、Fei-Fei Li、Alex Berg）のP.9より引用

引用 http://image-net.org/challenges/talks_2017/ILSVRC2017_overview.pdf

12.9.3 畳み込みニューラルネットワークの計算方法

それでは、畳み込みニューラルネットワークの計算の仕方について図12.12で見ていきます。畳み込みニューラルネットワークは、下層の一部の領域に反応するニューラルネットワークです。図12.12左の入力があったときに、図12.12中央のようなフィルタという重みを掛けます。フィルタの各重みについて、入力の1つずつを掛け合わせ、その出力を足し合わせます。この演算のことを**畳み込み演算**といいます。フィルタを1つずつずらしていき、同じ計算を繰り返します。最後まで計算し終わると、図12.12にあるように1から7の入力が、7、10、13、16、19と出力されます。

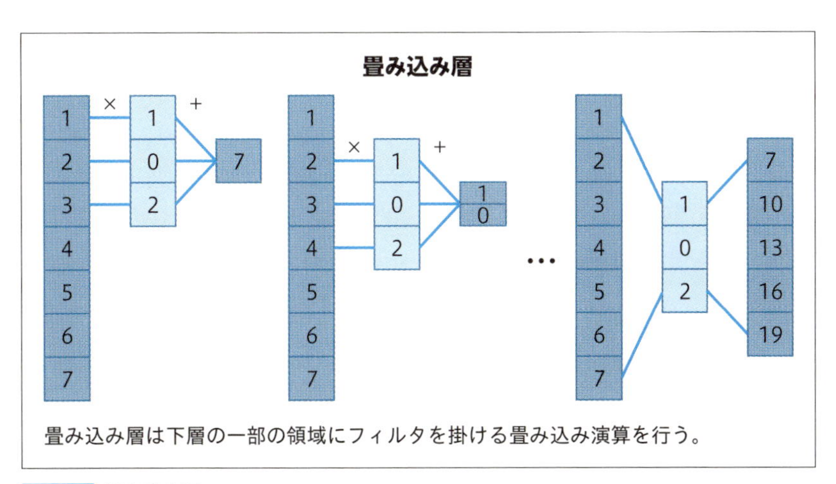

図12.12 畳み込み層

畳み込みニューラルネットワークでは、**マックスプーリング**という処理が行われます。マックスプーリングは、下層の一部の領域の最大値を出力するようなレイヤになっています。例えば、図12.13のような3つの値の中から最大値を出します。これを、最後の入力まで繰り返していくと、図12.13のような出力をすることができます。マックスプーリングは**特徴抽出**や**特徴選択**を行っていると考えられています。

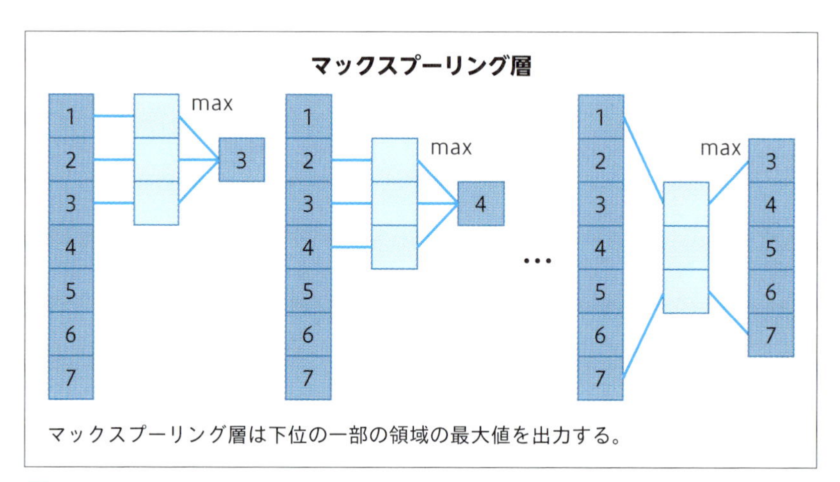

図12.13 マックスプーリング層

マックスプーリングとよく似たものに、アベレージプーリングがあります。アベレージプーリングは、下層の一部のレイヤの一部の領域の平均値を出力します。例えば、図12.14左であれば、領域の平均値である2を出力します。同じようにずらしていき、図12.14右にあるように、1から7の入力で、2、3、4、5、6と出力します。

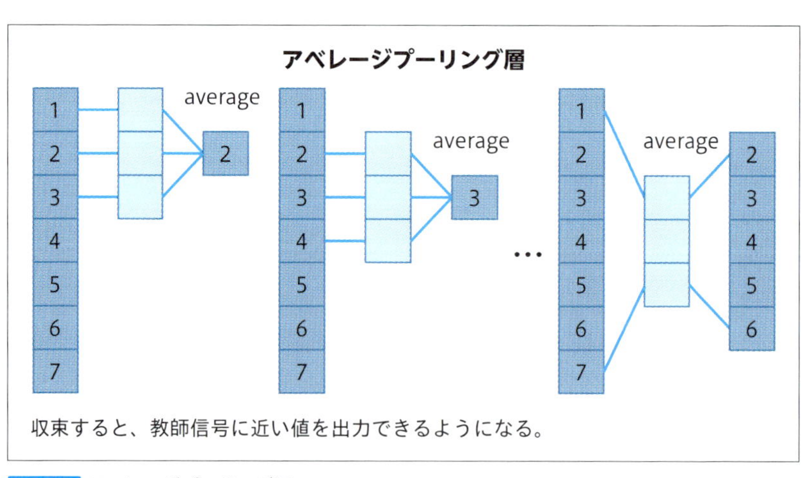

図12.14 アベレージプーリング層

12.10 バッチ正則化

バッチ正則化について解説します。

12.10.1 バッチ正則化とは

バッチ正則化とはディープラーニングの学習を安定化させる手法です。Batch Normalizationと呼ばれます。これは、内部共変量シフトという状態を解消することを、目的にしています。

共変量シフト

まず、共変量シフトについて説明します。共変量シフトとは、学習したデータと予測に用いるデータの分布に偏りがあることをいいます。共変量シフトがあると、機械学習システムではうまく予測することができません。これを解消するために、通常、白色化と呼ばれる手法を使います。白色化では、入力データを平均0、分散1に変換します。

内部共変量シフト

内部共変量シフトとは、ディープラーニングの層と層の間に起こる共変量シフトのことです。学習していくうちに、下層の出力が、それまで学習していた上層の入力とずれることで起こります。

ここまで説明したことを、図12.15で図解します。内部共変量が起こっているのが、左側のニューラルネットワークのイメージです。下層の入力が出力をするときに、真っすぐ伝わるのではなくて、それまで学習したものとずれて伝わります。このようなことが起こると、ずれをそろえるような学習を行うことに多くの時間が使われ、学習が非常に遅くなります。そこで、ずれを人為的にそろえてしまう方法がバッチ正則化です。バッチ正則化によって内部共変量シフトが吸収され、学習が早くなります。

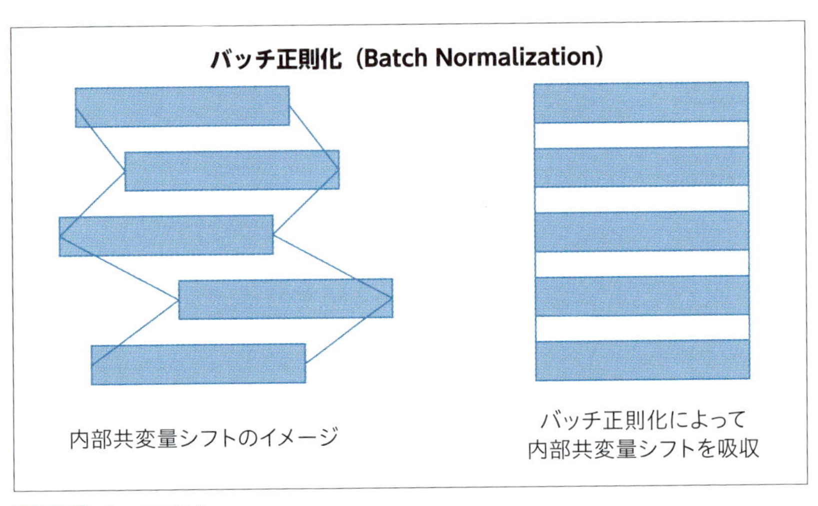

図12.15 バッチ正則化

12.11 Global Average Pooling

Global Average Poolingについて解説します。

12.11.1 Global Average Poolingとは

Global Average Poolingは、主に**画像認識を行う際に使われる手法**です。softmaxの計算量を削減し、分類性能を少しだけ向上させます。

softmaxにGlobal Average Poolingを使わない場合が、図12.16左の模式図になります。フィルタが複数あるとき、softmaxを掛けるためには、これを一度1次元にする必要があります。フィルタのサイズがlで、フィルタの枚数がn、softmaxの数がmであったときに、$l \times n \times m$回の計算が行われます。

一方、Global Average Poolingを使う場合は、1つのフィルタのAverageを取って、これを1ノードにします。これによって、計算回数が$n \times m$に削減されます。

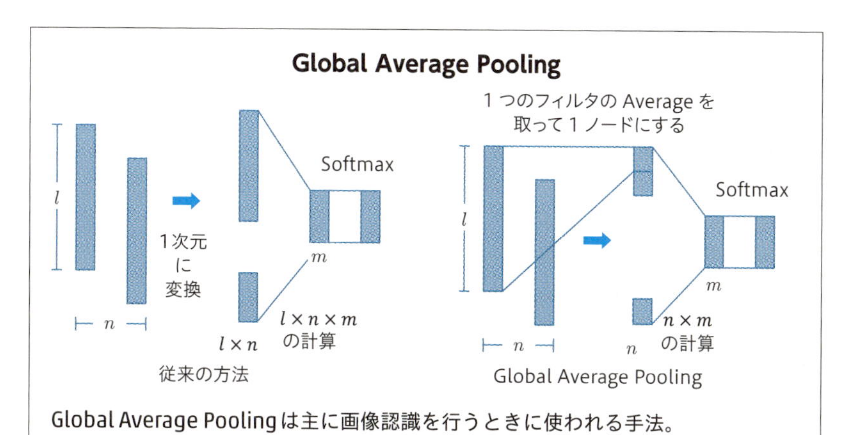

図12.16 Global Average Pooling

畳み込みニューラルネットワークによる画像認識

それでは、実際に、畳み込みニューラルネットワークによって、CIFAR10を認識させてみましょう。ここまでと同じようにmodelにはSequential APIを利用します（リスト12.8 ❶）。

最初にConv2Dという2次元のConvolution Layer（畳み込みレイヤ）を入れます。フィルタの枚数は100枚、3つずつの大きさになっています。3×3の領域に反応するということを意味します。活性化関数にはReLUを用います（リスト12.8 ❷）。

次にMaxPoolingを行います（リスト12.8 ❸）。また同じ大きさの畳み込みレイヤを付けて（リスト12.8 ❹）、再びMaxPoolingを行います（リスト12.8 ❺）。その上で、MaxPoolingの結果を、softmaxを掛けるために、一度フラットにします（リスト12.8 ❻）。その後、密結合層を付けて、シグモイド関数（sigmoid）で活性化させます（リスト12.8 ❼）。出力が10クラスなので、10ユニットのDenseを付けます（リスト12.8 ❽）。softmaxで活性化させて、最急降下法で学習します（リスト12.8 ❾）。lossはcategorical_crossentropyです。metricsには正解率を使います（リスト12.8 ❿）。model.fitとして、20回学習させてみます（リスト12.8 ⓫）。20 epochsの学習が終わると、正解率は54.22%程度になります。

リスト12.8 畳み込みニューラルネットワークによる分類

In

```
model = Sequential()                                                  ❶
model.add(Conv2D(100, (3, 3), activation='relu', ➡                    ❷
input_shape=(32, 32, 3)))
model.add(MaxPooling2D())                                             ❸
model.add(Conv2D(100, (3, 3), activation='relu'))                     ❹
model.add(MaxPooling2D())                                             ❺
model.add(Flatten())                                                  ❻
model.add(Dense(100, activation='sigmoid'))                           ❼
model.add(Dense(10))                                                  ❽
model.add(Activation('softmax'))                                      ❾
model.compile(optimizer='sgd', loss=➡                                 ❿
'categorical_crossentropy', metrics=['accuracy'])
model.fit(x_train, y_train, validation_data=➡                         ⓫
[x_test, y_test], epochs=20)
loss, acc = model.evaluate(x_test, y_test)
print(f"Acc: {acc*100}%")
```

Out

```
Train on 50000 samples, validate on 10000 samples
Epoch 1/20
50000/50000 [==============================] - 77s ➡
2ms/step - loss: 2.1905 - acc: 0.1696 - val_loss: ➡
1.9073 - val_acc: 0.2633
Epoch 2/20
50000/50000 [==============================] - 78s ➡
2ms/step - loss: 1.6679 - acc: 0.3972 - val_loss: ➡
1.5408 - val_acc: 0.4378
Epoch 3/20
50000/50000 [==============================] - 79s ➡
2ms/step - loss: 1.4487 - acc: 0.4819 - val_loss: ➡
1.3696 - val_acc: 0.5071
Epoch 4/20
50000/50000 [==============================] - 79s ➡
2ms/step - loss: 1.3250 - acc: 0.5269 - val_loss: ➡
1.3123 - val_acc: 0.5328
Epoch 5/20
50000/50000 [==============================] - 79s ➡
2ms/step - loss: 1.2495 - acc: 0.5586 - val_loss: ➡
1.2959 - val_acc: 0.5364
Epoch 6/20
50000/50000 [==============================] - 79s ➡
2ms/step - loss: 1.2082 - acc: 0.5725 - val_loss: ➡
1.2738 - val_acc: 0.5484
Epoch 7/20
50000/50000 [==============================] - 79s ➡
2ms/step - loss: 1.1762 - acc: 0.5845 - val_loss: ➡
1.1941 - val_acc: 0.5812
Epoch 8/20
50000/50000 [==============================] - 79s ➡
2ms/step - loss: 1.1624 - acc: 0.5918 - val_loss: ➡
1.1663 - val_acc: 0.5923
Epoch 9/20
50000/50000 [==============================] - 79s ➡
2ms/step - loss: 1.1608 - acc: 0.5918 - val_loss: ➡
1.2702 - val_acc: 0.5521
```

```
Epoch 10/20
50000/50000 [==============================] - 79s ➡
2ms/step - loss: 1.1413 - acc: 0.5992 - val_loss: ➡
1.2349 - val_acc: 0.5624
Epoch 11/20
50000/50000 [==============================] - 79s ➡
2ms/step - loss: 1.1313 - acc: 0.6015 - val_loss: ➡
1.2194 - val_acc: 0.5709
Epoch 12/20
50000/50000 [==============================] - 80s ➡
2ms/step - loss: 1.1366 - acc: 0.5997 - val_loss: ➡
1.2122 - val_acc: 0.5748
Epoch 13/20
50000/50000 [==============================] - 80s ➡
2ms/step - loss: 1.1423 - acc: 0.5988 - val_loss: ➡
1.2104 - val_acc: 0.5774
Epoch 14/20
50000/50000 [==============================] - 79s ➡
2ms/step - loss: 1.1498 - acc: 0.5944 - val_loss: ➡
1.2501 - val_acc: 0.5617
Epoch 15/20
50000/50000 [==============================] - 79s ➡
2ms/step - loss: 1.1535 - acc: 0.5946 - val_loss: ➡
1.1782 - val_acc: 0.5897
Epoch 16/20
50000/50000 [==============================] - 80s ➡
2ms/step - loss: 1.1700 - acc: 0.5888 - val_loss: ➡
1.2002 - val_acc: 0.5759
Epoch 17/20
50000/50000 [==============================] - 82s ➡
2ms/step - loss: 1.1784 - acc: 0.5860 - val_loss: ➡
1.2043 - val_acc: 0.5780
Epoch 18/20
50000/50000 [==============================] - 80s ➡
2ms/step - loss: 1.1875 - acc: 0.5773 - val_loss: ➡
1.2335 - val_acc: 0.5647
Epoch 19/20
50000/50000 [==============================] - 81s ➡
2ms/step - loss: 1.2173 - acc: 0.5723 - val_loss: ➡
1.3640 - val_acc: 0.5122
```

```
Epoch 20/20
50000/50000 [==============================] - 81s ➡
2ms/step - loss: 1.2213 - acc: 0.5693 - val_loss: ➡
1.2915 - val_acc: 0.5422
10000/10000 [==============================] - 5s ➡
517us/step
Acc: 54.22%
```

リスト12.7の正解率が、10%程度だったことを考えると、CNN（Convolutional Neural Network）が、一般物体認識に向いていることがわかると思います。特にMaxPoolingによる特徴選択がうまくいくためと考えられています。興味がありましたら、MaxPoolingを外してみてください。ここでは実行しませんが、大きく正解率が下がります。

BatchNormalizationを挟み込んだ画像認識

それでは、もっと正解率を上げるためには、どうすればよいのでしょうか？正解率を上げるためにBatchNormalizationを実施してみることにします（リスト12.9）。先ほどのニューラルネットワークの畳み込み層とMaxPooling層の間にBatchNormalizationを挟んでみます。後は、いままでと同じです。20 epochs実行されるまで待ってみましょう。BatchNormalizationを入れると、正解率は72.67%程度になりました。BatchNormalizationを入れない場合が、54.22%程度でしたから、かなり正解率が高くなっていることがわかります。

BatchNormalizationを入れると正解率が高くなることがわかります。

リスト12.9 BatchNormalizationを挟み込んだ画像認識

In

```
model = Sequential()
model.add(Conv2D(100, (3, 3), activation='relu', ➡
input_shape=(32, 32, 3)))
model.add(BatchNormalization())
model.add(MaxPooling2D())
model.add(Conv2D(100, (3, 3), activation='relu'))
model.add(BatchNormalization())
model.add(MaxPooling2D())
```

```
model.add(Flatten())
model.add(Dense(100, activation='sigmoid'))
model.add(Dense(10))
model.add(Activation('softmax'))
model.compile(optimizer='sgd', ➡
loss='categorical_crossentropy', metrics=['accuracy'])
model.fit(x_train, y_train, validation_data=➡
[x_test, y_test], epochs=20)
loss, acc = model.evaluate(x_test, y_test)
print(f"Acc: {acc*100}%")
```

Out

```
Train on 50000 samples, validate on 10000 samples
Epoch 1/20
50000/50000 [==============================] - 321s ➡
6ms/step - loss: 1.4617 - acc: 0.4882 - val_loss: ➡
1.4120 - val_acc: 0.5026
Epoch 2/20
50000/50000 [==============================] - 317s ➡
6ms/step - loss: 1.1156 - acc: 0.6180 - val_loss: ➡
1.1027 - val_acc: 0.6211
Epoch 3/20
50000/50000 [==============================] - 316s ➡
6ms/step - loss: 0.9739 - acc: 0.6668 - val_loss: ➡
1.0224 - val_acc: 0.6452
Epoch 4/20
50000/50000 [==============================] - 313s ➡
6ms/step - loss: 0.8791 - acc: 0.6987 - val_loss: ➡
1.1483 - val_acc: 0.6050
Epoch 5/20
50000/50000 [==============================] - 312s ➡
6ms/step - loss: 0.8052 - acc: 0.7268 - val_loss: ➡
0.9111 - val_acc: 0.6860
Epoch 6/20
50000/50000 [==============================] - 314s ➡
6ms/step - loss: 0.7435 - acc: 0.7473 - val_loss: ➡
0.9164 - val_acc: 0.6841
```

```
Epoch 7/20
50000/50000 [==============================] - 315s ➡
6ms/step - loss: 0.6889 - acc: 0.7668 - val_loss: ➡
1.0936 - val_acc: 0.6222
Epoch 8/20
50000/50000 [==============================] - 316s ➡
6ms/step - loss: 0.6393 - acc: 0.7857 - val_loss: ➡
1.1575 - val_acc: 0.6115
Epoch 9/20
50000/50000 [==============================] - 313s ➡
6ms/step - loss: 0.5896 - acc: 0.8026 - val_loss: ➡
0.8761 - val_acc: 0.6997
Epoch 10/20
50000/50000 [==============================] - 315s ➡
6ms/step - loss: 0.5482 - acc: 0.8176 - val_loss: ➡
0.9791 - val_acc: 0.6639
Epoch 11/20
50000/50000 [==============================] - 316s ➡
6ms/step - loss: 0.5083 - acc: 0.8311 - val_loss: ➡
0.9402 - val_acc: 0.6869
Epoch 12/20
50000/50000 [==============================] - 315s ➡
6ms/step - loss: 0.4677 - acc: 0.8471 - val_loss: ➡
0.8309 - val_acc: 0.7203
Epoch 13/20
50000/50000 [==============================] - 317s ➡
6ms/step - loss: 0.4306 - acc: 0.8611 - val_loss: ➡
0.8888 - val_acc: 0.7042
Epoch 14/20
50000/50000 [==============================] - 316s ➡
6ms/step - loss: 0.3935 - acc: 0.8754 - val_loss: ➡
0.8074 - val_acc: 0.7222
Epoch 15/20
50000/50000 [==============================] - 324s ➡
6ms/step - loss: 0.3602 - acc: 0.8881 - val_loss: ➡
0.8675 - val_acc: 0.7063
Epoch 16/20
50000/50000 [==============================] - 317s ➡
6ms/step - loss: 0.3274 - acc: 0.9020 - val_loss: ➡
0.8468 - val_acc: 0.7174
```

```
Epoch 17/20
50000/50000 [==============================] - 323s ➡
6ms/step - loss: 0.2986 - acc: 0.9138 - val_loss: ➡
0.8430 - val_acc: 0.7244
Epoch 18/20
50000/50000 [==============================] - 319s ➡
6ms/step - loss: 0.2693 - acc: 0.9251 - val_loss: 0.8259
- val_acc: 0.7319
Epoch 19/20
50000/50000 [==============================] - 319s ➡
6ms/step - loss: 0.2425 - acc: 0.9352 - val_loss: ➡
0.9721 - val_acc: 0.7014
Epoch 20/20
50000/50000 [==============================] - 319s ➡
6ms/step - loss: 0.2185 - acc: 0.9441 - val_loss: ➡
0.8685 - val_acc: 0.7267
10000/10000 [==============================] - 19s ➡
2ms/step
Acc: 72.67%
```

Global Average Poolingを利用した画像認識

次に、Global Average Poolingを用いた例を見てみましょう（リスト12.10）。Global Average Poolingでは、先ほどまで`flatten`にしていた`softmax`の前の処理を`GlobalAveragePooling`に変更しています。実行して、20 epochs待ってみましょう。今回は認識率が66.60%となり、70%を下回ってしまいました。もっと大きなネットワークを使って、実際の業務で行う際には、Global Average Poolingを使うと性能が改善すると思います。1つの手法として覚えておきましょう。

リスト12.10 Global Average Poolingを利用した画像認識

In

```
model = Sequential()
model.add(Conv2D(100, (3, 3), activation='relu', ➡
input_shape=(32, 32, 3)))
model.add(BatchNormalization())
model.add(MaxPooling2D())
```

```
model.add(Conv2D(100, (3, 3), activation='relu'))
model.add(BatchNormalization())
model.add(MaxPooling2D())
model.add(GlobalAveragePooling2D())
model.add(Dense(100, activation='sigmoid'))
model.add(Dense(10))
model.add(Activation('softmax'))
model.compile(optimizer='sgd', ➡
loss='categorical_crossentropy', metrics=['accuracy'])
model.fit(x_train, y_train, validation_data=➡
[x_test, y_test], epochs=20)
loss, acc = model.evaluate(x_test, y_test)
print(f"Acc: {acc*100}%")
```

Out

```
Train on 50000 samples, validate on 10000 samples
Epoch 1/20
50000/50000 [==============================] - 318s ➡
6ms/step - loss: 1.7633 - acc: 0.3803 - val_loss: ➡
1.8022 - val_acc: 0.3261
Epoch 2/20
50000/50000 [==============================] - 321s ➡
6ms/step - loss: 1.4976 - acc: 0.4690 - val_loss: ➡
1.4822 - val_acc: 0.4615
Epoch 3/20
50000/50000 [==============================] - 319s ➡
6ms/step - loss: 1.3855 - acc: 0.5099 - val_loss: ➡
2.2339 - val_acc: 0.2420
Epoch 4/20
50000/50000 [==============================] - 318s ➡
6ms/step - loss: 1.3065 - acc: 0.5346 - val_loss: ➡
1.8413 - val_acc: 0.3624
Epoch 5/20
50000/50000 [==============================] - 319s ➡
6ms/step - loss: 1.2437 - acc: 0.5623 - val_loss: ➡
2.0373 - val_acc: 0.3443
```

```
Epoch 6/20
50000/50000 [==============================] - 319s ➡
6ms/step - loss: 1.1826 - acc: 0.5853 - val_loss: ➡
1.2606 - val_acc: 0.5333
Epoch 7/20
50000/50000 [==============================] - 316s ➡
6ms/step - loss: 1.1291 - acc: 0.6062 - val_loss: ➡
1.4136 - val_acc: 0.4861
Epoch 8/20
50000/50000 [==============================] - 318s ➡
6ms/step - loss: 1.0865 - acc: 0.6197 - val_loss: ➡
1.5808 - val_acc: 0.4264
Epoch 9/20
50000/50000 [==============================] - 318s ➡
6ms/step - loss: 1.0432 - acc: 0.6377 - val_loss: ➡
1.1990 - val_acc: 0.5857
Epoch 10/20
50000/50000 [==============================] - 316s ➡
6ms/step - loss: 1.0023 - acc: 0.6525 - val_loss: ➡
1.5741 - val_acc: 0.4465
Epoch 11/20
50000/50000 [==============================] - 314s ➡
6ms/step - loss: 0.9721 - acc: 0.6646 - val_loss: ➡
1.6942 - val_acc: 0.4568
Epoch 12/20
50000/50000 [==============================] - 319s ➡
6ms/step - loss: 0.9408 - acc: 0.6751 - val_loss: ➡
1.6191 - val_acc: 0.4418
Epoch 13/20
50000/50000 [==============================] - 318s ➡
6ms/step - loss: 0.9182 - acc: 0.6817 - val_loss: ➡
1.0642 - val_acc: 0.6167
Epoch 14/20
50000/50000 [==============================] - 314s ➡
6ms/step - loss: 0.8944 - acc: 0.6905 - val_loss: ➡
1.1339 - val_acc: 0.6069
```

```
Epoch 15/20
50000/50000 [==============================] - 313s ➡
6ms/step - loss: 0.8686 - acc: 0.7009 - val_loss: ➡
1.2458 - val_acc: 0.5620
Epoch 16/20
50000/50000 [==============================] - 320s ➡
6ms/step - loss: 0.8451 - acc: 0.7090 - val_loss: ➡
1.0063 - val_acc: 0.6491
Epoch 17/20
50000/50000 [==============================] - 321s ➡
6ms/step - loss: 0.8255 - acc: 0.7156 - val_loss: ➡
1.5857 - val_acc: 0.4658
Epoch 18/20
50000/50000 [==============================] - 318s ➡
6ms/step - loss: 0.8049 - acc: 0.7221 - val_loss: ➡
1.3947 - val_acc: 0.5339
Epoch 19/20
50000/50000 [==============================] - 317s ➡
6ms/step - loss: 0.7865 - acc: 0.7287 - val_loss: ➡
1.1313 - val_acc: 0.6127
Epoch 20/20
50000/50000 [==============================] - 319s ➡
6ms/step - loss: 0.7700 - acc: 0.7345 - val_loss: ➡
0.9993 - val_acc: 0.6660
10000/10000 [==============================] - 19s ➡
2ms/step
Acc: 66.60000000000001%
```

12.12 Keras

ディープラーニングフレームワークの1つであるKerasについて解説します。

12.12.1 Kerasとは

KerasはPythonのディープラーニングフレームワークの1つです。図12.17のような特徴があります。

まず、他のフレームワークに比べて、実装が非常に容易です。またモジュール性が高く、部品を組み合わせるようにネットワークを記述できます。また、ある程度ですが、自作のモジュールを追加できるような拡張性を持っています。Pythonで実装されているため、Pythonのプログラムと親和性が高いです。そして、バックエンドと呼ばれる実際の計算をするライブラリをTensorFlow、CNTK、Theanoから選ぶことができます。

バックエンドを変えると、計算のスピードやメモリの使用量などが変わります。

図12.17 Keras

URL https://keras.io/ja/

12.12.2 KerasのSequenceモデルとModel API

Kerasでは2種類の方法でニューラルネットワークを書くことができます。**Sequenceモデル**と**Model API**です。

Sequenceモデルでは、層を積み重ねるようにニューラルネットワークを書くことができます。Model APIでは、関数を呼ぶように、ニューラルネットワークを書くことができます。慣れないうちは、Sequenceモデルで書くほうが簡単でしょう。本書でも、基本的にはSequenceモデルを使って書いていきます。

次にKerasにあらかじめ用意されている、ニューラルネットワークの層について見ていきましょう。

Denseは密結合層、Conv1D、Conv2Dなどは畳み込み層、MaxPooling1D、AveragePooling1DなどはPooling層、SimpleRNN、LSTM、GRUなどは再帰層です。Kerasの公式サイト（URL https://keras.io/ja/）も参照してください。

12.12.3 Kerasを利用したプログラムの実践

それでは、実際にKerasを用いたプログラムの書き方について説明します。

まず、`from keras.models import Sequential`として、Sequential APIを`import`します（リスト12.11 ❶）。`model = Sequential()`として、モデルを作ります（リスト12.11 ❷）。

リスト12.11 モデルのimport

```
from keras.models import Sequential ———❶
model = Sequential() ———❷
```

次にリスト12.12を見てみましょう。`.add()`とすることで、簡単にレイヤを積み重ねることができます。まず`from keras.layers import Dense`として密結合層を`import`します（リスト12.12 ❶）。`model.add(Dense)`として`Dense`の層をモデルに積み重ねます。`units=64`として64ユニットの密結合層であること、`activation='relu'`として活性化関数に`relu`を用いること、`input_dim=100`として最初の層については`input`の次元を指定しなくてはなりません（リスト12.12 ❷）。次に`model.add(Dense)`として、10ユニットの`Dense`の層を追加しています。`activation`として、`softmax`を使っています（リスト12.12 ❸）。

リスト12.12 レイヤを積み重ねる

```
from keras.layers import Dense ―――❶
model.add(Dense(units=64, activation='relu', ➡
input_dim=100)) ―――❷
model.add(Dense(units=10, activation='softmax')) ―――❸
```

実装したモデルがよさそうなら、model.compileで訓練プロセスを設定します。ここでは、Lossにクロスエントロピーを（loss='categorical_crossentropy'）（リスト12.13❶）、学習方法にSGDを（optimizer='sgd'）（リスト12.13❷）、評価方法に正解率（metrics=['accuracy']）を設定しています（リスト12.13❸）。

リスト12.13 訓練プロセスを設定する

```
model.compile(loss='categorical_crossentropy', ―――❶
        optimizer='sgd', ―――❷
        metrics=['accuracy']) ―――❸
```

最後にリスト12.13を見てみましょう。model.fit()として、学習データをミニバッチで繰り返し処理できるようにしています。学習データx_trainとy_trainはNumPyのArray（配列）であることに注意しましょう。epochs=5として、5epochsを学習させます。batch_sizeは32を指定しています（リスト12.14❶）。これで学習がはじまります。全体のコードはリスト12.15となります。

リスト12.14 学習データをミニバッチで繰り返し処理

```
# x_trainとy_trainはNumPyのArray（配列）
model.fit(x_train, y_train, epochs=5, batch_size=32) ―――❶
```

リスト12.15 Kerasのコードの例

In

```
# model keras.models import Sequential
model = Sequential()

from keras.layers import Dense
model.add(Dense(units=64, activation='relu', ➡
input_dim=100))
model.add(Dense(units=10, activation='softmax'))

model.compile(loss='categorical_crossentropy',
    optimizer='sgd' ,
    metrics=['accuracy'])

# x_trainとy_trainはNumpy Array
model.fit(x_train, y_train, epochs=5, batch_size=32)
```

CHAPTER 13

転移学習とNyanCheckの開発

この章では、転移学習およびNyanCheckというAIアプリケーションの開発方法について解説します。

13.1 転移学習の概要

ここでは転移学習の概要を説明します。

13.1.1 転移学習とは

転移学習では、学習済みモデルを使って新しい画像の画像認識を行います。この節と次節ではコードの実装は行いませんが、13.3節以降の実際のアプリの学習の箇所で細かく見ていきます。

本書で扱う転移学習では、ImageNetというデータセットを使います。ImageNetは1400万枚以上からなる一般画像認識用のデータセットで、2万カテゴリの画像があります。

本書では、VGG19というネットワークを用いて転移学習を行います。ImageNetを学習済みのVGG19のネットワークに新しい画像を学習させます。VGG19は、図13.1のような形のニューラルネットワークになっています。

最初にConvolution層があって、MaxPooling層でサイズを落とし、もう一度Convolution層、MaxPooling層を繰り返し、最後に密結合層が付いてるようなネットワークです。新しい画像を学習させるときは、ここの層を取り除いて、下位の層の重みを固定させ、上の層のみで学習を行います。

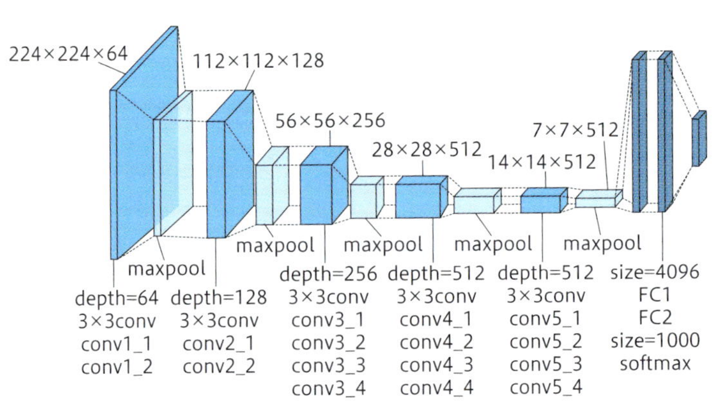

図13.1 VGG19を用いた転移学習

出典 『Breast cancer screening using convolutional neural network and follow-up digital mammography』(Yufeng Zhenga, Clifford Yangb, Alex Merkulovb)のFig. 8より引用

URL https://www.researchgate.net/publication/325137356_Breast_cancer_screening_using_convolutional_neural_network_and_follow-up_digital_mammography

13.2 NyanCheckについて

NyanCheckについて説明します。

13.2.1 NyanCheckとは

ここでは、アップロードした画像の猫の種類を判別するWebアプリNyanCheckを解説します。図13.2のようなWebページが完成イメージです。猫の画像をアップロードすると、下に猫の種類が表示されます。これをディープラーニングで行います。

Webアプリの作成には、PythonのWebアプリフレームワークである、Flask※1を用いています。Flaskは小規模なフレームワークで、簡単にWebアプリケーションを作ることができます。なお本書では完成サンプルを元にその構成と転移学習の仕組みに主眼を置いて解説するため、Flaskの導入などに関する詳しい説明は割愛しています。

以降では完成しているNyanCheckの構成や、コードの中身を解説します。そして画像収集、深層学習モデルの作成をPythonを実行して行い、それらの画像とモデルを利用してNyanCheckを動かします。

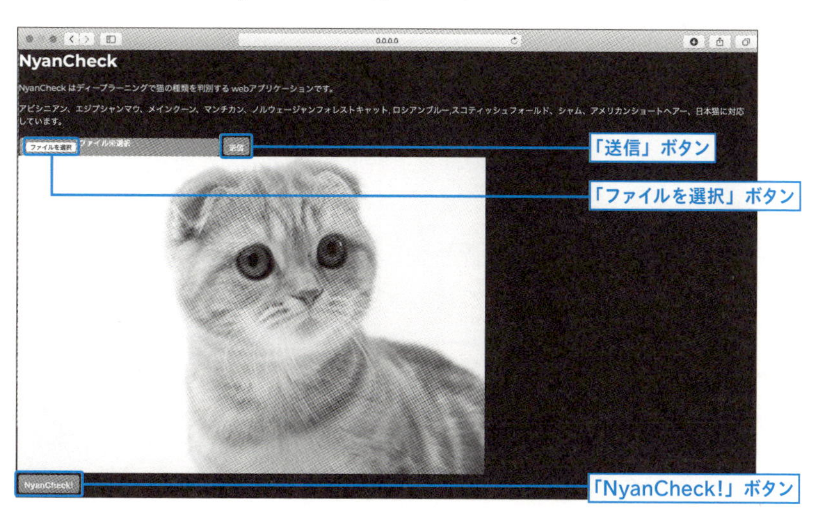

図13.2 猫種類判別アプリケーション「NyanCheck」

※1 http://flask.pocoo.org/

13.3 NyanCheckのアプリケーション構成

ここからは、完成しているNyanCheckのアプリケーション構成について解説します。

13.3.1 サンプル「NyanCheck」のアプリケーション構成

サンプル「NyanCheck」は、本書のダウンロードサイトからダウンロードできます。

まず、トップディレクトリに「nyancheck」というフォルダがあります(図13.3)。そして、その中にもう1つ「nyancheck」フォルダがあって、アプリケーションは、この中に構成されています。「controllers」フォルダの中に、「templates」というフォルダがあり、この中にアプリケーションのUIまわりを構成するHTMLのテンプレートを置きます。

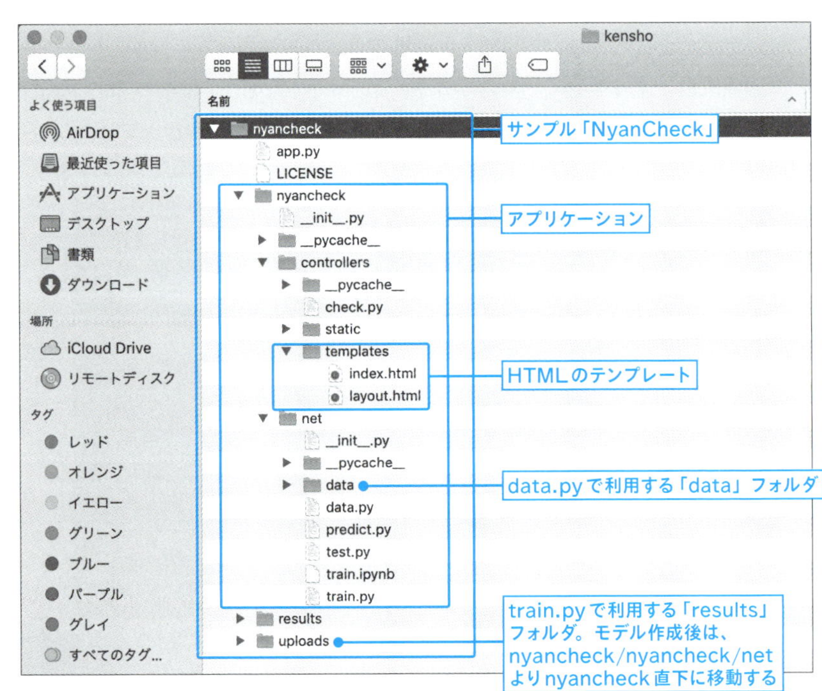

図13.3 サンプル「NyanCheck」のフォルダ構成

13.3.2 HTMLのテンプレート

HTMLのテンプレートについて解説します。最初にlayout.htmlの中身を見てみましょう（リスト13.1）。layout.htmlは、このアプリケーションのWebページの枠組みを示しています。

リスト13.1 layout.html

```
<!DOCTYPE html>
<html lang="ja">
<head>
    <meta charset="UTF-8">
    <link rel="stylesheet" href="https://cdn.jsdelivr.➡
net/npm/siimple@3.0.0/dist/siimple.min.css">
    <title>NyanCheck</title>
</head>
<body bgcolor="#202729" text="white">
  <h1>NyanCheck</h1>
  <div>
<p>NyanCheck はディープラーニングで猫の種類を判別する ➡
webアプリケーションです。</p>
<p>アビシニアン、エジプシャンマウ、メインクーン、マンチカン、➡
ノルウェージャンフォレストキャット，ロシアンブルー，➡
スコティッシュフォールド、シャム、アメリカンショートヘアー、➡
日本猫に対応しています。</p>
  </div>
  <div class="container">
    <div class="row">
        {% block content %}    ❶
        {% endblock %}    ❷
    </div>
  </div>
</body>
</html>
```

`block content`の中身は、index.htmlの中で宣言されています。index.htmlを見ると（リスト13.2）、最初に`extends "layout.html"`とあり、layout.htmlを拡張することが書かれています（リスト13.2 ❶）。リスト13.1 ❶の`block content`はリスト13.2 ❷に書いてあり、`block content`から`endblock`の間までが、HTMLのテンプレート（layout.html）に埋め込まれる形になります。

リスト13.2 index.html

```
{% extends "layout.html" %}
{% block content %}
<div>
<form method="post" action="/api/v1/send" ➡
enctype="multipart/form-data">
  <input type="file" id="img_file" name="img_ ➡
file"class="siimple-btn siimple-btn--green">
  <input type="submit" value="送信" class=➡
"siimple-btn siimple-btn--green">
</form>
</div>
  {% if img_url %}
<div>
<img src="{{ img_url }}" width=800>
</div>
  {% endif %}
  {% if filename %}
<form method="post" ➡
action="/api/v1/check/{{ filename }}">
  <input type="submit" value="NyanCheck!" ➡
class="siimple-btn siimple-btn--green">
</form>
  {% endif %}
  {% if nyan_type %}
<div>
{{ nyan_type }}
</div>
  {% endif %}
{% endblock %}
```

block contentの先頭では、formが設定されています（リスト13.2③）。このformで画像ファイルをサーバに送っています。methodにpostを指定して、リスト13.2④のAPIをたたいています。APIの実装はリスト13.6で説明するので、ここではapi/v1/sendというアドレスをたたいているということを覚えておいてください。

formの中には、ボタンが2つ置いてあります。最初のボタン（「ファイルを選択」ボタン）（リスト13.2⑤）で画像ファイルを選択します。次のボタン（「送信」

ボタン）で、サーバに送信します（リスト13.2 ⑥）。formの下の部分は、サーバに送信した画像を表示するための場所です。サーバに画像が送信されると、img_urlという所に、画像ファイルのパスが送られてきて、このif文の中が実行されます（リスト13.2 ⑦）。if文の中では、img_urlに書いてあるファイルをそのまま表示しているだけです。

画像が送信されると、filenameという箇所にまた画像のファイルの名前だけが送られてきます（リスト13.2 ⑧）。すると実行されて、次のformがページに現れます（リスト13.2 ⑨）。このformは実際にディープラーニングで画像を識別させるためのもので、リスト13.2 ⑩のAPIをたたきます。すると、リスト13.2 ⑧に返ってきたfilenameがリスト13.2 ⑩のfilenameに展開されます。リスト13.2 ⑨のformにあるボタン（「NyanCheck!」ボタン）をクリックすると、nyan_typeという箇所に猫の種類が返ってきます。すると、リスト13.2 ⑪のdivタグの中に、nyan_typeを展開して、猫の種類を表示します。

13.3.3 アプリケーションのプログラム

次にサーバ側のPythonプログラムについて見ていきます。アプリケーションのメイン関数は、app.pyになっています（図13.4）。

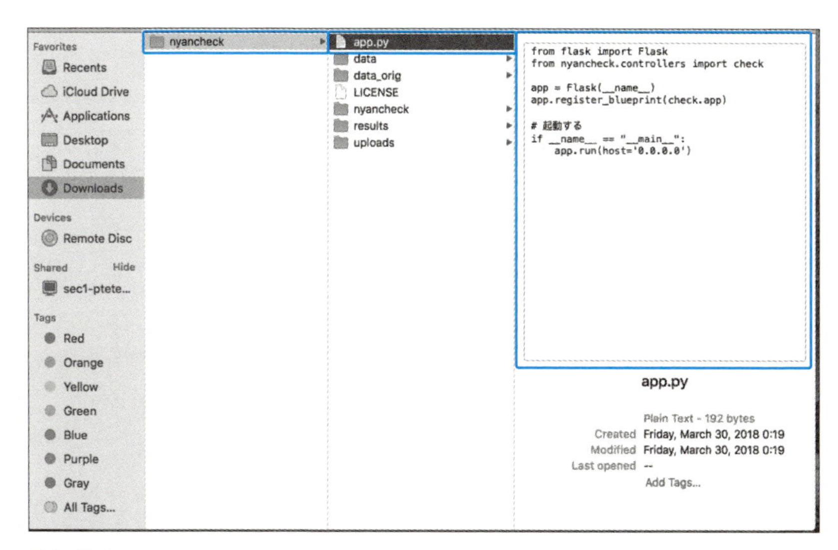

図13.4 app.py

app.py（リスト13.3）ではflaskをimportし（リスト13.3 ①）、checkという

コントローラーをimportしています（リスト13.3 ②）。これによりflaskのアプリケーションを作り、checkを登録して、アプリケーションを実行します（リスト13.3 ③）。実行するときには、すべてのホストから見えるように、`0.0.0.0`を指定します（リスト13.3 ④）。

リスト13.3 app.py

```
from flask import Flask                          ①
from nyancheck.controllers import check          ②

app = Flask(__name__)                            ③
app.register_blueprint(check.app)

# 起動する
if __name__ == "__main__":                       ④
    app.run(host='0.0.0.0')
```

13.3.4 サーバ側の処理

実際のサーバ側の処理は、check.pyに書かれています（図13.5）。

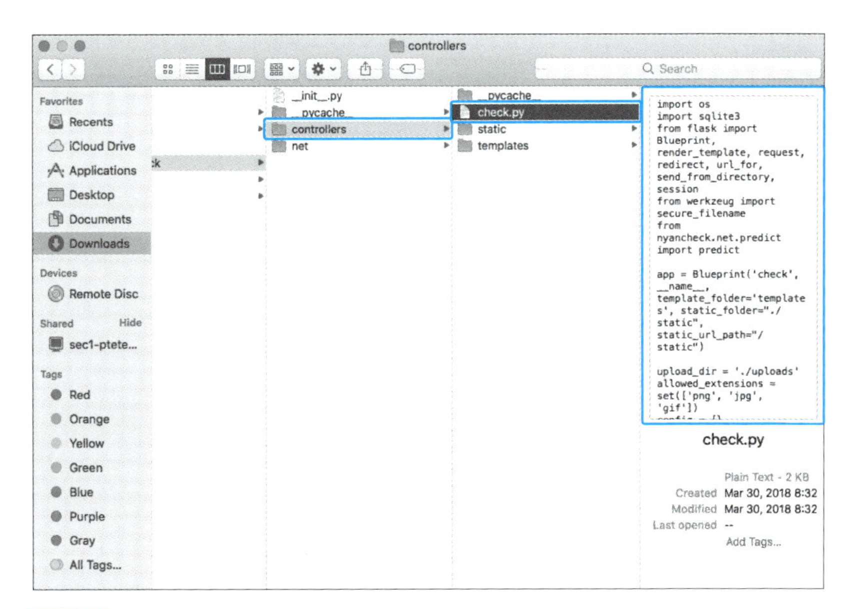

図13.5 check.py

check.py（リスト13.4）では、最初にアプリケーションに必要なモジュールをimportしています（リスト13.4 ❶）。ここでは、flaskのBlueprintを使って実装しています（リスト13.4 ❷）。また、13.3.5項で解説するディープラーニングの予測処理を行うpredictモジュールをimportしています（リスト13.4 ❸）。

まずBlueprintのアプリケーションを設定します。こちらはcheckという名前で、読み込んでいます（リスト13.4 ❹）。

template_folderに、HTMLのテンプレートの場所をtemplatesと書きます（リスト13.4 ❹）。

次にアップロードされたファイルが置かれる場所を./uploadsと設定します（リスト13.4 ❺）。アップロードされた画像は、「uploads」というディレクトリに置かれます。そしてアップロードできる画像の種類を設定します。ここでは、png、jpg、gifの3つを指定しています（リスト13.4 ❻）。

次にアプリケーションのconfigを設定します（リスト13.4 ❼）。configは辞書で管理することにします。このアプリケーションには、1つしかconfigがありませんが、configが増えたときに便利なように、あらかじめ辞書で持っておきます。アップロードするディレクトリをupload_dirで引けるよう辞書に登録します。

その後で、ファイルが指定された形式に合っているかどうかを読むためのallowed_file関数を指定します（リスト13.4 ❽）。allowed_file関数では、ファイル名に拡張子が付いていて、その拡張子がリスト13.4 ❻で指定したpng、jpg、gifであるときにTrueを返します。allowed_fileがTrueのとき、ファイルのアップロードが成功するようにcheck.pyのコードの後半で記述します。

リスト13.4 check.py①

```
import os
import sqlite3
from flask import Blueprint, render_template, ➡
request, redirect, url_for, send_from_directory, ➡
session
from werkzeug import secure_filename
from nyancheck.net.predict import predict

app = Blueprint('check', __name__, ➡
template_folder='templates', static_folder= ➡
"./static",static_url_path="/static")
```

（❶：import文全体、❷：from flask import ～ session、❸：from nyancheck.net.predict import predict、❹：app = Blueprint(...)）

```
upload_dir = './uploads'                                    ⑤
allowed_extensions = set(['png', 'jpg', 'gif'])             ⑥
config = {}                                                 ⑦
config['upload_dir'] = upload_dir

def allowed_file(filename):                                 ⑧
    return '.' in filename and \
        filename.rsplit('.', 1)[1] in ➡
allowed_extensions
```

リスト13.5からが、実際のflaskを用いたアプリケーションのAPIの箇所になります。

まず最初に、アプリケーションのトップディレクトリにアクセスしたときの処理を書いてみます（リスト13.5 ①）。@app.routeという処理で、ルーティングを記載します。これはトップディレクトリなので、ただ単に/（スラッシュ）と書きます。トップディレクトリにアクセスすると、index()が実行されます。render_templateという関数は、リスト13.2で設定したindex.htmlというテンプレートの描画を指定しています。render_templateには、テンプレートに対してメッセージや文字列などを渡すことができます。

次に、static_fileという関数で（リスト13.5 ②）、アプリケーションの中で動的に変わらないコンテンツ、つまり静的コンテンツを出力する処理を書いています。ここでは、静的で変わらないコンテンツがアプリケーションにないため、説明は割愛します。

次に、index.himlの一番上のフォームのボタン（「ファイル選択」ボタン）がクリックされたときの処理について見ていきます（リスト13.5 ③）。一番上のフォームでは、/api/v1/sendのAPIを呼んでいました。APIは、このようにホストのpathで示されます。apiという名前は、これがapiであることを示しています。次のv1はバージョン番号です。このように書いておくことは、後々バージョンアップの際に便利です。実際のapiの名前はsendという名前です。httpのGETがPOSTでアクセスしたときに、この下のsend関数が実行されます。send関数の先頭には、if文でmethodがPOSTのときと、GETのときの処理を分岐しています（リスト13.5 ④）。POSTのときは、ifの中が実行され、GETのときはelseが実行されます。elseのときは、アプリケーションのトップにリダイレクトしているだけです。

if文の先頭では、ポストリクエストの中にあるimg_fileを取り出しています（リスト13.5 ❺）。img_fileは、最初の「ファイル選択」ボタンをクリックして選択されたファイルのpathを取り出しています。

次に、取り出したimg_fileが、リスト13.4 ❻で指定したアップロードできるファイルの形式かどうかを確かめます。

次に、img_file.saveメソッドを呼んで、このimg_fileをサーバのupload_dirのフォルダに保存しています（リスト13.5 ❼）。

次に、Webページに送る画像のURLをリスト13.5 ❽で指定しています。

最後に、render_template関数を用いて、index.htmlを再描画します（リスト13.5 ❾）。このときに、画像ファイルのURLとしてimg_url、画像ファイルの名前としてfilenameを渡します。render_template関数でindex.htmlを再描画すると、リスト13.2 ⓬の部分が実行されることになります。再描画されるときに、img_url（リスト13.2 ❼）とfilename（リスト13.2 ❽）を渡しているので、リスト13.2 ⓭のif文の中が実行され、リスト13.2 ⓮のdivとリスト13.2 ❾のformが表示されます。先ほど説明したように、リスト13.2 ⓮では画像を出力し、リスト13.2 ❾では画像を認識するためのボタン（「NyanCheck!」ボタン）を設定しています。

check.pyの説明に戻ります。

リスト13.5 check.py②

```
# アプリケーションのトップにアクセスされたときの処理        ❶
@app.route("/")
def index():
    return render_template('index.html')

# アプリケーションの中で静的コンテンツを出力する処理        ❷
@app.route('/<path:path>')
def static_file(path):
    return app.send_static_file(path)

# index.himlの一番上のフォームのボタン（「ファイル選択」ボタン）➡   ❸
がクリックされたときの処理
@app.route('/api/v1/send', methods=['GET', 'POST'])
def send():
    if request.method == 'POST':
```

```
# methodがPOSTのときと、GETのときの処理を分岐
        img_file = request.files['img_file']
        if img_file and allowed_file(➡
img_file.filename):
            filename = secure_filename(➡
img_file.filename)
            img_file.save(os.path.join(➡
config['upload_dir'], filename))
            img_url = '/uploads/' + filename
            return render_template( ➡
'index.html',img_url=img_url, filename=filename)
        else:
            return ''' <p>許可されていない拡張子です</p> '''
    else:
        return redirect(url_for(''))
```

次に、画像を認識するためのフォームボタン（「NyanCheck!」ボタン）がクリックされると、リスト13.6 ❶のAPIがたたかれます。APIの名前はcheckです。ここで、filenameを指定しています。このように<と>（山括弧）で囲んだ部分は、フォームボタン（「NyanCheck!」ボタン）で送られたfilenameが引数filenameに入ります。同じように、checkの引数にもfilenameを指定しています（リスト13.6 ❷）。

check関数の中では（リスト13.6 ❸）、リスト13.5 ❹と同じようにPOSTメソッドで呼ばれたときに、if文の中が実行されます。はじめに、filenameを画像urlの形に戻しています（リスト13.6 ❹）。次に、predict関数を呼び、「このファイルをディープラーニングで認識する」という処理をしています（リスト13.6 ❺）。そしてrender_templateを呼んで、index.htmlを再描画します（リスト13.6 ❻）。このときに、画像のURLと認識した猫の種類を渡しています。

最後のAPIは、アップロードした画像を確認するためのAPIです（リスト13.6 ❼）。画像を表示するときに、このfilenameで指定された画像を、send_from_directoryでuploaded_fileから送っています（リスト13.6 ❽）。

リスト13.6 check.py③

```
# 「NyanCheck!」ボタンがクリックされたときの処理
@app.route('/api/v1/check/<filename>', methods=➡
['GET', 'POST'])
def check(filename):
```

```
    if request.method == 'POST':
    # POSTメソッドが呼ばれたときの処理
        img_url = '/uploads/' + filename
        nyan_type = predict(filename)
        return render_template('index.html', ➡
img_url=img_url, nyan_type=nyan_type)
    else:
        return redirect(url_for(''))

# アップロードした画像を確認する処理
@app.route('/uploads/<filename>')
def uploaded_file(filename):
    return send_from_directory(config ➡
['upload_dir'],filename)

if __name__ == '__main__':
    app.debug = True
    app.run()
```

❸ ❹ ❺ ❻ ❼ ❽

13.3.5 猫の種類を認識する処理

次に、実際に猫の種類を認識する処理をしているpredict.py（図13.6）について説明します。

predict.pyは「nyancheck/nyancheck/net」ディレクトリにあります。

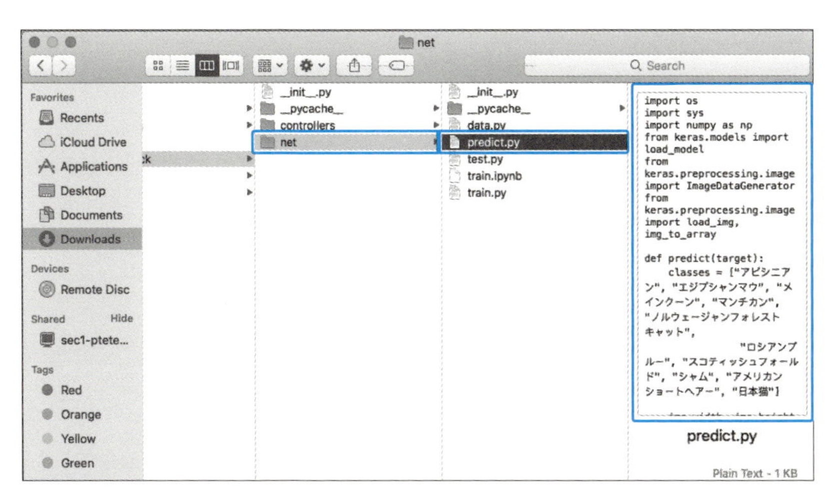

図13.6 predict.py

それでは リスト13.7 のpredict関数の説明をします。predict関数には、引数ターゲットにアップロードしたファイルの名前が渡されています（リスト13.7 ❶)。classesというリストに、認識できる猫の種類が書いています。ここでは、アビシニアン、エジプシャンマウ、メインクーン、マンチカン、ノルウェージャンフォレストキャット、ロシアンブルー、スコティッシュフォールド、シャム、アメリカンショートヘアー、日本猫の認識ができます。

アプリケーションの詳しい説明は、13.5.4項のアプリケーションの実行で解説しますが、ここでは、おおまかにどのような処理をしているかを説明します。

まず学習したニューラルネットワークファイルを、リスト13.7 ❷で指定していきます。nyancheck.h5というファイルです。そのファイルを リスト13.7 ❸で読み込み、ニューラルネットワークのモデルを再構成しています。

次に リスト13.7 ❹の部分で、画像を読み込んでいます。Kerasのload_image関数（keras.preprocessing.image.load_image()）で、リスト13.4 ❺でも説明した./uploads/の画像を読み込んでいます（リスト13.7 ❺)。その後、ニューラルネットワークに入れるために、形式を変更しています。

次にmodel.predict()メソッドで、入力した画像をニューラルネットワークで認識しています（リスト13.7 ❻)。

test_yには、ある部分が1で、他の部分が0という出力が出ます（リスト13.7 ❼)。これをnp.argmaxで、1になっている箇所がどこなのかを取り出します。1になっている場所の猫の名前を返します。

リスト13.7 predict.py

```
import os
import sys
import numpy as np
from keras.models import load_model
from keras.preprocessing.image import ImageDataGenerator
from keras.preprocessing.image import load_img, ➡
img_to_array

def predict(target):
    classes = ["アビシニアン", "エジプシャンマウ", ➡
"メインクーン", "マンチカン", "ノルウェージャンフォレストキャット", ❶
                "ロシアンブルー", "スコティッシュフォール➡
ド", "シャム", "アメリカンショートヘアー", "日本猫"]

    img_width, img_height = 200, 150
    result_dir = "results"
    uploads_dir = "./uploads/" ❺
    model_name = "nyancheck.h5" ❷

    test_datagen = ImageDataGenerator(rescale=1.0 / 255)
    model = load_model(os.path.join(result_dir, ➡
model_name)) ❸

    test_X = load_img(os.path.join(uploads_dir, ➡
target), target_size=(img_height, img_width))
    test_X = img_to_array(test_X) ❹
    test_X = np.expand_dims(test_X, axis=0)
    test_X /= 255.
    test_y = model.predict(test_X, steps=1) ❻
    return classes[np.argmax(test_y)] ❼
```

13.4 データの収集・整理・分類

ここまでアプリケーションの構成およびアプリケーションの処理について解説しました。ここからは、ディープラーニングの処理について解説します。この節では猫の画像の収集・整理・分類について解説します。

13.4.1 猫の種類の判別をする

猫の種類の判別をするためには、まず猫の画像を集める必要があります。猫の画像を集めるためには、data.pyを使います。data.pyは「nyancheck/nyancheck/net」ディレクトリにあります（図13.7）。

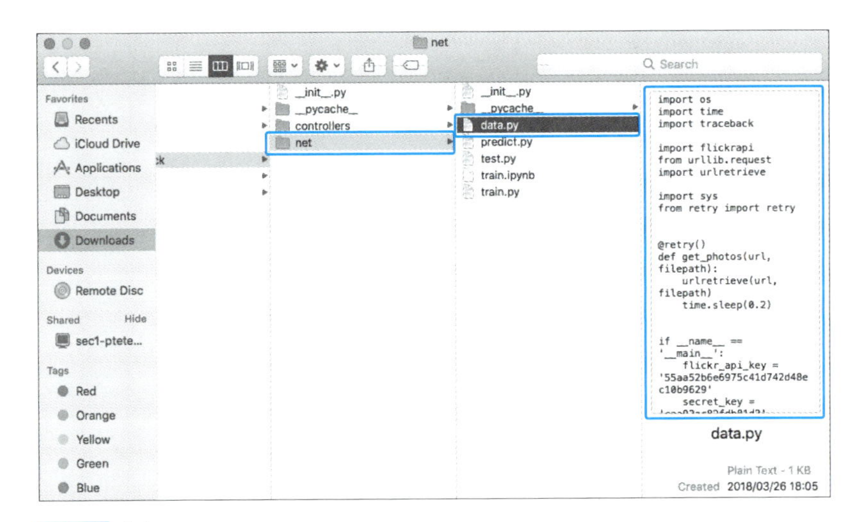

図13.7 data.py

まずdata.pyの`get_photos`関数について説明します（リスト13.8 ❶）。

`get_photos`関数では、与えられた`url`と`filepath`を用いて（リスト13.8 ❶）、そのURLのファイルを取り出します（リスト13.8 ❷）。取り出した後、サーバに負荷をかけないために、0.2秒の間スリープします（リスト13.8 ❸）。ここでは、猫の画像を`Flickr API`を用いて集めることにします。`Flickr API`をたたくには、flickrの`api_key`と`secret_key`が必要です（リスト13.8 ❹）。Flickrの`api_key`と`secret_key`の取得については、P.327のMEMO参照を参照してください。

次にFlickr APIにflickrのapi_keyとsecret_keyを渡して、初期化します（リスト13.8 ⑤）。検索するキーワードをkeywordsというリストで指定しています（リスト13.8 ⑥）。リスト13.7 ①の10種類の猫を英語表記で書いてあります。

次にfor文で、keywordを1つ取り出して、Flickr APIでkeywordを検索します（リスト13.8 ⑦）。textにkeywordを指定して、per_pageに取り出したい画像数を設定します。ここでは上限1000枚を指定します。extrasの箇所に取り出す画像のサイズなどを指定できます。ここでは800×400を示す、url_cを指定します。

リスト13.8 data.py

```
import os
import time
import traceback

import flickrapi
from urllib.request import urlretrieve

import sys
from retry import retry


@retry()
# URLから画像を取り出す処理
def get_photos(url, filepath):                                    ①
    urlretrieve(url, filepath)                                    ②
    time.sleep(0.2)                                               ③

# Flickrから画像を取り出す処理
if __name__ == '__main__':                                        ┐
    flickr_api_key = ➡                                            │
'xxxxxxxxxxxxxxxxxxxxxxxxxxxxxxxx（固有のapi_key）'                  ④
    secret_key = 'xxxxxxxxxxxxxxxx（固有のsecret_key）'              ┘

    flicker = flickrapi.FlickrAPI(flickr_api_key, ➡               ┐
secret_key, format='parsed-json')                                 ⑤
    keywords = ["japanese cat", "american ➡                       ┐
shorthair", "Munchkin", "Siamese", "Scottish Fold", ➡             │
"Norwegian Forest Cat", "Russian Blue", "Egyptian ➡               ⑥
Mau", "Abyssinian", "Maine Coon"]                                 ┘
```

```python
    # キーワードで画像を取り出す処理
    for keyword in keywords:
        response = flicker.photos.search(
            text=keyword,
            per_page=1000,
            media='photos',
            sort='relevance',
            safe_search=1,
            extras='url_c,license'
        )
        photos = response['photos']
        if not os.path.exists('data/' + keyword):
            os.makedirs('data/' + keyword)
        for photo in photos['photo']:
            try:
                url = photo['url_c']
                filepath = 'data/' + keyword + '/' + ➡
photo['id'] + '.jpg'
                get_photos(url, filepath)
            except Exception as e:
                traceback.print_exc()
```

❼（for keyword in keywords: から) まで）

13.4.2 画像を取得する処理を実行する

Pythonを用いて、data.pyを実行します。

macOSのターミナル（Anaconda Navigaterから起動するターミナルではありません）でdata.pyのあるディレクトリ（/nyancheck/nyancheck/net）にcdコマンドで移動します。

[ターミナル]

```
(Aidemy) $ cd nyancheck/nyancheck/net
```

pipコマンドで、data.pyを実行します（事前にP.016に記載のflickrapi、retryのライブラリはインストールしておいてください）。

[ターミナル]

```
(Aidemy) $ python data.py
```

data.pyを実行すると※2、画像がダウンロードされていきます（P.330のMEMO参照）。nyancheckのディレクトリをファイルマネージャで開いてみましょう。「nyancheck/nyancheck/net/data」ディレクトリに新しいフォルダ（ここでは「japanese cat」フォルダ）が作成され（図13.8）、その中に画像がダウンロードされていきます。

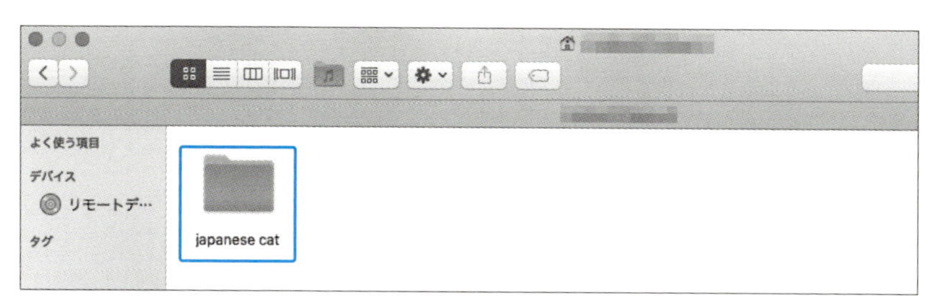

図13.8 画像がダウンロードされる

「japanese cat」フォルダの中を見ると、図13.9のように画像が次々とダウンロードされていきます。実行が終わるまで待ちましょう。実際はダウンロードするのに1～2時間ほどかかります。

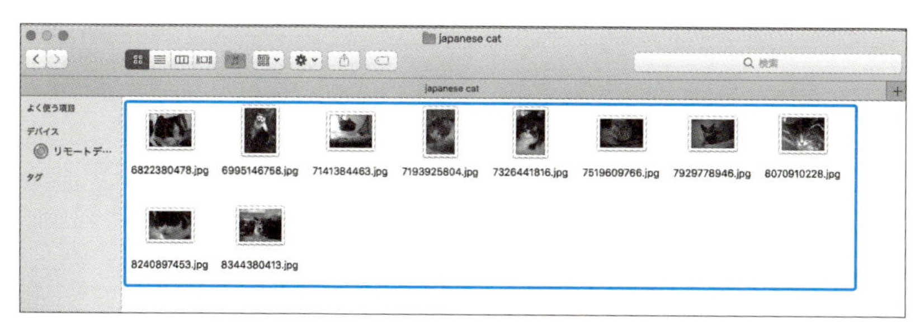

図13.9 「japanese cat」フォルダ内の画像

「data」フォルダ内にそれぞれ指定したキーワードでフォルダが図13.10のように作成されます。

※2 以下のエラーが表示される場合がありますが、そのまま進めて問題ありません。

```
Traceback (most recent call last):
  File "data.py", line 38, in <module>
    url = photo['url_c']
KeyError: 'url_c'
(…略…)
```

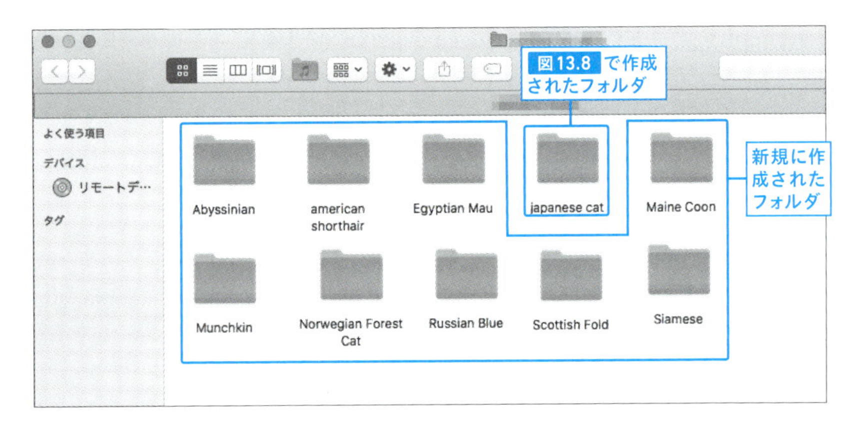

図13.10 新規に作成されたフォルダ（画像ファイルが入っている）

明らかに猫ではないデータを目視で削除したら、データを「train_data」、「validation_data」、「test_data」の3つに分けて、同名のフォルダに移動します（図13.11 ❶❷❸）。

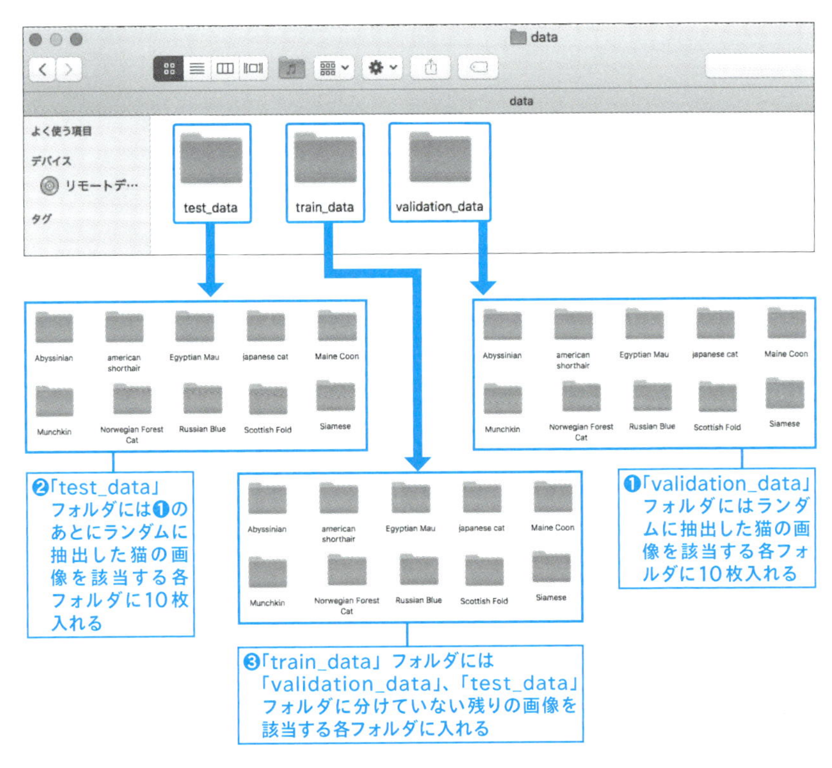

図13.11 データを「train_data」、「validation_data」、「test_data」の3つに分ける

ここでは、猫の各種類のうち、ランダムに10個のファイルを取り出して、それぞれ「validation_data」、「test_data」のフォルダに振り分けています。

それでは、それぞれのデータの役割について説明しましょう。

`train_data`は、実際にニューラルネットワークを学習するためのデータです。

`validation_data`は、ニューラルネットワークの学習がうまくいっているかどうかを確かめるためのデータで、このデータの正解率が上がるように、ニューラルネットワークを設定します。

`test_data`は、学習に全く用いないデータで、未知のデータに対して、学習がどの程度うまくいくのかについて評価します。

図13.11でも説明しているとおり、`validation_data`と`test_data`には、学習しないデータからランダムに10個ずつ取り出しています。各猫の種類1つにつき、10枚用意しています。

MEMO

Flickrのapi_keyとsecret_keyの取得

Flickrのapi_keyとsecret_keyの取得には、URL https://www.flickr.com/ にアクセスして、米国のYahoo!アカウントを登録し、ログインします（Yahoo!アカウントの手順は割愛します）。開発者向けサイトのFlickr API（URL https://www.flickr.com/services/api/）にアクセスします（図13.12）。

図13.12 Flickr API

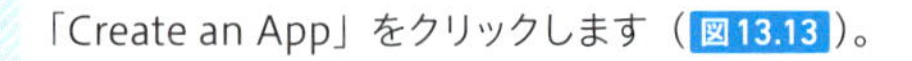

「Create an App」をクリックします（図13.13）。

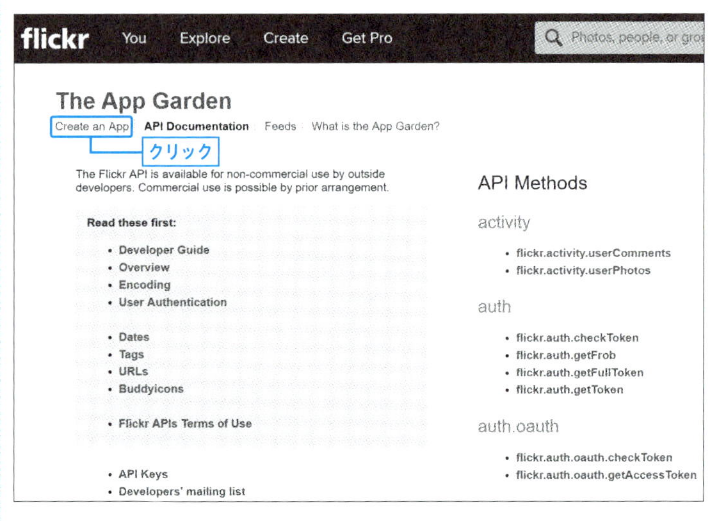

図13.13 「Create an App」をクリック

「Request an API Key」をクリックします（図13.14）。

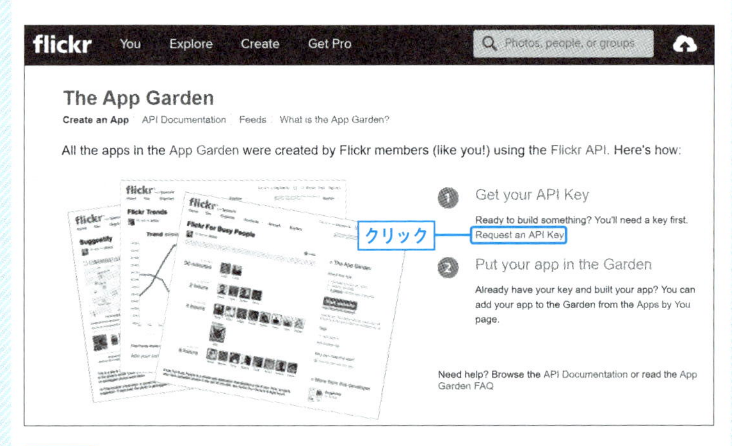

図13.14 「Request an API Key」をクリック

「APPLY FOR A NON-COMMERCIAL KEY」をクリックします（図13.15）。

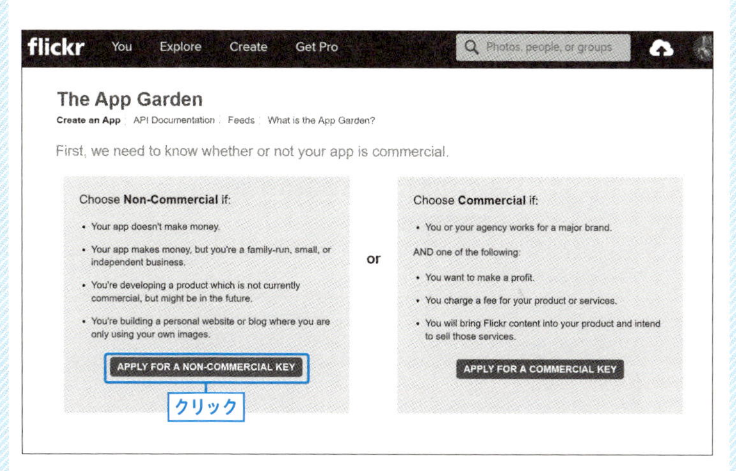

図13.15 「APPLY FOR A NON-COMMERCIAL KEY」をクリック

「Tell us about your app:」で、「What's the name of your app?」にアプリ名（図13.16❶）、「What are you building?」にアプリの情報を記載し（図13.16❷）、「I acknowledge that Flickr...」「I agree to comply with the Flickr API Terms of Use.」にチェックを入れて（図13.16❸）「SUBMIT」をクリックします（図13.16❹）。

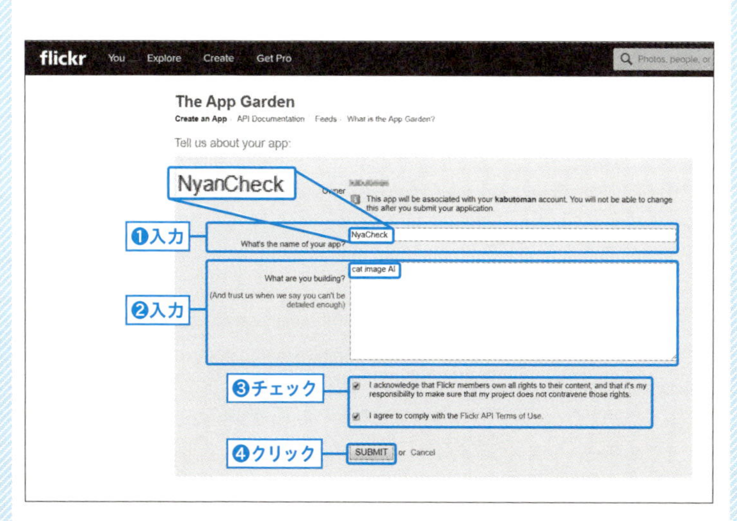

図13.16 アプリの登録

するとAPI keyとsecretが発行されます（図13.17）。

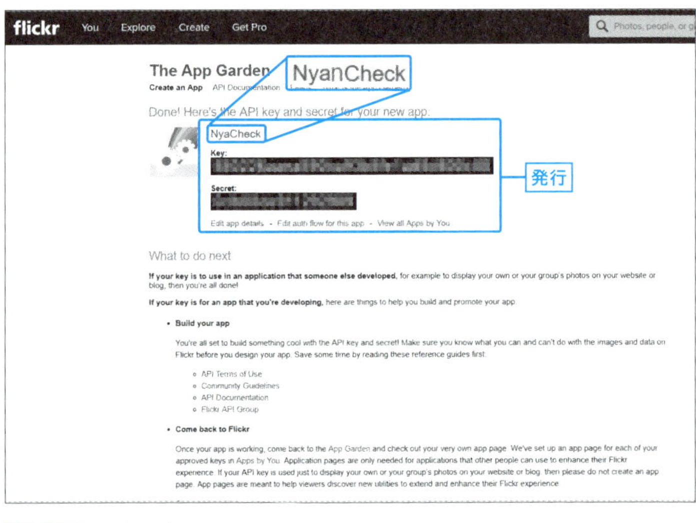

図13.17 API keyとsecret

MEMO

data.pyを実行しても
なかなか画像がダウンロードがされない場合

ご利用のマシンの性能によっては、画像のダウンロードがはじまらないケースもあります。その場合、Google Colaboratoryを利用すると画像取集を早く行うことができます。

実行環境の設定

Google Colaboratory（ URL https://colab.research.google.com/notebooks/welcome.ipynb?hl=ja）にアクセスしてメニューから「ファイル」（図13.18❶）→「Python 3の新しいノートブック」を選択します❷。「ランタイム」❸→「ランタイムのタイプを変更」を選択します❹。「ノートブックの設定」でランタイムのタイプで「Python 3」が選択されていることを確認して❺、「ハードウェアアクセラレータ」で「GPU」を選択します❻。「保存」をクリックします❼。

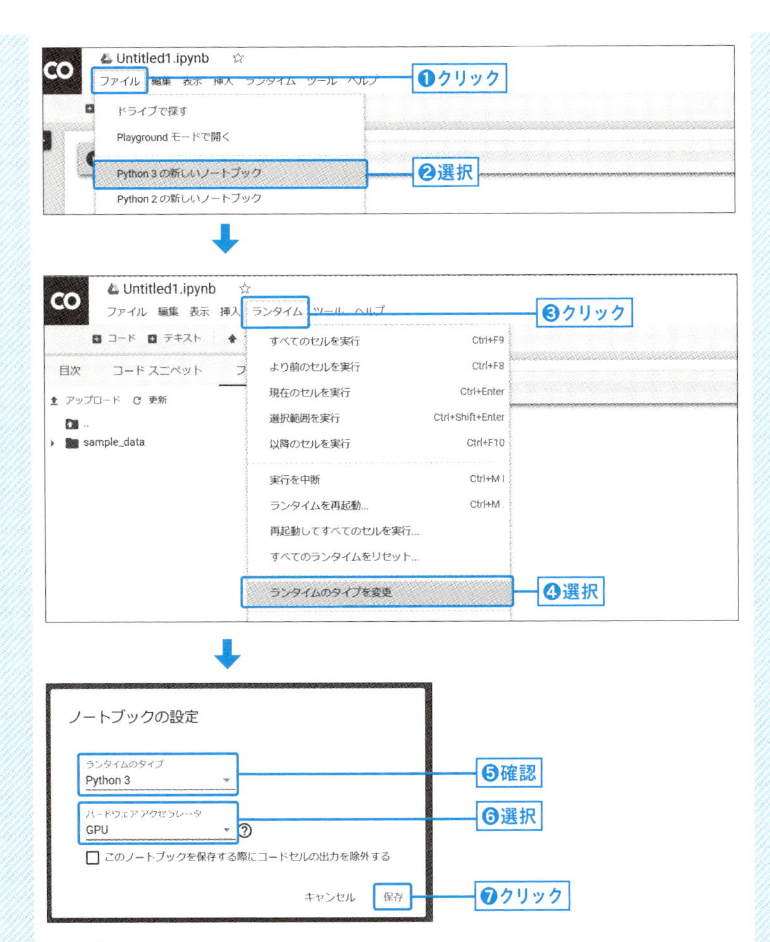

図13.18 実行環境の設定

サンプルファイルのアップロードと解凍

「>」をクリックして（図13.19❶）、「ファイル」タブをクリックし❷、「アップロード」クリックして❸、翔泳社のサイトからダウンロードしたnyancheck.zipを選択して（画面は割愛）、アップロードします。

Untitled1.ipynb
ファイル 編集 表示 挿入 ランタイム ツール ヘルプ
コード テキスト セル セル
❶クリック

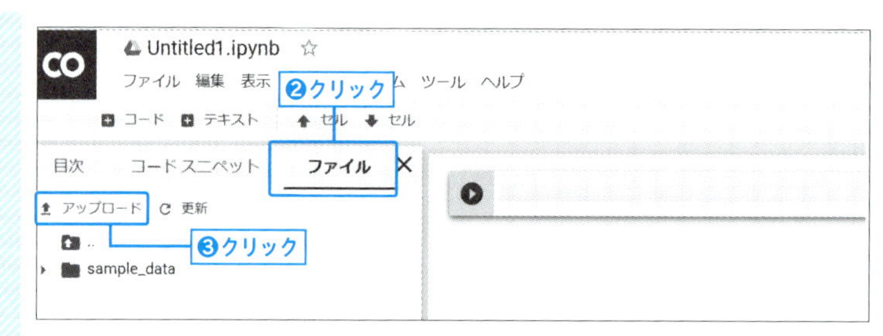

図13.19 サンプルファイルのアップロード

アップロードしたら、!を付けたunzipコマンドでフォルダを解凍します。

[In]

```
!unzip nyancheck.zip
```

ライブラリのインストール

!を付けたpipコマンドでP.016に記載のライブラリをインストールします。

data.pyのあるディレクトリに移動

cdコマンドでdata.pyのあるディレクトリに移動します。

[In]

```
cd /content/nyancheck/nyancheck/net
```

data.pyの実行

!を付けたpythonコマンドでdata.pyを実行します。Outのようなエラーがでますが、そのまま実行してください。

作成された各フォルダに猫の画像ファイルがダウンロードされます（図13.20）。

[In]

```
!python data.py
```

[Out]

```
Traceback (most recent call last):
  File "data.py", line 38, in <module>
    url = photo['url_c']
KeyError: 'url_c'
(…略…)
```

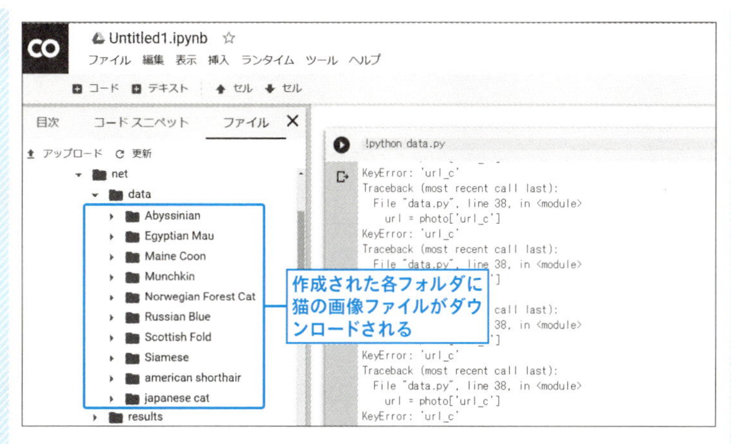

図13.20 猫の画像ファイルがダウンロードされる

収集したデータのダウンロード

cdコマンドで、それぞれの猫の種類のカテゴリに移動します。以下では「Abyssinian」フォルダにアクセスしています。

[In]

```
cd /content/nyancheck/nyancheck/net/data/Abyssinian
```

以下のコードでファイルをパソコンにダウンロードします。1つずつのダウンロードになりますが、この作業を、各猫の種類ごと繰り返します。1つの種類のカテゴリのダウンロードが終わったら、手作業で該当する猫の種類の名前のフォルダを作成して、ファイルをまとめておきましょう。終わったら、次の猫の種類のダウンロード作業を繰り返せば、必要な画像をそろえることができます。

[In]

```
  from google.colab import files
import os

file_list = os.listdir(".")

for file in file_list:
    files.download(file)
```

13.5 データを拡張し、学習させる

ここからは、実際にディープラーニングを用いて、転移学習によってモデルを作成する方法を解説します。

13.5.1 モジュールのimport

まずtrain.py（リスト13.9）の冒頭の説明をしましょう。リスト13.9 ❶で必要なモジュールをimportしています。ここでは、VGG19を使うので、VGG19をimportしています（リスト13.9 ❷）。また、その他の必要なモジュールをそれぞれimportしています（リスト13.9 ❸）。リスト13.9の箇所だけ実行するとTensorFlowを使うことが表示されます。

リスト13.9 モジュールをimport (train.py①)

```
import os
from keras.applications.vgg19 import VGG19                    ❷
from keras.preprocessing.image import ➡
ImageDataGenerator
from keras.models import Sequential, Model
from keras.layers import Input, Activation, ➡
Dropout, Dense, BatchNormalization
from keras.layers.pooling import ➡
GlobalAveragePooling2D
from keras.preprocessing.image import ➡
ImageDataGenerator
from keras import optimizers
from keras import regularizers
import numpy as np
```

（❶：import os 〜 import numpy as np、❸：from keras.preprocessing.image import 〜 import numpy as np）

Out

```
Using TensorFlow backend.
```

13.5.2　データを学習させる

リスト13.10で実際にデータを学習していきます。それぞれの項目を詳しく見ていきましょう。

画像の学習設定

リスト13.10❶の最初の行で、画像をリサイズするサイズを指定しています。200×150のサイズに変えます。

次のtrain_data_dirとvalidation_data_dirを、13.4.2項で振り分けたtrain_dataとvalidation_dataの位置に設定します。

nb_train_stepsは1epochの学習で何枚の画像を学習するかに関する設定です。

nb_validation_samplesは1epochで何回評価するかを書きます。

nb_epochで10epochsの学習をすることを指定しています。

result_dirは学習したネットワークを保存するディレクトリです。ここではresultsを指定しています。

データ拡張

リスト13.10❷で、データ拡張という処理をしています。データ拡張は、学習する画像を仮想的に増やす方法です。ImageDataGeneratorを使って、画像を仮想的に増やしています。それぞれの指定について見ていきます。

まず、rescaleを使って画素の値を255階調から、0から1になるように、rescaleします。

rotation_rangeは、画像をランダムに回転するという処理です。45度の範囲で画像をランダムに回転します。

width_shift_rangeとheight_shift_rangeは画像をずらす処理を続いて書いています。画像を20%までランダムにずらします。

shear_rangeで画像をひずませています。

zoom_rangeで画像をズームアウトさせています。

fill_modeを使って、空白の画像の位置に最も近い画素の値を埋めるという処理を書いています。ここではnearestに設定しています。

horizontal_flipは、ランダムに画像を水平方向に反転させます。

test_datagenはvalidation_dataに対する設定です。

train_datagenで画像を0から1にrescaleしましたので、validation_

dataも0から1になるように変換します。validation_dataは、それ以上のデータ拡張は行いません。

学習済モデルの読み込み

リスト13.10 ❸で、学習済みモデルを読み込みます。まず、input_tensorとして、ネットワークに入力する画像のサイズを指定しています。次にbase_modelとしてimagenetで学習済みのVGG19を読み込みます。weightsとしてimagenetで学習済みのモデルを、include_topをFalseにすることで、最上位のsoftmaxとの密結合層を外しています。

上にレイヤを追加

リスト13.10 ❹で、base_modelの上に追加するmodelをtop_modelとして設定します。

top_modelでは、まずGlobalAveragePooling2Dを用いて、basemodelの出力を1次元にします。

その次に、密結合層を追加します。

1024ユニットでは、ReLUで活性化します。kernel_regularizerで正則化を行います。その上に、BatchNormalization、Dropout(0.5)でドロップアウトを行います。同じように、Dense、BatchNormalization、Dropoutを追加します。

最後に、class数である数10種類の猫の画像の密結合層をsoftmaxで追加します。

下にレイヤを追加

リスト13.10 ❺で、top_modelとbase_modelを連結して、1つのmodelにします。

入力にbase_modelの入力、出力にbase_modelの出力を入れたtop_modelを指定します。

次に、ImageNetで学習した重みを壊さないように、ニューラルネットワークの下から15層までをlayer.trainable = Falseとして重みを変化しないようにします。

最後にmodel.summary()としてmodelの構成を出力します。

リスト13.10 train.py②

```
# ※トリミング画像の学習設定
img_width, img_height = 200, 150
train_data_dir = 'data/train_data'
validation_data_dir = 'data/validation_data'
nb_train_steps = 1000
nb_validation_samples = 500
nb_epoch = 10
result_dir = 'results'

# データ拡張
train_datagen = ImageDataGenerator(
        rescale=1.0 / 255,
        rotation_range=45,
        width_shift_range=0.2,
        height_shift_range=0.2,
        shear_range=0.2,
        zoom_range=0.2,
        fill_mode='nearest',
        horizontal_flip=True)

test_datagen = ImageDataGenerator(rescale=1.0 / 255)

# 学習済モデルの読み込み
input_tensor = Input(shape=(img_height, img_width, 3))
base_model = VGG19(include_top=False, weights=➡
'imagenet', input_tensor=input_tensor)

# 上にレイヤを追加
top_model = Sequential()
top_model.add(GlobalAveragePooling2D(input_shape=➡
base_model.output_shape[1:]))
top_model.add(Dense(1024, activation='relu', ➡
kernel_regularizer=regularizers.l2(0.01)))
top_model.add(BatchNormalization())
top_model.add(Dropout(0.5))
top_model.add(Dense(1024, activation='relu', ➡
kernel_regularizer=regularizers.l2(0.01)))
top_model.add(BatchNormalization())
```

❶ ❷ ❸ ❹

```
top_model.add(Dropout(0.5))
top_model.add(Dense(10, activation='softmax'))

# 下にレイヤを追加
model = Model(input=base_model.input, ➡
output=top_model(base_model.output))
for layer in model.layers[:15]:
    layer.trainable = False
model.summary()
```

❹ ❺

リスト13.9 を実行した後に、リスト13.10 の箇所を実行すると、まず学習済みモデルがダウンロードされます。ダウンロードが終わると、model.summaryでlayerの構成が出力されます。

具体的にはVGG19のネットワークが出力されます。2次元の畳み込みレイヤ(Conv2D)、マックスプーリング（MaxPooling2D)、2次元の畳み込みレイヤ(Conv2D)、マックスプーリング（MaxPooling2D）という繰り返しのネットワークです。

最後に、sequential_1（Sequential）として、追加したtop_layerが出力されます。そして、modelの総パラメータ数、学習できるパラメータ数、固定したパラメータの数が出力されます（P.341-342参照）。

13.5.3　モデルのコンパイル

リスト13.9 、リスト13.10 に続いて、リスト13.11 の箇所を実行した場合の処理を説明します。

リスト13.11 ❶でmodel.compileとして、train.pyで作成したモデルをコンパイルします。

lossに、categorical_crossentropy、optimizerにSGDを指定してあります。metricsは正解率です。

リスト13.11 ❷では、リスト13.10 ❷で設定したデータ拡張を行います。具体的には、flow_from_directoryでtrain_data_dirに対してデータ拡張を行うことを設定しています。batch_sizeを32として、1つのbatchで32枚の画像が学習されます。class_modeとしてcategoricalを設定します。

リスト13.11 ❸で同じようにvalidation_generatorに対してflow_from_directoryを設定します。

リスト13.11 ❹のmodel.fit_generatorで、リスト13.11 ❷のtrain_generatorとリスト13.11 ❸のvalidation_generatorを指定し、学習を行います。

リスト13.11 ❺のように、学習されたモデルはmodel.saveでresult_dir（「results」フォルダ）にnyancheck.h5として保存されます。

最後に学習の過程をresult_dirに保存します（リスト13.11 ❻）。train_dataのloss、train_dataの正解率、validation_dataのloss、validation_dataの正解率をそれぞれ変数に取ります。これをresurt_dirにhistory.tsvとして保存しています。

リスト13.11 train.py③

```
# モデルのコンパイル
model.compile(loss='categorical_crossentropy',
              optimizer=optimizers.SGD(lr=1e-4, ➡
momentum=0.9),
              metrics=['accuracy'])                    ❶

# データ拡張の処理（train_data）
train_generator = train_datagen.flow_from_directory(
    train_data_dir,
    target_size=(img_height, img_width),
    batch_size=32,
    class_mode='categorical')                          ❷

# データ拡張の処理（validation_data）
validation_generator = ➡
test_datagen.flow_from_directory(
    validation_data_dir,
    target_size=(img_height, img_width),
    batch_size=32,
    class_mode='categorical')                          ❸

# ファインチューニング
history = model.fit_generator(
    train_generator,
    steps_per_epoch=nb_train_steps,
    epochs=nb_epoch,
    validation_data=validation_generator,
    validation_steps=nb_validation_samples)            ❹
```

```
# 学習モデルの保存
model.save(os.path.join(result_dir, 'nyancheck.h5'))
loss = history.history['loss']
acc = history.history['acc']
val_loss = history.history['val_loss']
val_acc = history.history['val_acc']
nb_epoch = len(acc)

# 学習の過程を保存
with open(os.path.join(result_dir, 'history.tsv'), ➡
"w") as f:
    f.write("epoch\tloss\tacc\tval_loss\tval_acc\n")
    for i in range(nb_epoch):
        f.write("%d\t%f\t%f\t%f\t%f\n" % (i, ➡
loss[i], acc[i], val_loss[i], val_acc[i]))
```

それでは、train.pyを実行しましょう。

macOSのターミナルでtrain.pyのあるディレクトリ（/nyancheck/nyancheck/net）にcdコマンドで移動して、pythonコマンドでtrain.pyを実行します。

[ターミナル]

```
(Aidemy) $ cd nyancheck/nyancheck/net
(Aidemy) $ python train.py
```

train.pyを実行するとモデルの作成が開始されます。

[ターミナル]

```
Using TensorFlow backend.
2019-05-21 12:06:31.633530: I tensorflow/core/platform/➡
cpu_feature_guard.cc:137] Your CPU supports ➡
instructions that this TensorFlow binary was not ➡
compiled to use: SSE4.1 SSE4.2 AVX AVX2 FMA
train.py:33: UserWarning: Update your `Model` call to ➡
the Keras 2 API: `Model(inputs=Tensor("in..., outputs=➡
Tensor("se...)`
```

```
  model = Model(input=base_model.input, ➡
output=top_model(base_model.output))

_________________________________________________________________
Layer (type)                 Output Shape              ➡
Param #
=================================================================
input_1 (InputLayer)         (None, 150, 200, 3)       0
_________________________________________________________________
block1_conv1 (Conv2D)        (None, 150, 200, 64)      ➡
1792
_________________________________________________________________
block1_conv2 (Conv2D)        (None, 150, 200, 64)      ➡
36928
_________________________________________________________________
block1_pool (MaxPooling2D)   (None, 75, 100, 64)       0
_________________________________________________________________
block2_conv1 (Conv2D)        (None, 75, 100, 128)      ➡
73856
_________________________________________________________________
block2_conv2 (Conv2D)        (None, 75, 100, 128)      ➡
147584
_________________________________________________________________
block2_pool (MaxPooling2D)   (None, 37, 50, 128)       0
_________________________________________________________________
block3_conv1 (Conv2D)        (None, 37, 50, 256)       ➡
295168
_________________________________________________________________
block3_conv2 (Conv2D)        (None, 37, 50, 256)       ➡
590080
_________________________________________________________________
block3_conv3 (Conv2D)        (None, 37, 50, 256)       ➡
590080
_________________________________________________________________
block3_conv4 (Conv2D)        (None, 37, 50, 256)       ➡
590080
_________________________________________________________________
block3_pool (MaxPooling2D)   (None, 18, 25, 256)       0
_________________________________________________________________
block4_conv1 (Conv2D)        (None, 18, 25, 512)       ➡
1180160
```

```
_________________________________________________________________
block4_conv2 (Conv2D)        (None, 18, 25, 512)         ➡
2359808
_________________________________________________________________
block4_conv3 (Conv2D)        (None, 18, 25, 512)         ➡
2359808
_________________________________________________________________
block4_conv4 (Conv2D)        (None, 18, 25, 512)         ➡
2359808
_________________________________________________________________
block4_pool (MaxPooling2D)   (None, 9, 12, 512)          0
_________________________________________________________________
block5_conv1 (Conv2D)        (None, 9, 12, 512)          ➡
2359808
_________________________________________________________________
block5_conv2 (Conv2D)        (None, 9, 12, 512)          ➡
2359808
_________________________________________________________________
block5_conv3 (Conv2D)        (None, 9, 12, 512)          ➡
2359808
_________________________________________________________________
block5_conv4 (Conv2D)        (None, 9, 12, 512)          ➡
2359808
_________________________________________________________________
block5_pool (MaxPooling2D)   (None, 4, 6, 512)           0
_________________________________________________________________
sequential_1 (Sequential)    (None, 10)                  ➡
1593354
=================================================================
Total params: 21,617,738
Trainable params: 13,388,298
Non-trainable params: 8,229,440
_________________________________________________________________
Found 1389 images belonging to 10 classes.
Found 100 images belonging to 10 classes.
Epoch 1/10
…（略）…
```

GPU環境で、十数時間かかります。モデルの作成が終わると、「nyancheck/nyancheck/net/results」ディレクトリに、history.tsvとnyancheck.h5が保存されます。これで、モデルの作成は完了です（MEMO参照）。モデル作成後は、「nyancheck/nyancheck/net」ディレクトリより「nyancheck」ディレクトリ直下に「results」フォルダを移動してください。

MEMO

train.pyを実行するとモデル作成にかなり時間がかかりそうな場合

ご利用のマシンの性能によっては、モデル作成にかなり時間がかかるケースもあります。その場合、Google Colaboratoryを利用してモデル作成を行うことができます。Google Colaboratoryの環境を利用して、パソコン上で分類しておいた「data」フォルダをdata.zipとして圧縮し、Google Colaboratoryにアップロードしましょう。Google ColaboratoryへのNyanCheckアプリケーションの設定はP.330を参照してください。

cdコマンドでディレクトリを移動します。

[In]

```
cd /content/nyancheck/nyancheck/net
```

「>」をクリックして、「ファイル」タブをクリックし、「アップロード」クリックしてパソコンからdata.zipを選択してアップロードします（画面は割愛）。アップロードしたdata.zipをunzipコマンドで解凍します（ATTENTION）。

[In]

```
!unzip data.zip
```

ATTENTION

すでにP.330の手順でGoogle Colaboratory上で作業している場合

もしP.330のMEMOで作業した「data」フォルダが残っている場合は、rmコマンドで同名のディレクトリを削除しておいてください。

[In]

```
rm -r data
```

あとは!を付けたpythonコマンドでdata.pyを実行すればモデルの作成が開始されます。モデルの作成が終わると、「nyancheck/nyancheck/net/results」ディレクトリに、history.tsvとnyancheck.h5が保存されます(図13.21)。作成したモデルをパソコンにダウンロードして「results」フォルダに入れればモデルの作成作業は完了です。

[In]

```
!python train.py
```

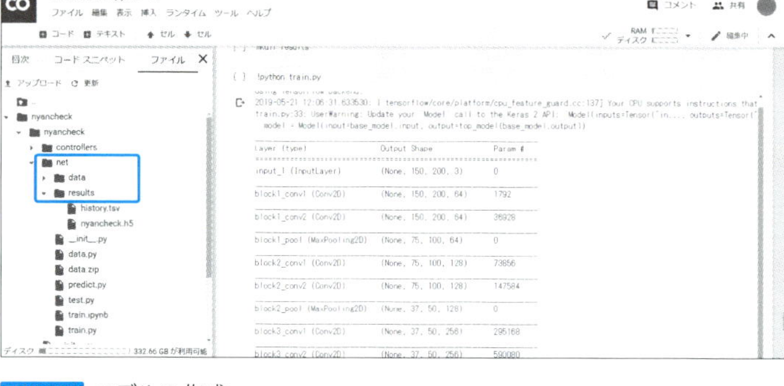

図13.21 モデルの作成

13.5.4 アプリケーションの実行

cdコマンドでNyanCheckのトップディレクトリに移動して、pythonコマンドでapp.pyを実行します。

[ターミナル]

```
(Aidemy) $ cd /users/<パソコンの名前>/<作業用フォルダ>
(Aidemy) $ python app.py
```

しばらく待っていると、

[ターミナル]

```
* Running on http://0.0.0.0:5000/ (Press CTRL+C to quit)
```

と出力されるので、http://0.0.0.0:5000のURLをブラウザで開きます。

すると、図13.22のようにNyanCheckの画面が出力されます。

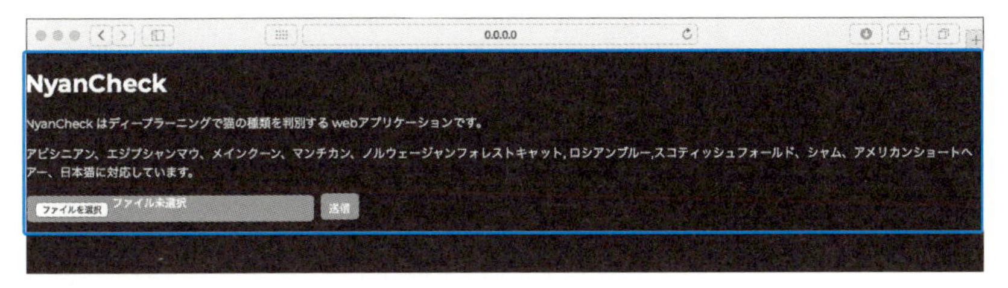

図13.22 NyanCheckの画面

NyanCheckを使って、実際に猫の種類を判別してみましょう。「ファイルを選択」ボタンをクリックして（図13.23❶）、「nyancheck/nyancheck/data/test_data」フォルダから任意の猫の画像を選択します❷❸。

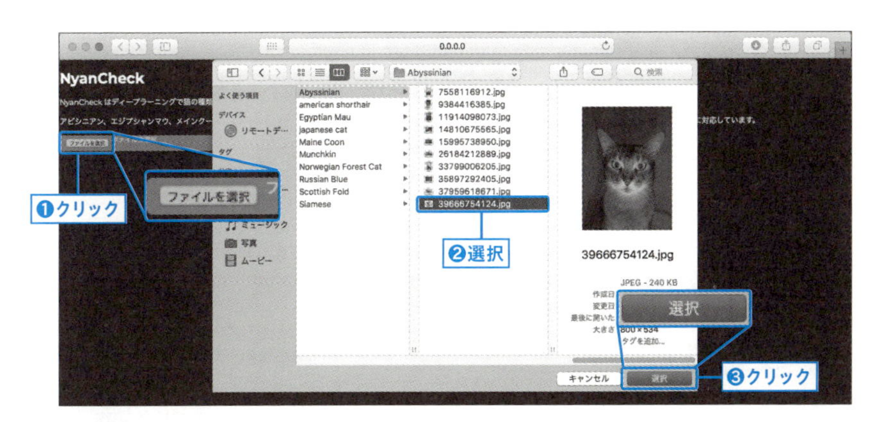

図13.23 任意の猫を選択して「選択」ボタンをクリック

「送信」ボタンをクリックすると、画像が「uploads」フォルダに送られます（図13.24）。

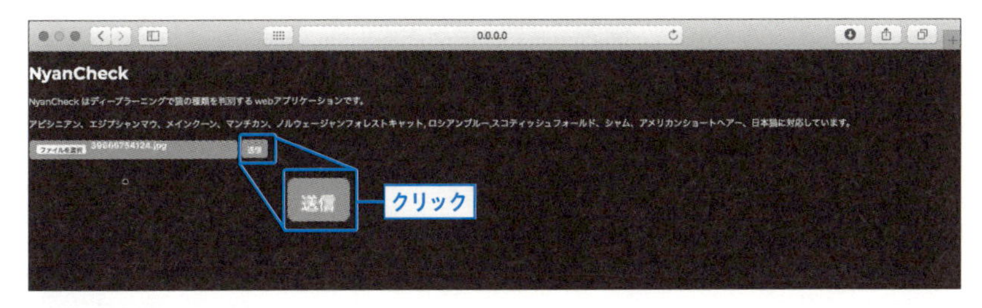

図13.24 「送信」ボタンをクリック

左下の「NyanCheck!」ボタンをクリックすると、ディープラーニングで猫の種類を判別します（図13.25）。

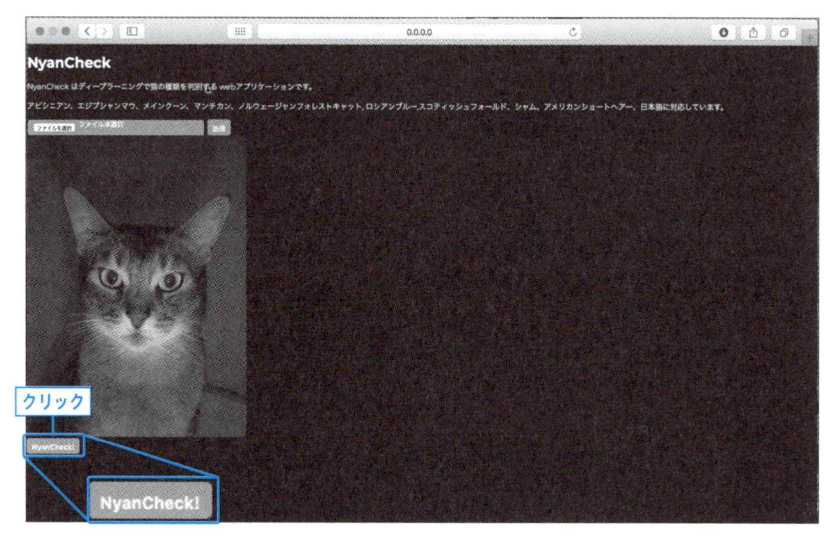

図13.25 「NyanCheck!」ボタンをクリック

クリックすると認識が行われ、アビシニアンと正しく判別されます（図13.26）。

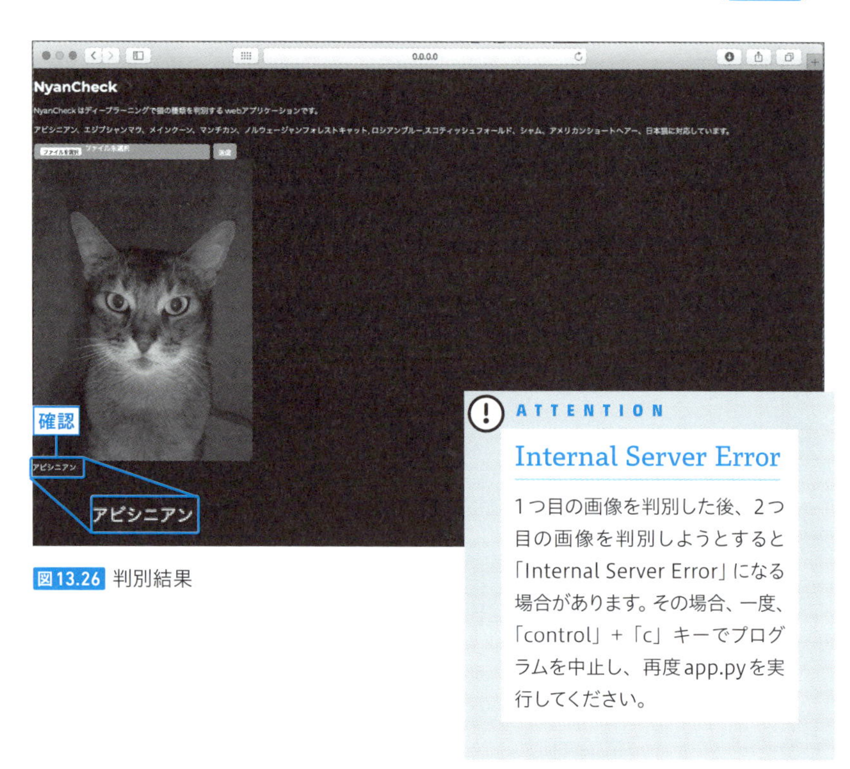

図13.26 判別結果

ATTENTION

Internal Server Error

1つ目の画像を判別した後、2つ目の画像を判別しようとすると「Internal Server Error」になる場合があります。その場合、一度、「control」＋「c」キーでプログラムを中止し、再度app.pyを実行してください。

13.6 Google Cloud Platformについて

次に、NyanCheckをGoogle Cloud Platform上にデプロイしていきます。そこでまずはGoogle Cloud Platformについて簡単に解説します。

13.6.1 Google Cloud Platformとは

Google Cloud Platform（URL https://cloud.google.com/）とはGoogleがクラウド上で提供するサービス群の総称です（図13.27）。Google社内で使われているものと同じテクノロジーやインフラを使用して、インフラ環境をクラウド化できます。基本的な構成要素が、はじめから各種サービスとして用意されているため、それらを使用して、素早く開発を行うことができます。

図13.27 Google Cloud Platformの画面

URL https://cloud.google.com/

本書では、Google Cloud Platformのうち、Compute Engineを使ってNyanCheckを公開します（図13.28）。

図13.28 Compute Engineの画面

13.7 Google Cloud Platformの設定

それでは、Google Cloud Platformの設定を行っていきます。

13.7.1 Google Cloud Platformの設定方法

「GCP無料トライアル」をクリックして、無料トライアルをはじめてください（図13.29）。

図13.29 Google Cloud Platformの画面

「GCP無料トライアル」をクリックすると、図13.30のような画面になります。

国で「日本」を選択します❶。

次に利用規約を読んだ上で、利用規約にチェックを入れて❷、「同意して続行」をクリックします❸。

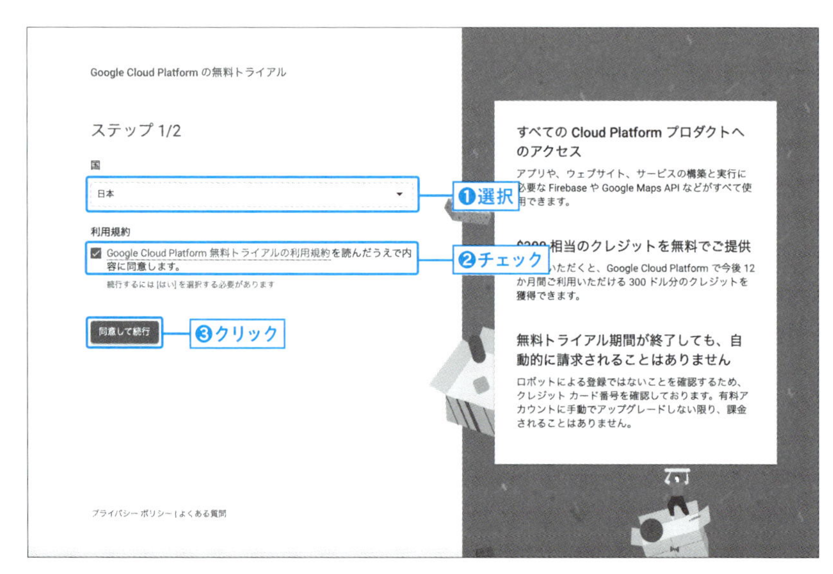

図13.30 「ステップ 1/2」の画面

「同意して続行」をクリックすると、お支払いプロファイルの入力画面になります（図13.31）。指定された情報を入力してください❶❷。個人情報の確認のために、クレジットカード情報を入力する必要があります。入力したら「無料トライアルを開始」をクリックしてください❸。

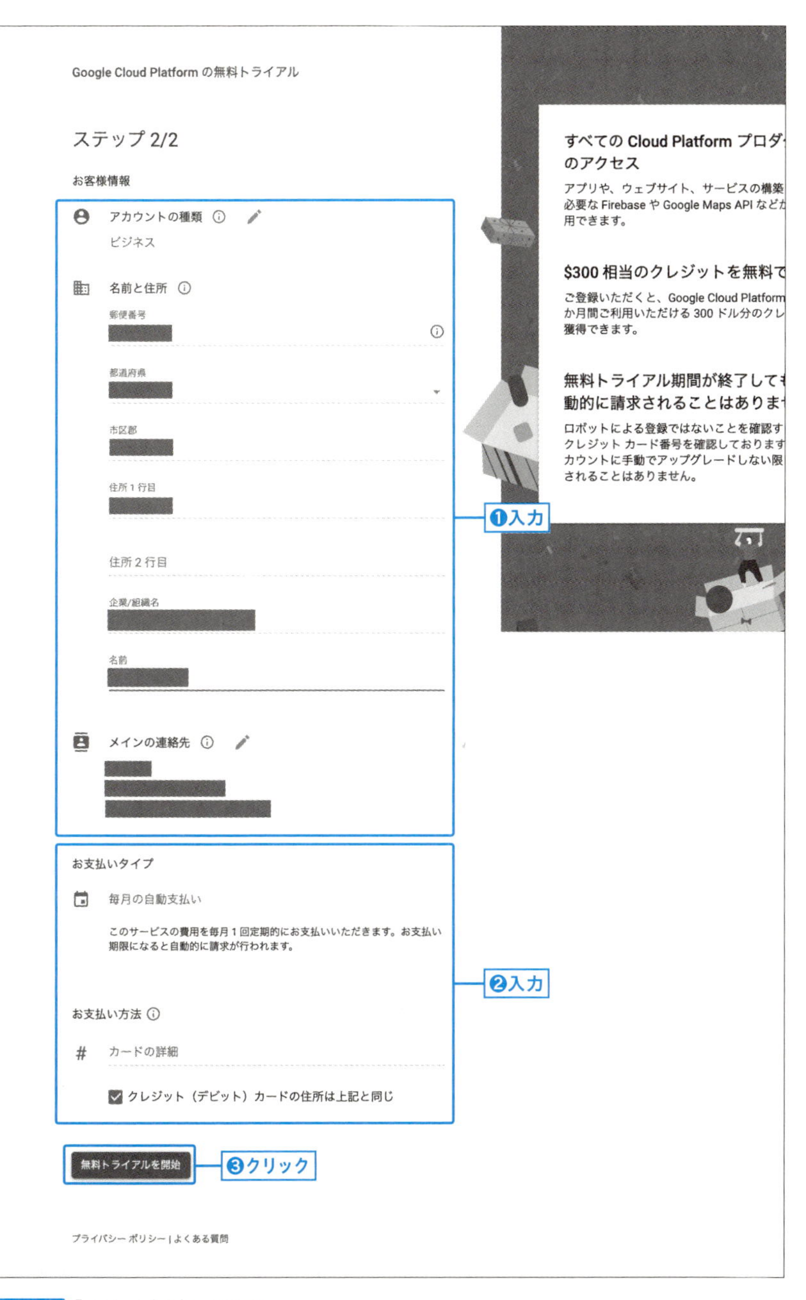

図 13.31 「ステップ 2/2」の画面

Google Cloud Platformに登録するとスプラッシュ画面表示があるので「OK」をクリックして進めてください（画面は割愛）。するとダッシュボードが表示されます（図13.32）。

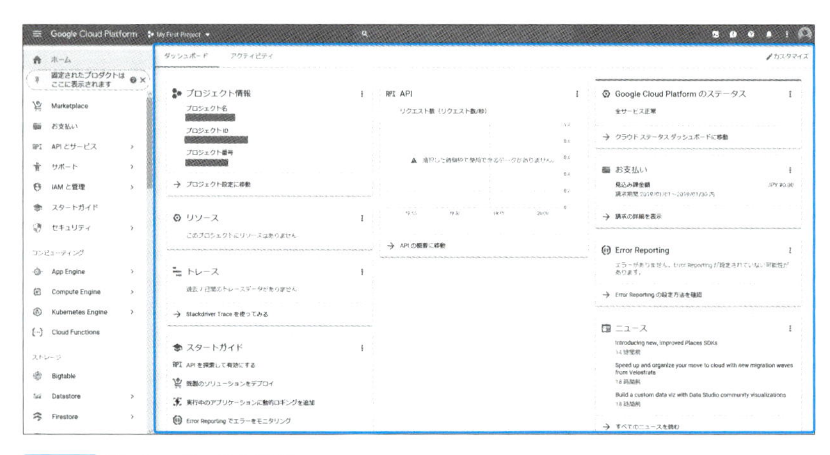

図13.32 ダッシュボードの表示

[Computer Engine] → [VMインスタンス] を選択します（図13.33❶❷）。

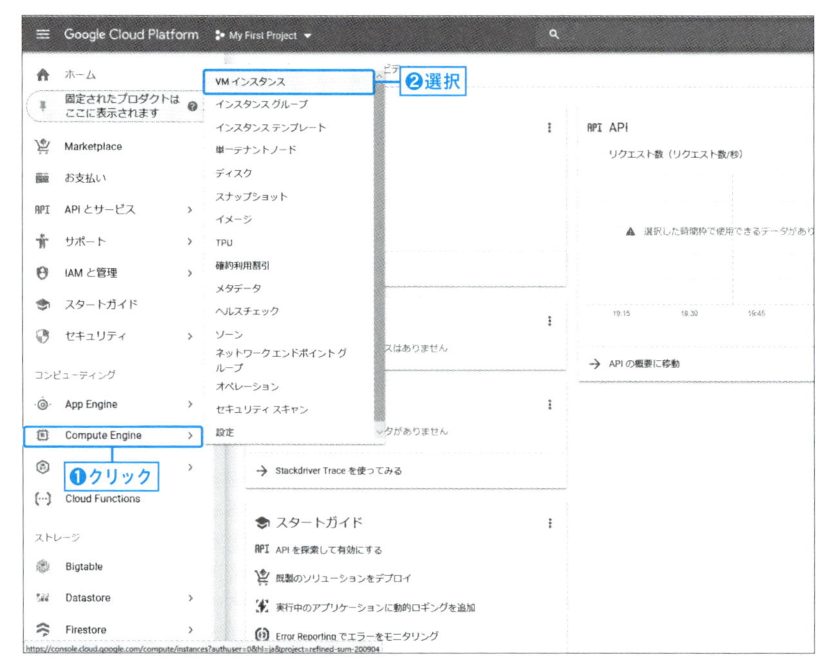

図13.33 [Computer Engine] → [VMインスタンス] を選択

「課金を有効にすると Compute Engine をご利用いただけます」の画面が表示されるので「課金を有効にする」をクリックします（図13.34❶）。

「作成」をクリックして、VMインスタンスを作成します❷。

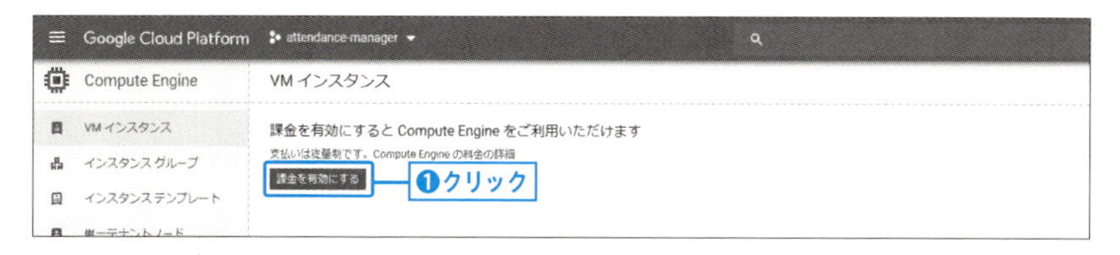

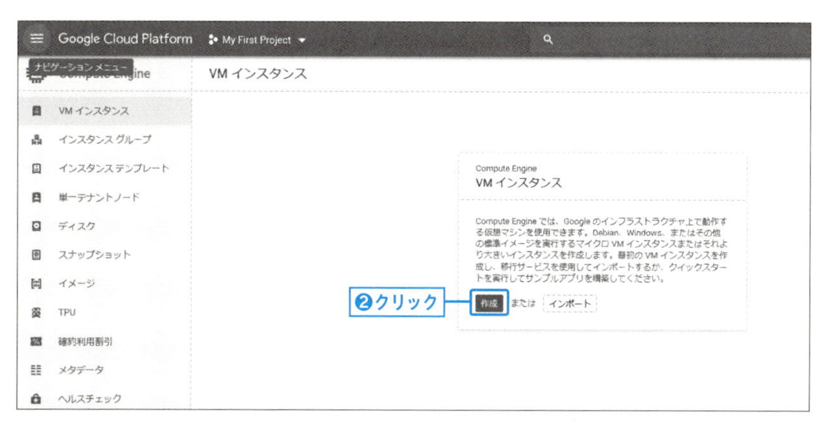

図13.34 「作成」をクリック

名前を入力し（図13.35❶）、リージョンとゾーンを選択します（❷、ここでは「asia-northeast1（東京）」、「asia-northeast1-b」を選択）。「マシンタイプ」スモールインスタンス以上が必要なので「small」を選びます（❸、NyanCheckは、マイクロインスタンスでは動きません）。ブートディスク❹、IDとAPIのアクセスを確認します❺。

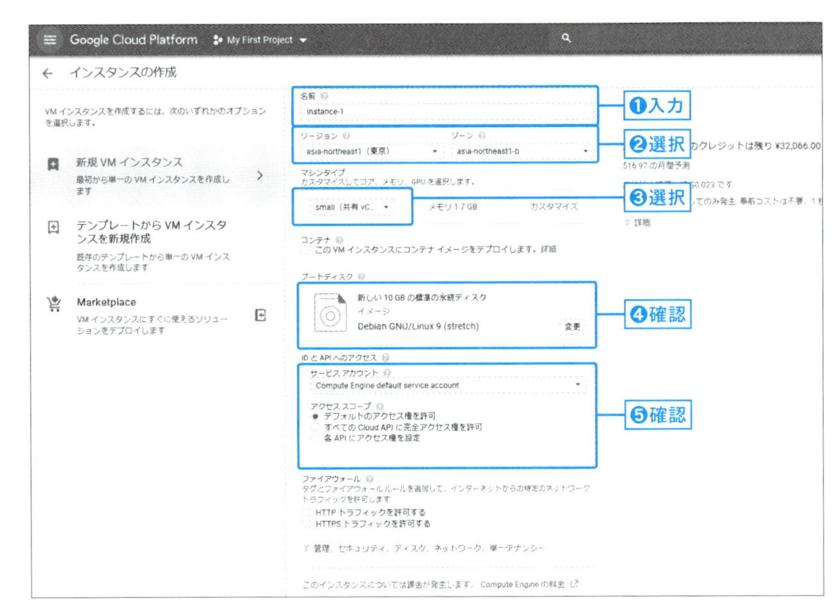

図13.35 インスタンスを設定

設定したら「作成」をクリックします（図13.36）。

図13.36「作成」をクリック

すると、新しいインスタンスが立ち上がります。作成した時点で、インスタンスは開始されています（図13.37❶）。「⋮」をクリックして❷、「ネットワークの詳細を表示」を選択します。

図13.37 新しいインスタンスの確認

次に、ネットワークルールを設定します。「ファイアウォールルール」をクリックして（図13.38❶）、「ファイアウォールルールを作成」をクリックします❷。

図13.38 「ファイアウォールルール」をクリックして、「ファイアウォールルールを作成」をクリック

ファイアウォールルールの名前として「flask」、ターゲットとして「ネットワーク上のすべてのインスタンス」、ソースIPとして「0.0.0.0/0」を設定してください。また、tcpのフォーム部分をクリックし「5000」と入力します（チェックは自動的に入ります）。「作成」をクリックします（図13.39❶❷）。

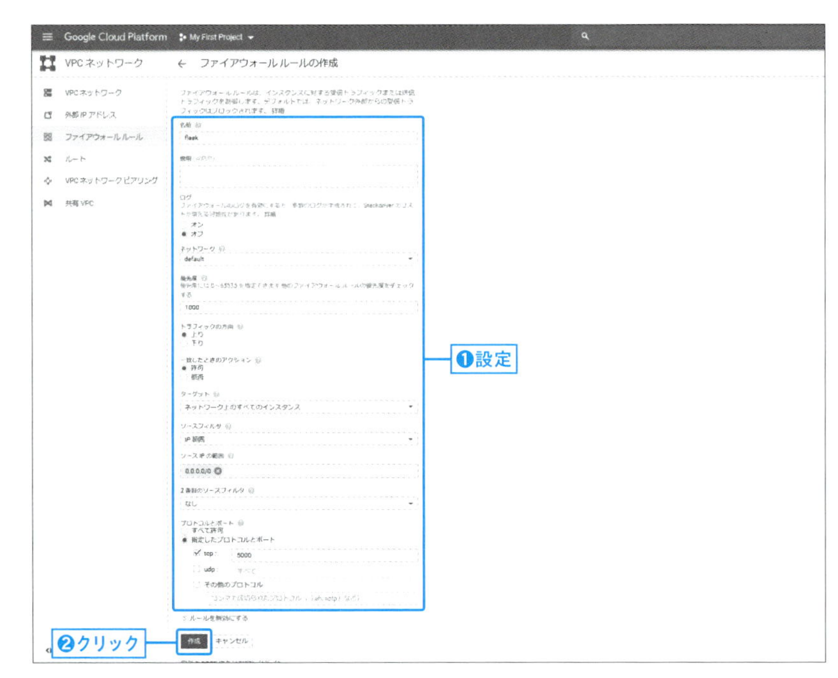

図13.39 ファイアウォールルールの作成

ファイアウォールルールを作成したら（図13.40❶)、左上のナビゲーションメニューをクリックして❷、「ホーム」を選択します。

図13.40 ホーム画面に戻る

「Computer Engine」→「VMインスタンス」を選択します（図13.41 ❶❷）。

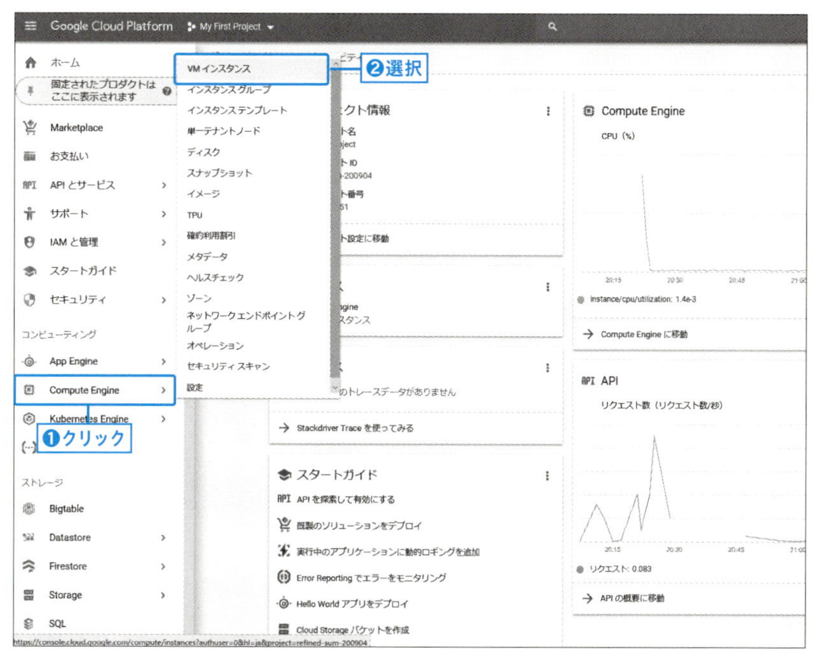

図13.41 [Computer Engine] → [VMインスタンス] を選択する

次に接続の「SSH」をクリックします（図13.42）。

図13.42 「SSH」をクリック

同期画面が表示されます（図13.43）。

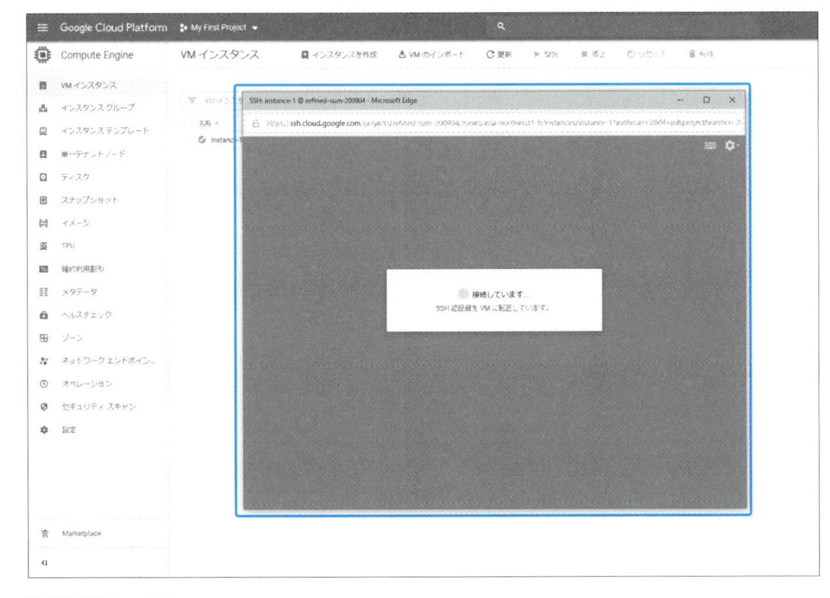

図13.43 「接続中」の画面

するとサーバに接続するコンソールが表示されます（図13.44）。このとき、ポップアップを検出する表示が出力されたら、Google Cloud Platformからのポップアップを許可してください。

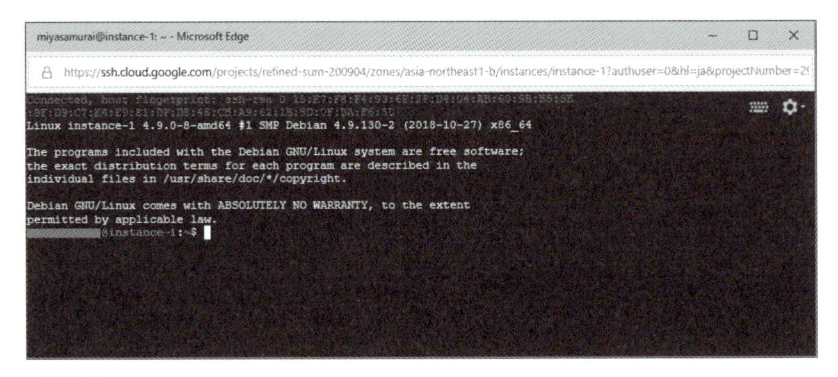

図13.44 コンソール（以降、本書では「GCP端末」と明記します）

13.8 Google Cloud SDKの設定

Google Cloud SDKの設定をしていきましょう。

13.8.1 Google Cloud SDKのインストール

設定したComputer Engineに、NyanCheckをデプロイするためには、Google Cloud SDK（URL https://cloud.google.com/sdk/?hl=ja）を使うと便利です。「インストール（MACOS）」をクリックして、Google Cloud SDKのダウンロードページに移動します（図13.45）。

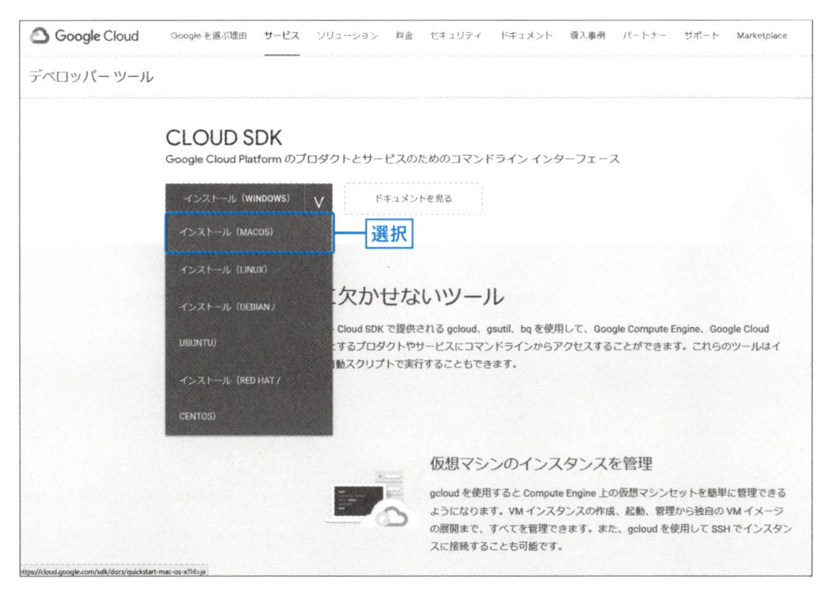

図13.45 Google Cloud SDK

ここでは、64ビット版のMac OS X（x86_64）のパッケージをダウンロードします（図13.46）。

図13.46 64ビット版のパッケージをダウンロード

　ダウンロードしたファイルを任意のディレクトリに展開すると、図13.47のような構成のフォルダが作成されます。

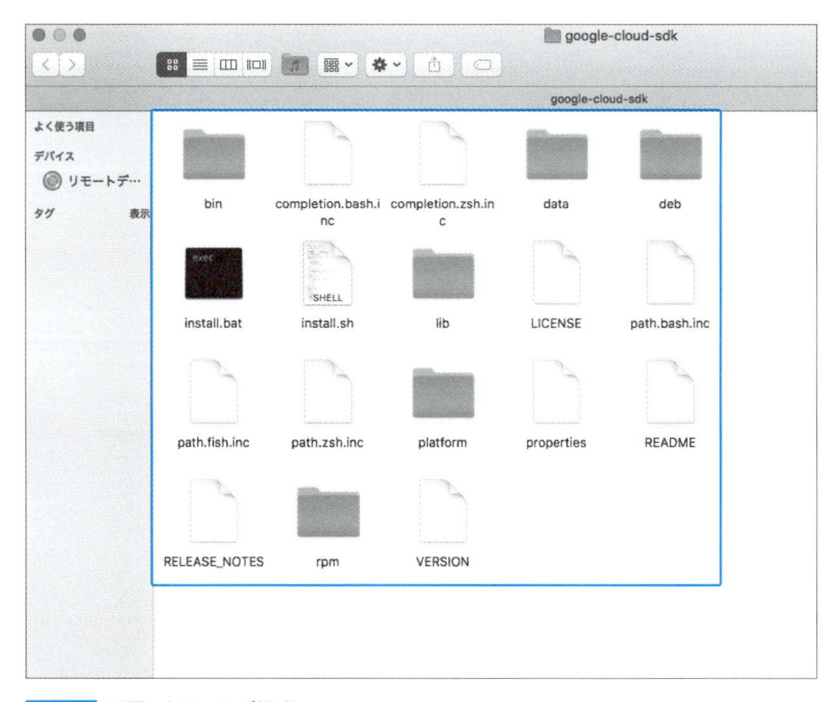

図13.47 展開したフォルダ構成

macOSのターミナルを開き、cdコマンドで「google-cloud-sdk」のディレクトリに移動します。Google Cloud SDKの場所に移動したら、lsコマンドで中身を確認します（図13.48）。

[ターミナル]

```
$ cd google-cloud-sdk
$ ls
```

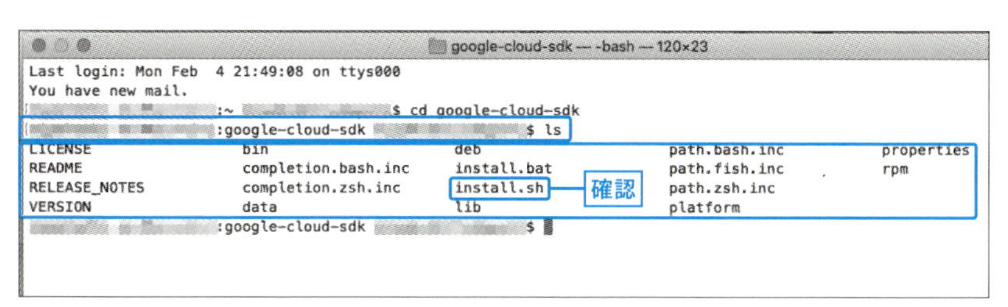

図13.48 展開したフォルダ構成

install.shというファイルがあるので、./install.shというコマンドで実行します。Googleのサービスを改善するか否かを聞かれるので、好きなほうを答えます（図13.49 ❶）。これでインストールは終了です。

[ターミナル]

```
$ ./install .sh
```

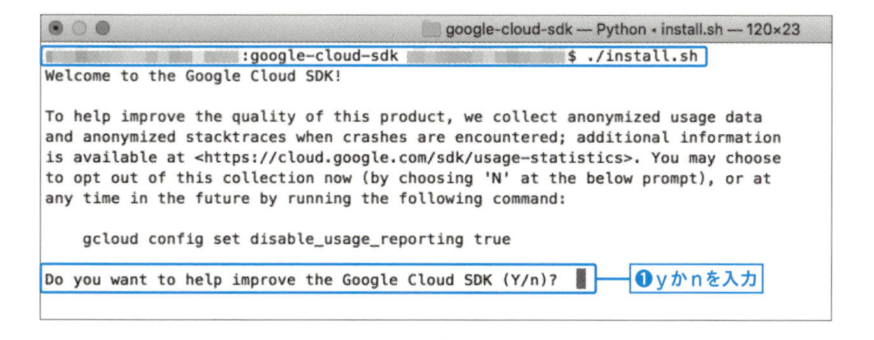

```
google-cloud-sdk — -bash — 128×48
Your current Cloud SDK version is: 180.0.0
The latest available version is: 232.0.0

                                              Components
 Status            Name                                               ID                          Size
 Update Available  BigQuery Command Line Tool                         bq                          < 1 MiB
 Update Available  Cloud SDK Core Libraries                           core                        9.2 MiB
 Update Available  Cloud Storage Command Line Tool                    gsutil                      3.6 MiB
 Not Installed     App Engine Go Extensions                           app-engine-go               56.4 MiB
 Not Installed     Cloud Bigtable Command Line Tool                   cbt                         6.3 MiB
 Not Installed     Cloud Bigtable Emulator                            bigtable                    5.6 MiB
 Not Installed     Cloud Datalab Command Line Tool                    datalab                     < 1 MiB
 Not Installed     Cloud Datastore Emulator                           cloud-datastore-emulator    18.4 MiB
 Not Installed     Cloud Datastore Emulator (Legacy)                  gcd-emulator                38.1 MiB
 Not Installed     Cloud Firestore Emulator                           cloud-firestore-emulator    32.2 MiB
 Not Installed     Cloud Pub/Sub Emulator                             pubsub-emulator             33.4 MiB
 Not Installed     Cloud SQL Proxy                                    cloud_sql_proxy             3.7 MiB
 Not Installed     Emulator Reverse Proxy                             emulator-reverse-proxy      14.5 MiB
 Not Installed     Google Cloud Build Local Builder                   cloud-build-local           5.9 MiB
 Not Installed     Google Container Registry's Docker credential helper  docker-credential-gcr    1.8 MiB
 Not Installed     gcloud Alpha Commands                              alpha                       < 1 MiB
 Not Installed     gcloud Beta Commands                               beta                        < 1 MiB
 Not Installed     gcloud app Java Extensions                         app-engine-java             107.5 MiB
 Not Installed     gcloud app PHP Extensions                          app-engine-php              21.9 MiB
 Not Installed     gcloud app Python Extensions                       app-engine-python           6.2 MiB
 Not Installed     gcloud app Python Extensions (Extra Libraries)     app-engine-python-extras    28.5 MiB
 Not Installed     kubectl                                            kubectl                     < 1 MiB

To install or remove components at your current SDK version [180.0.0], run:
  $ gcloud components install COMPONENT_ID
  $ gcloud components remove COMPONENT_ID

To update your SDK installation to the latest version [232.0.0], run:
  $ gcloud components update

==> Source [/Users/          /google-cloud-sdk/completion.bash.inc] in your profile to enable shell command completion fo
r gcloud.
==> Source [/Users/          /google-cloud-sdk/path.bash.inc] in your profile to add the Google Cloud SDK command line to
ols to your $PATH.

For more information on how to get started, please visit:
  https://cloud.google.com/sdk/docs/quickstarts

          :google-cloud-sdk          $
```

図13.49 install.shの実行

Google Cloud SDKをインストールしたら、インストールしたディレクトリのbinにPATHを通します（図13.50）。

[ターミナル]

```
$ export PATH=./bin:$PATH
```

```
google-cloud-sdk — -bash — 128×48
          :google-cloud-sdk          $ export PATH=./bin:$PATH
          :google-cloud-sdk          $
```

図13.50 binにPATHを通す

最後に以下の`gcloud`コマンドが実行できれば成功です（図13.51）。ERRORが出ますが、これは引数のargumentを指定していないためなので、これで問題ありません。

[ターミナル]

```
$ gcloud
```

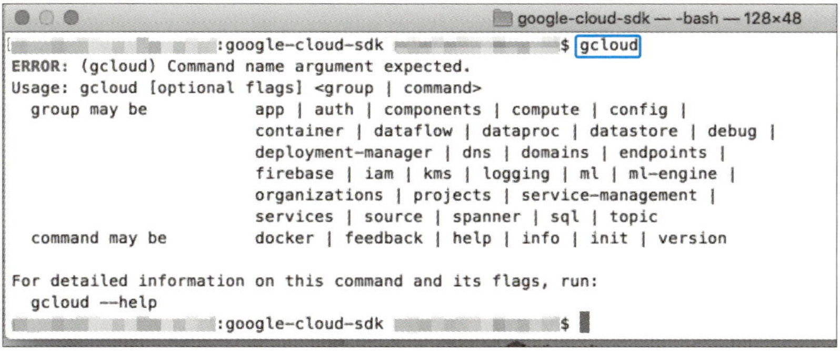

```
google-cloud-sdk — -bash — 128×48
:google-cloud-sdk $ gcloud
ERROR: (gcloud) Command name argument expected.
Usage: gcloud [optional flags] <group | command>
  group may be          app | auth | components | compute | config |
                        container | dataflow | dataproc | datastore | debug |
                        deployment-manager | dns | domains | endpoints |
                        firebase | iam | kms | logging | ml | ml-engine |
                        organizations | projects | service-management |
                        services | source | spanner | sql | topic
  command may be        docker | feedback | help | info | init | version

For detailed information on this command and its flags, run:
  gcloud --help
:google-cloud-sdk $
```

図13.51 gcloudコマンドの実行

13.9 Anacondaの設定

Google Cloud Platform上にAnacondaを設定します。

13.9.1 Anacondaをダウンロード

Anaconda installer archive（URL https://repo.continuum.io/archive/）にアクセスします（図13.52）。

Anaconda installer archive

Filename	Size	Last Modified	MD5
Anaconda2-2019.03-Linux-ppc64le.sh	291.3M	2019-04-04 16:00:36	c65edf84f63c64a876aabc704a090b97
Anaconda2-2019.03-Linux-x86_64.sh	629.5M	2019-04-04 16:00:35	dd87c316e211891df8889c52d9167a5d
Anaconda2-2019.03-MacOSX-x86_64.pkg	624.3M	2019-04-04 16:01:08	f45d327c921ec856da31494fb907b75b
Anaconda2-2019.03-MacOSX-x86_64.sh	530.2M	2019-04-04 16:00:34	fc7f811d92e39c17c20fac1f43200043
Anaconda2-2019.03-Windows-x86.exe	492.5M	2019-04-04 16:00:43	4b055a00f4f99352bd29db7a4f691f6e
Anaconda2-2019.03-Windows-x86_64.exe	586.9M	2019-04-04 16:00:53	042809940fb2f60d979eac02fc4e6c82
Anaconda3-2019.03-Linux-ppc64le.sh	314.5M	2019-04-04 16:00:58	510c8d6f10f2ffad0b185adbbdddf7f9
Anaconda3-2019.03-Linux-x86_64.sh	654.1M	2019-04-04 16:00:31	43caea3d726779843f130a7fb2d380a2
Anaconda3-2019.03-MacOSX-x86_64.pkg	637.4M	2019-04-04 16:00:33	c0c6fbeb5c781c510ba7ee44a8d8efcb
Anaconda3-2019.03-MacOSX-x86_64.sh	541.6M	2019-04-04 16:00:27	46709a416be6934a7fd5d02b021d2687
Anaconda3-2019.03-Windows-x86.exe	545.7M	2019-04-04 16:00:28	f1f636e5d34d129b6b996ff54f4a05b1
Anaconda3-2019.03-Windows-x86_64.exe	661.7M	2019-04-04 16:00:30	bfb4da8555ef5b1baa064ef3f0c7b582
Anaconda2-2018.12-Linux-ppc64le.sh	289.7M	2018-12-21 13:14:33	d50ce6eb037f72edfe8f94f90d61aca6
Anaconda2-2018.12-Linux-x86.sh	518.6M	2018-12-21 13:13:15	7d26c7551af6802eb83ecd34282056d7
Anaconda2-2018.12-Linux-x86_64.sh	628.2M	2018-12-21 13:13:10	84f39388da2c747477cf14cb02721b93
Anaconda2-2018.12-MacOSX-x86_64.pkg	640.7M	2018-12-21 13:14:30	c2bfeef310714501a59fd58166e6393d
Anaconda2-2018.12-MacOSX-x86_64.sh	547.1M	2018-12-21 13:14:31	f4d8b10e9a754884fb96e68e0e0b276a
Anaconda2-2018.12-Windows-x86.exe	458.6M	2018-12-21 13:16:27	f123fda0ec8928bb7d55d1ca72c0d784
Anaconda2-2018.12-Windows-x86_64.exe	560.6M	2018-12-21 13:16:17	10ff4176a94fcff86e6253b0cc82c782
Anaconda3-2018.12-Linux-ppc64le.sh	313.6M	2018-12-21 13:13:03	a775fb6d6c441b899ff2327bd9dadc6d
Anaconda3-2018.12-Linux-x86.sh	542.7M	2018-12-21 13:13:14	4c9922d1547128b866c6b9cf750c03c7
Anaconda3-2018.12-Linux-x86_64.sh	652.5M	2018-12-21 13:13:06	c9af603d89656bc89680889ef1f92623
Anaconda3-2018.12-MacOSX-x86_64.pkg	652.7M	2018-12-21 13:14:32	34741dbb84e8b0f25c53acd056e7b95d
Anaconda3-2018.12-MacOSX-x86_64.sh	557.0M	2018-12-21 13:13:13	910c8f411f16b02813b3a2cd95462a81
Anaconda3-2018.12-Windows-x86.exe	509.7M	2018-12-21 13:13:12	dc26da1eea1e5cc78121b1d3f80a6e9c
Anaconda3-2018.12-Windows-x86_64.exe	614.3M	2018-12-21 13:14:34	8d068f924a77e8d015906e81e91b31ab
Anaconda2-5.3.1-Linux-x86.sh	507.6M	2018-11-19 13:37:35	5685ac1d4a14c4c254cbafc612c77e77
Anaconda2-5.3.1-Linux-x86_64.sh	617.8M	2018-11-19 13:37:31	4da47b83b1eeac1ca8df0a43f6f580c8
Anaconda2-5.3.1-MacOSX-x86_64.pkg	628.4M	2018-11-19 13:37:38	d6139f371aa6cf81c3f002ecdd09b748
Anaconda2-5.3.1-MacOSX-x86_64.sh	539.0M	2018-11-19 13:37:43	559606f0dda021daa1afd612b2e3e37c
Anaconda2-5.3.1-Windows-x86.exe	458.1M	2018-11-19 13:38:32	7286587bcfb6a5a164d70fe02c1968d5
Anaconda2-5.3.1-Windows-x86_64.exe	580.1M	2018-11-19 13:37:47	ff29ffcd1f767cde91bab71110c00294
Anaconda3-5.3.1-Linux-x86.sh	527.3M	2018-11-19 13:38:49	6878b6393add83e5fe77d7a1a27ee789
Anaconda3-5.3.1-Linux-x86_64.sh	637.0M	2018-11-19 13:38:46	334b43d5e8468507f123dbfe7437078f

図13.52 Anaconda installer archive

「Anaconda3-5.1.0-Linux-x86_64.sh」を右クリックし（もしくは「control」キーを押しながらクリック）、「リンクをコピー」を選択します（図13.53 ❶❷）。

```
Anaconda2-5.2.0-MacOSX-x86_64.pkg     616.8M  2018-05-30 13:05:32  2836c839d29be8d9569a715f4c631a3b
Anaconda2-5.2.0-MacOSX-x86_64.sh      527.1M  2018-05-30 13:05:34  b1f3fcf58955830b65613a4a8d75c3cf
Anaconda2-5.2.0-Windows-x86.exe       443.4M  2018-05-30 13:04:17  4a3729b14c2d3fccd3a050821679c702
Anaconda2-5.2.0-Windows-x86_64.exe    564.0M  2018-05-30 13:04:16  595e427e4b625b6eab92623a28dc4e21
Anaconda3-5.2.0-Linux-ppc64le.sh      288.3M  2018-05-30 13:05:40  cbd1d5435ead2b0b97dba5b3cf45d694
Anaconda3-5.2.0-Linux-x86.sh          507.3M  2018-05-30 13:05:46  81d5a1648e3aca4843f88ca3769c0830
Anaconda3-5.2.0-Linux-x86_64.sh       621.6M  2018-05-30 13:05:43  3e58f494ab9fbe12db4460dc152377b5
Anaconda3-5.2.0-MacOSX-x86_64.pkg     613.1M  2018-05-30 13:07:00  9c35bf27e9986701f7d80241616c665f
Anaconda3-5.2.0-MacOSX-x86_64.sh      523.3M  2018-05-30 13:07:03  b5b789c01e1992de55ee911754c310d4
Anaconda3-5.2.0-Windows-x86.exe       506.3M  2018-05-30 13:04:19  285387e7b6ea81edba98c011922e235a
Anaconda3-5.2.0-Windows-x86_64.exe    631.3M  2018-05-30 13:04:18  62244c0382b8142743622fdc3526eda7
Anaconda2-5.1.0-Linux-ppc64le.sh      267.3M  2018-02-15 09:08:49  e894dcc547a1c7d67deb04f6bba7223a
Anaconda2-5.1.0-Linux-x86.sh          431.3M  2018-02-15 09:08:51  e26fb9d3e53049f6e32212270af6b987
Anaconda2-5.1.0-Linux-x86_64.sh       533.0M  2018-02-15 09:08:50  5b1b5784cae93cf696e11e66983d8756
Anaconda2-5.1.0-MacOSX-x86_64.pkg     588.0M  2018-02-15 09:08:52  4f9c197dfe6d3dc7e50a8611b4d3cfa2
Anaconda2-5.1.0-MacOSX-x86_64.sh      505.9M  2018-02-15 09:08:53  e9845ccf67542523c5be09552311666e
Anaconda2-5.1.0-Windows-x86.exe       419.8M  2018-02-15 09:08:55  a09347a53e04a15ee965300c2b95dfde
Anaconda2-5.1.0-Windo                 522.6M  2018-02-15 09:08:54  b16d6d6858fc7decf671ac71e6d7cfdb
Anaconda3-5.1.0-Linux-ppc64le.sh      285.7M  2018-02-15 09:08:56  47b5b2b17b7dbac0d4d0f0a4653f5b1c
Anaconda3-5.1.0-Linux-x86.sh                                    8  793a94ee85baf64d0ebb67a0c49af4d7
Anaconda3-5.1.0-Linux-x86_6                                     7  966406059cf7ed89cc82eb475ba506e5
Anaconda3-5.1.0-MacOSX-x86_                                     6  6ed496221b843d1b5fe8463d3136b649
Anaconda3-5.1.0-MacOSX-x86_                                     4  047e12523fd287149ecd80c803598429
Anaconda3-5.1.0-Windows-x86.                                    8  7a2291ab99178a4cdec530861494531f
Anaconda3-5.1.0-Windows-x86_                                    6  83a8b1edcb21fa0ac481b23f65b604c6
Anaconda2-5.0.1-Linux-x86.sh                                    7  ae155b192027e23189d723a897782fa3
Anaconda2-5.0.1-Linux-x86_6                                     2  02cd78dd03e8a727bb9be63f
Anaconda2-5.0.1-Windows-x86                                        a2270cb9823a897dd0e9bfce
Anaconda3-5.0.1-Windows-x86.                                    0  9d2ffb0aac1f8a72ef4a5c535f3891f2
Anaconda3-5.0.1-Windows-x86_                                    9  3dde7dbbef158db6dc44fce495671c92
Anaconda2-5.0.1-MacOSX-x86_64.pkg                               2  46fc99d1cf1e27f3b2a3eb63fee1a532
Anaconda2-5.0.1-MacOSX-x86_64.sh      486.5M  2017-10-23 19:51:04  17314016dced36614a3bef8ff3db7066
```

リンクを新規タブで開く
リンクを新規ウインドウで開く
リンク先のファイルをダウンロード
リンク先のファイルを別名でダウンロード...
リンクをブックマークに追加...
リンクをリーディングリストに追加
リンクをコピー
共有
サービス

❶右クリック
❷選択

図13.53 リンクのコピー

リンクのアドレスをコピーしたら、Google Cloud Platform上にAnacondaをダウンロードします。GCP端末でwgetのコマンドを入力して、先ほどのリンクのアドレスをペーストし、実行します（図13.54）。

[GCP端末]

```
$ wget https://repo.anaconda.com/archive/➡
Anaconda3-5.1.0-Linux-x86_64.sh
```

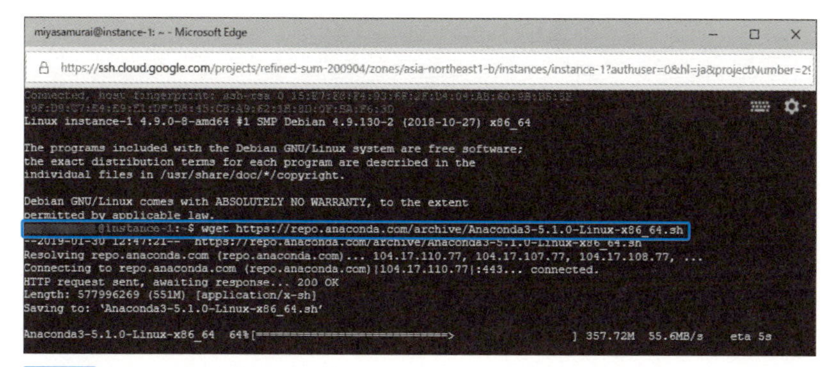

図13.54 Anacondaのダウンロード

ダウンロードが終わったら、`ls`コマンドでファイルを確認します（図13.55）。

[GCP端末]

```
$ ls
Anaconda3-5.1.0-Linux-x86_64.sh
```

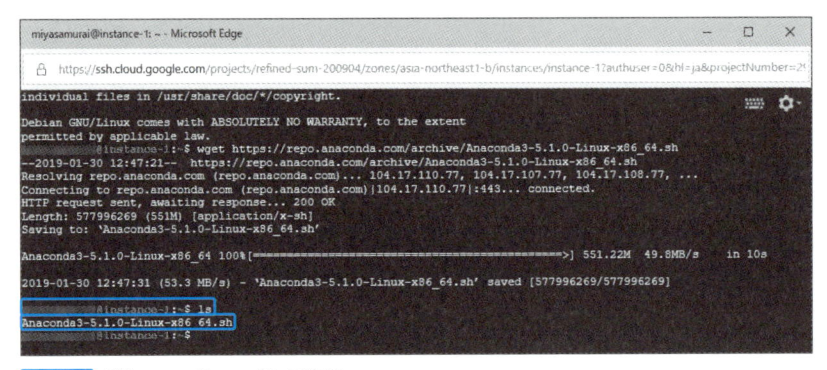

図13.55 ダウンロードファイルの確認

ダウンロードされていることを確認したらAnacondaをインストールします。`bash`コマンドでAnacondaのシェルファイル（Anaconda3-5.1.0-Linux-x86_64.sh）を実行します（図13.56）。

[GCP端末]

```
$ bash Anaconda3-5.1.0-Linux-x86_64.sh
```

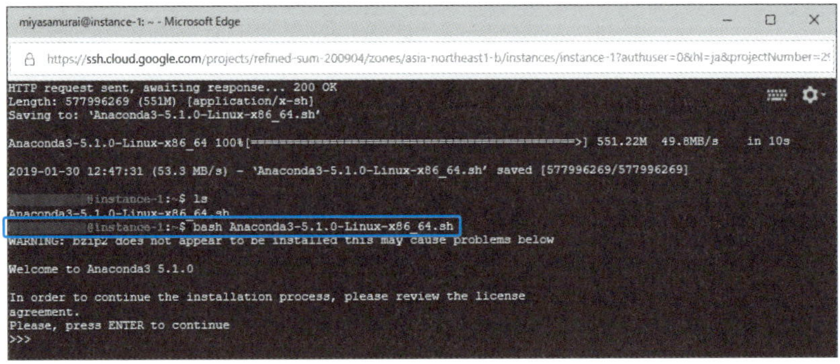

図13.56 Anacondaのシェルファイルの実行

［Return］キーを押して、利用規約を確認します（図13.57）。「more」と表示されたら、［スペース］キーを押して読み進めます。

```
>>>
===================================
Anaconda End User License Agreement
===================================

Copyright 2015, Anaconda, Inc.

All rights reserved under the 3-clause BSD License:

Redistribution and use in source and binary forms, with or without modification, are permitted provided that the fo
llowing conditions are met:

  * Redistributions of source code must retain the above copyright notice, this list of conditions and the followin
g disclaimer.
  * Redistributions in binary form must reproduce the above copyright notice, this list of conditions and the follo
wing disclaimer in the documentation and/or other materials provided with the distribution.
  * Neither the name of Anaconda, Inc. ("Anaconda, Inc.") nor the names of its contributors may be used to endorse
or promote products derived from this software without specific prior written permission.

THIS SOFTWARE IS PROVIDED BY THE COPYRIGHT HOLDERS AND CONTRIBUTORS "AS IS" AND ANY EXPRESS OR IMPLIED WARRANTIES,
INCLUDING, BUT NOT LIMITED TO, THE IMPLIED WARRANTIES OF MERCHANTABILITY AND FITNESS FOR A PARTICULAR PURPOSE ARE DIS
CLAIMED. IN NO EVENT SHALL ANACONDA, INC. BE LIABLE FOR ANY DIRECT, INDIRECT, INCIDENTAL, SPECIAL, EXEMPLARY, OR CONS
EQUENTIAL DAMAGES (INCLUDING, BUT NOT LIMITED TO, PROCUREMENT OF SUBSTITUTE GOODS OR SERVICES; LOSS OF USE, DATA, OR
PROFITS; OR BUSINESS INTERRUPTION) HOWEVER CAUSED AND ON ANY THEORY OF LIABILITY, WHETHER IN CONTRACT, STRICT LIABILI
TY, OR TORT (INCLUDING NEGLIGENCE OR OTHERWISE) ARISING IN ANY WAY OUT OF THE USE OF THIS SOFTWARE, EVEN IF ADVISED O
F THE POSSIBILITY OF SUCH DAMAGE.

Notice of Third Party Software Licenses
=======================================

Anaconda Distribution contains open source software packages from third parties. These are available on an "as is" ba
sis and subject to their individual license agreements. These licenses are available in Anaconda Distribution or at h
ttp://docs.anaconda.com/anaconda/pkg-docs. Any binary packages of these third party tools you obtain via Anaconda Dist
ribution are subject to their individual licenses as well as the Anaconda license. Anaconda, Inc. reserves the right t
o change which third party tools are provided in Anaconda Distribution.

In particular, Anaconda Distribution contains re-distributable, run-time, shared-library files from the Intel(TM) Math
 Kernel Library ("MKL binaries"). You are specifically authorized to use the MKL binaries with your installation of An
aconda Distribution. You are also authorized to redistribute the MKL binaries with Anaconda Distribution or in the con
da package that contains them. Use and redistribution of the MKL binaries are subject to the licensing terms located a
t https://software.intel.com/en-us/license/intel-simplified-software-license. If needed, instructions for removing the
 MKL binaries after installation of Anaconda Distribution are available at http://www.anaconda.com.

Anaconda Distribution also contains cuDNN software binaries from NVIDIA Corporation ("cuDNN binaries"). You are specif
ically authorized to use the cuDNN binaries with your installation of Anaconda Distribution. You are also authorized t
o redistribute the cuDNN binaries with an Anaconda Distribution package that contains them. If needed, instructions fo
r removing the cuDNN binaries after installation of Anaconda Distribution are available at http://www.anaconda.com.


Anaconda Distribution also contains Visual Studio Code software binaries from Microsoft Corporation ("VS Code"). You a
re specifically authorized to use VS Code with your installation of Anaconda Distribution. Use of VS Code is subject t
o the licensing terms located at https://code.visualstudio.com/License.

Cryptography Notice
===================

This distribution includes cryptographic software. The country in which you currently reside may have restrictions on
the import, possession, use, and/or re-export to another country, of encryption software. BEFORE using any encryption
software, please check your country's laws, regulations and policies concerning the import, possession, or use, and re
-export of encryption software, to see if this is permitted. See the Wassenaar Arrangement http://www.wassenaar.org/ f
or more information.

Anaconda, Inc. has self-classified this software as Export Commodity Control Number (ECCN) 5D992b, which includes mass
 market information security software using or performing cryptographic functions with asymmetric algorithms. No licen
se is required for export of this software to non-embargoed countries. In addition, the Intel(TM) Math Kernel Library
contained in Anaconda, Inc.'s software is classified by Intel(TM) as ECCN 5D992b with no license required for export t
o non-embargoed countries.

The following packages are included in this distribution that relate to cryptography:

openssl
    The OpenSSL Project is a collaborative effort to develop a robust, commercial-grade, full-featured, and Open Sourc
e toolkit implementing the Transport Layer Security (TLS) and Secure Sockets Layer (SSL) protocols as well as a full-s
trength general purpose cryptography library.

pycrypto
    A collection of both secure hash functions (such as SHA256 and RIPEMD160), and various encryption algorithms (AES,
 DES, RSA, ElGamal, etc.).

pyopenssl
    A thin Python wrapper around (a subset of) the OpenSSL library.

kerberos (krb5, non-Windows platforms)
    A network authentication protocol designed to provide strong authentication for client/server applications by usin
g secret-key cryptography.

cryptography
    A Python library which exposes cryptographic recipes and primitives.
```

図13.57 利用規約の確認

何か聞かれたら［Return］キーを押していけばOKです。利用規約に同意するには、「yes」と入力します（図13.58）。

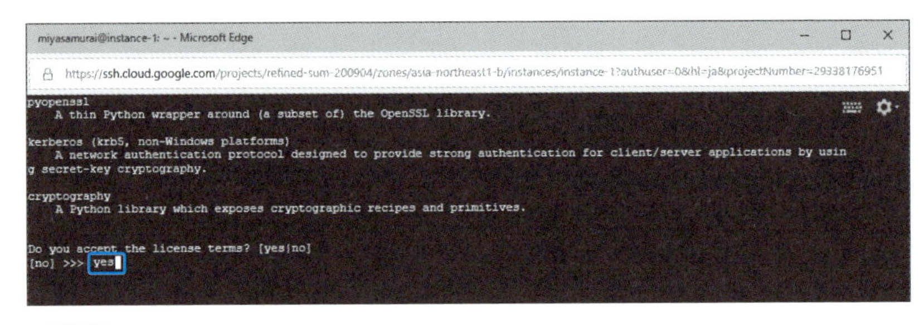

図13.58 利用規約に同意

Anacondaをインストールするディレクトリを入力します。変更しない場合は、［Return］キーを押せばOKです（図13.59）。あとは指示に従って［Return］キーを押していけば、インストールが完了します。ここでエラーになる場合は、GCP端末で以下のコマンドを実行してから再度、Anacondaのシェルファイルを実行してください。

［GCP端末］

```
$ sudo apt-get install bzip2
```

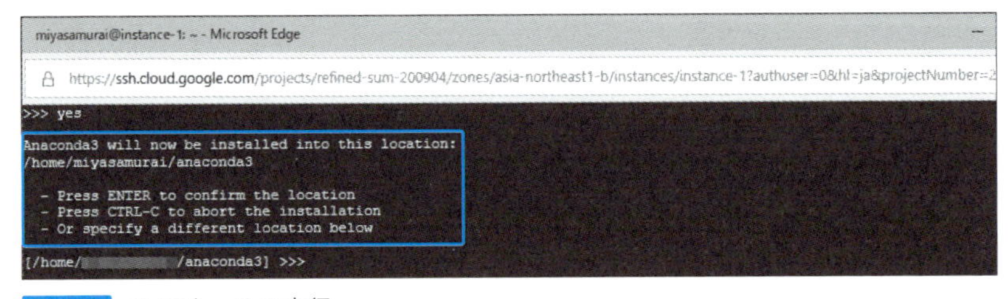

図13.59 インストールの実行

Anacondaのインストールが終わったら、lsのコマンドでディレクトリを確認します。Anaconda3というディレクトリができています（図13.60）。

[GCP端末]

```
$ ls
```

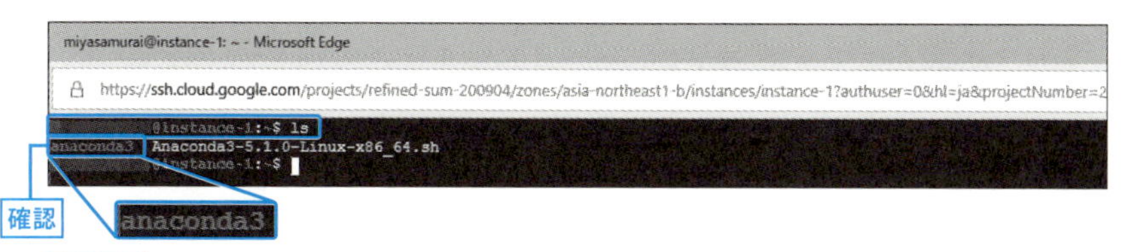

図13.60 ディレクトリの確認

インストールに使用したAnaconda3-5.1.0-Linux-x86_64.shは、もう必要ないので、以下のコマンドで削除します（図13.61）。

[GCP端末]

```
$ rm Anaconda3-5.1.0-Linux-x86_64.sh
```

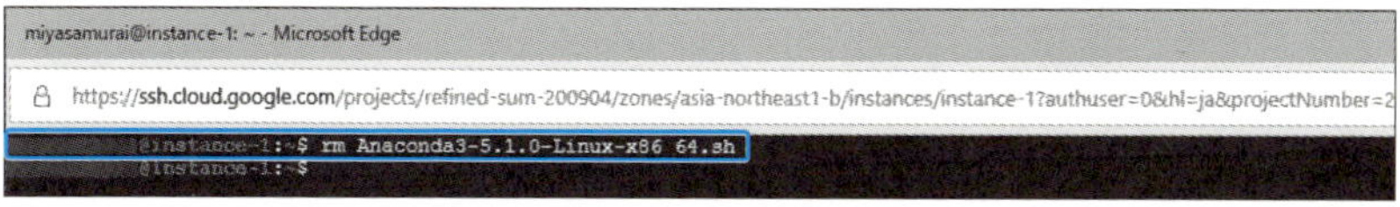

図13.61 Anaconda3-5.1.0-Linux-x86_64.shの削除

13.10 NyanCheckを動かす

次に、NyanCheckをGoogle Cloud Platform上にデプロイしていきます。

13.10.1 NyancheckをGoogle Cloud Platform上にデプロイする

まず、学習済みモデルの入った「nyancheck」フォルダを圧縮します（図13.62 ❶～❹）。

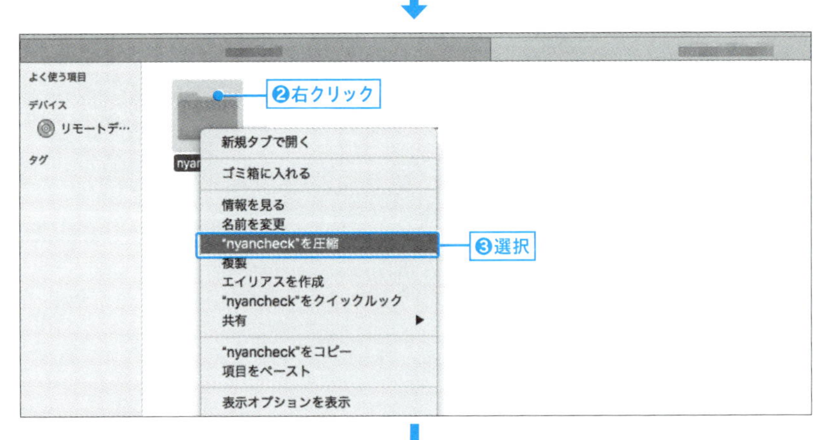

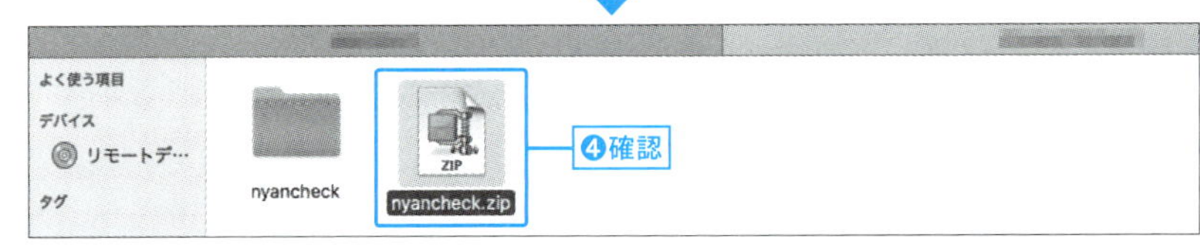

図13.62 「nyancheck」フォルダを圧縮

圧縮されたら、「Google Cloud SDK」フォルダにnyancheck.zipの圧縮ファイルをコピーしましょう（図13.63❶❷）。

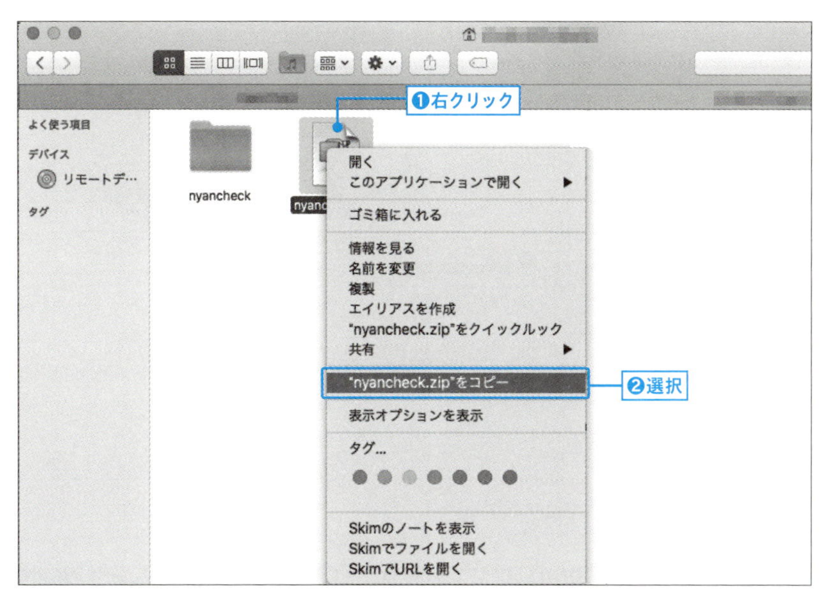

図13.63 nyancheck.zipの圧縮ファイルをコピー

圧縮したファイルをGoogle Cloud SDKのフォルダにペーストして配置したら、`ls`コマンドでファイルの存在を確認します（図13.64）。

[ターミナル]

```
$ ls
```

以下のコマンドでGoogle Cloud Platformのログイン画面を表示します。

[ターミナル]

```
$ gcloud auth login
```

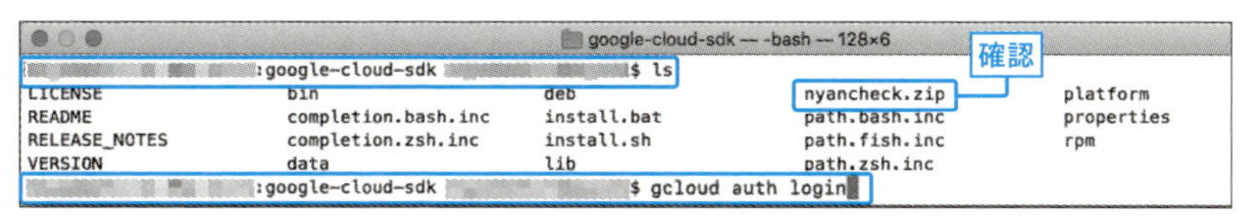

図13.64 ファイルの存在を確認してGoogle Cloud Platformにログイン

ログイン画面が表示されたら自身のアカウントでログインしてください（図13.65）。

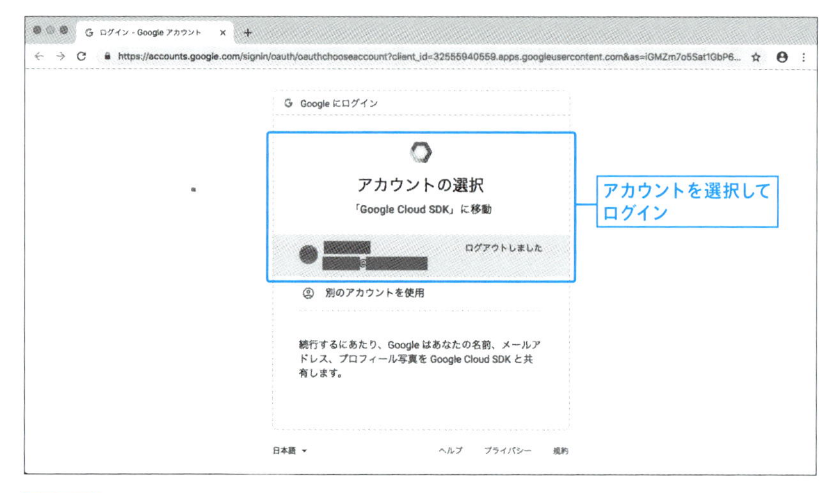

図13.65 自身のアカウントでログイン

Google Cloud Platformにログインすると「Google Cloud SDK が Google アカウントへのアクセスをリクエストしています」という画面が表示されるので（画面は割愛）、「許可」をクリックすると「Google Cloud SDKの認証が完了しました」と表示されます。これで認証はOKです（図13.66）。

図13.66 「Google Cloud SDKの認証が完了しました。」の表示

次にアップロードを行います。上部にある「コンソール」をクリックしてGoogle Cloud Platformのダッシュボードにアクセスして、プロジェクトIDを確認してください（図13.67）。

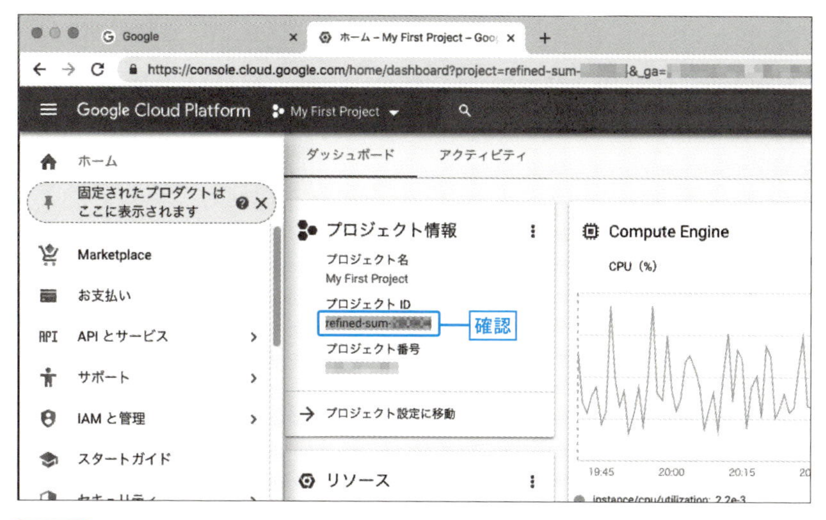

図13.67 Google Cloud Platformのダッシュボードにアクセス

IDの文字列を選択してから、右クリックし「コピー」を選択してコピーします（図13.68❶❷）。

図13.68 プロジェクトIDのコピー

プロジェクトIDをコピーしたら、以下のコマンドのように「Google Cloud セットプロジェクト」として、図13.68でコピーしたIDをペーストして入力します。入力後コマンドを実行します。

[ターミナル]

```
$ gcloud config set project refined-sum-XXXXXX (Xは固有の➡
IDになります)
```

（refined-sum-XXXXXX：利用しているプロジェクト名に適時変更）

次に以下のコマンドで、先ほど立ち上げたGoogle Cloud Engineのcompute/zoneに設定します。

[ターミナル]

```
$ gcloud config set compute/zone asia-northeast1-b
```

（asia-northeast1-b：指定したゾーンに適時変更）

Google Cloud Engineに接続する設定が済んだら、先ほどの圧縮ファイルをGoogle Cloud Platformへアップロードします。

以下のようにインスタンス名を入れて、ホームディレクトリを指定します※3（図13.69）。

[ターミナル]

```
$ gcloud compute scp ./nyancheck.zip instance-1:~/
```

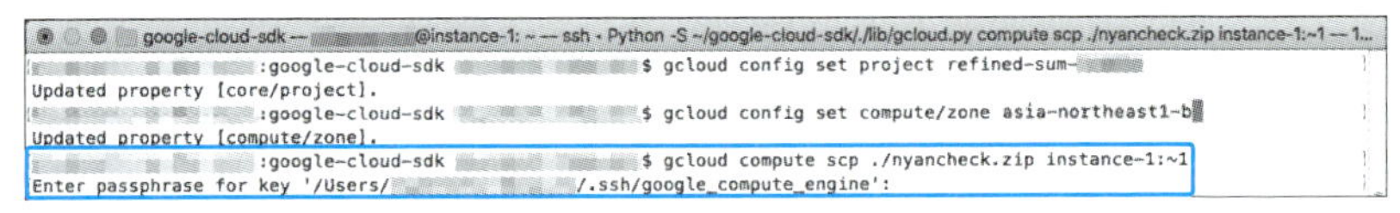

図13.69 圧縮ファイルをGoogle Cloud Platformへアップロード

※3 ローカル側OSでログインしているユーザー名のhomeディレクトリにアップロードされる場合は、<GCP側のユーザー名>@を加えて実行してください。

[ターミナル]

```
$ gcloud compute scp ./nyancheck.zip <GCP側のユーザー名>➡
@instance-1:~/
```

ATTENTION

SSHキーの生成

事前にSSHキーの生成が必要な場合があります。その場合、以下のサイトを参考にSSHキーの生成をしてください。

- **エンジニアの眠れない夜：[秘密鍵/公開鍵]GCPにSSHで接続する方法**
  URL https://sleepless-se.net/2018/09/15/gcp-ssh/

圧縮ファイルがアップロードされるので、しばらく待ちます。アップロードが完了したら、Google Cloud Platformのコンソールに戻ります。

lsコマンドを入力すると、nyancheck.zipがアップロードされていることがわかります（図13.70）。

[GCP端末]

```
$ ls
```

圧縮したzipファイルを解凍するために、以下のコマンドでunzipをインストールします（図13.70）。

[GCP端末]

```
$ sudo apt install unzip
```

```
@instance-1: ~
https://ssh.cloud.google.com/projects/refined-sum-/zones/asia-northeast1-b/instances/instance-1?
@instance-1:~$ ls
anaconda3  nyancheck.zip
@instance-1:~$ sudo apt install unzip
Reading package lists... Done
Building dependency tree
Reading state information... Done
Suggested packages:
  zip
The following NEW packages will be installed:
  unzip
0 upgraded, 1 newly installed, 0 to remove and 1 not upgraded.
Need to get 170 kB of archives.
After this operation, 547 kB of additional disk space will be used.
Get:1 http://deb.debian.org/debian stretch/main amd64 unzip amd64 6.0-21 [170 kB]
Fetched 170 kB in 0s (5,162 kB/s)
Selecting previously unselected package unzip.
(Reading database ... 34224 files and directories currently installed.)
Preparing to unpack .../unzip_6.0-21_amd64.deb ...
Unpacking unzip (6.0-21) ...
Processing triggers for mime-support (3.60) ...
Setting up unzip (6.0-21) ...
Processing triggers for man-db (2.7.6.1-2) ...
@instance-1:~$
```

図13.70 nyancheck.zipのアップロードの確認とunzipのインストール

unzipコマンドを実行してnyancheck.zipを解凍します（図13.71）。

[GCP端末]

```
$ unzip nyancheck.zip
```

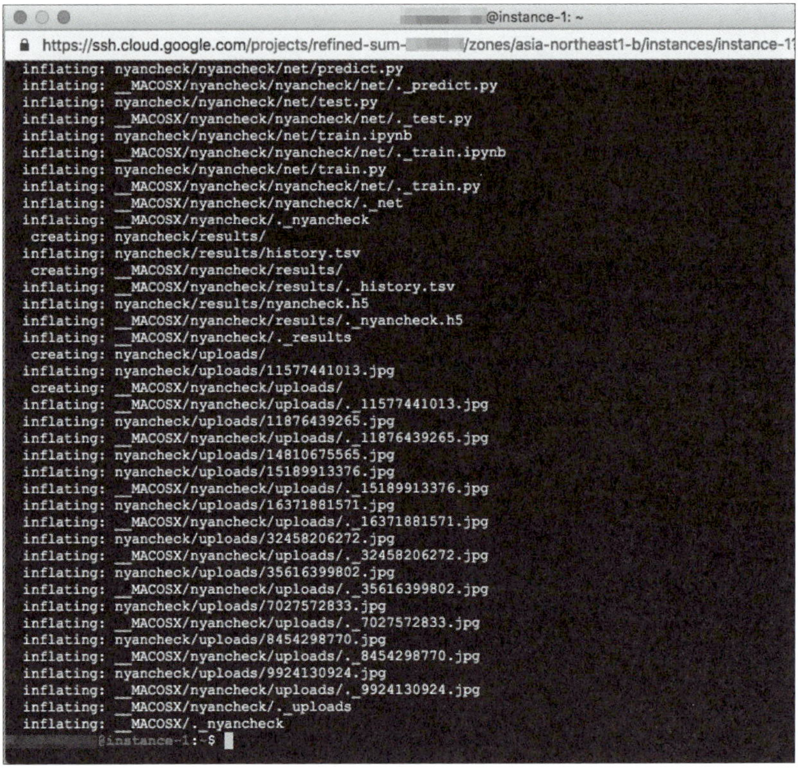

```
@instance-1: ~
https://ssh.cloud.google.com/projects/refined-sum-/zones/asia-northeast1-b/instances/instance-1
  inflating: nyancheck/nyancheck/net/predict.py
  inflating: __MACOSX/nyancheck/nyancheck/net/._predict.py
  inflating: nyancheck/nyancheck/net/test.py
  inflating: __MACOSX/nyancheck/nyancheck/net/._test.py
  inflating: nyancheck/nyancheck/net/train.ipynb
  inflating: __MACOSX/nyancheck/nyancheck/net/._train.ipynb
  inflating: nyancheck/nyancheck/net/train.py
  inflating: __MACOSX/nyancheck/nyancheck/net/._train.py
  inflating: __MACOSX/nyancheck/nyancheck/._net
  inflating: __MACOSX/nyancheck/._nyancheck
   creating: nyancheck/results/
  inflating: nyancheck/results/history.tsv
   creating: __MACOSX/nyancheck/results/
  inflating: __MACOSX/nyancheck/results/._history.tsv
  inflating: nyancheck/results/nyancheck.h5
  inflating: __MACOSX/nyancheck/results/._nyancheck.h5
  inflating: __MACOSX/nyancheck/._results
   creating: nyancheck/uploads/
  inflating: nyancheck/uploads/11577441013.jpg
   creating: __MACOSX/nyancheck/uploads/
  inflating: __MACOSX/nyancheck/uploads/._11577441013.jpg
  inflating: nyancheck/uploads/11876439265.jpg
  inflating: __MACOSX/nyancheck/uploads/._11876439265.jpg
  inflating: nyancheck/uploads/14810675565.jpg
  inflating: nyancheck/uploads/15189913376.jpg
  inflating: __MACOSX/nyancheck/uploads/._15189913376.jpg
  inflating: nyancheck/uploads/16371881571.jpg
  inflating: __MACOSX/nyancheck/uploads/._16371881571.jpg
  inflating: nyancheck/uploads/32458206272.jpg
  inflating: __MACOSX/nyancheck/uploads/._32458206272.jpg
  inflating: nyancheck/uploads/35616399802.jpg
  inflating: __MACOSX/nyancheck/uploads/._35616399802.jpg
  inflating: nyancheck/uploads/7027572833.jpg
  inflating: __MACOSX/nyancheck/uploads/._7027572833.jpg
  inflating: nyancheck/uploads/8454298770.jpg
  inflating: __MACOSX/nyancheck/uploads/._8454298770.jpg
  inflating: nyancheck/uploads/9924130924.jpg
  inflating: __MACOSX/nyancheck/uploads/._9924130924.jpg
  inflating: __MACOSX/nyancheck/._uploads
  inflating: __MACOSX/._nyancheck
@instance-1:~$
```

図13.71 nyancheck.zipを解凍

解凍すると「nyancheck」というディレクトリができているはずです。lsのコマンドで確認してください（図13.72）。

[GCP端末]

```
$ ls
```

解凍したらnyancheck.zipは、もう必要ないので、消しておきましょう。rmコマンドでnyancheck.zipを削除しておきます（図13.72）。

[GCP端末]

```
$ rm nyancheck.zip
```

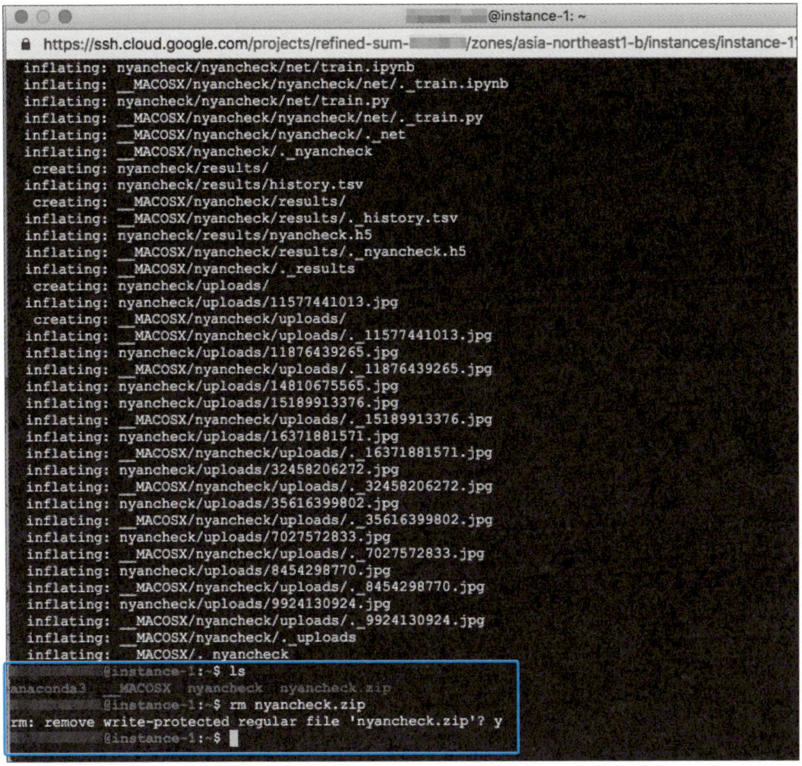

```
@instance-1: ~
https://ssh.cloud.google.com/projects/refined-sum-/zones/asia-northeast1-b/instances/instance-1
  inflating: nyancheck/nyancheck/net/train.ipynb
  inflating: __MACOSX/nyancheck/nyancheck/net/._train.ipynb
  inflating: nyancheck/nyancheck/net/train.py
  inflating: __MACOSX/nyancheck/nyancheck/net/._train.py
  inflating: __MACOSX/nyancheck/nyancheck/._net
  inflating: __MACOSX/nyancheck/._nyancheck
   creating: nyancheck/results/
  inflating: nyancheck/results/history.tsv
   creating: __MACOSX/nyancheck/results/
  inflating: __MACOSX/nyancheck/results/._history.tsv
  inflating: nyancheck/results/nyancheck.h5
  inflating: __MACOSX/nyancheck/results/._nyancheck.h5
  inflating: __MACOSX/nyancheck/._results
   creating: nyancheck/uploads/
  inflating: nyancheck/uploads/11577441013.jpg
   creating: __MACOSX/nyancheck/uploads/
  inflating: __MACOSX/nyancheck/uploads/._11577441013.jpg
  inflating: nyancheck/uploads/11876439265.jpg
  inflating: __MACOSX/nyancheck/uploads/._11876439265.jpg
  inflating: nyancheck/uploads/14810675565.jpg
  inflating: nyancheck/uploads/15189913376.jpg
  inflating: __MACOSX/nyancheck/uploads/._15189913376.jpg
  inflating: nyancheck/uploads/16371881571.jpg
  inflating: __MACOSX/nyancheck/uploads/._16371881571.jpg
  inflating: nyancheck/uploads/32458206272.jpg
  inflating: __MACOSX/nyancheck/uploads/._32458206272.jpg
  inflating: nyancheck/uploads/35616399802.jpg
  inflating: __MACOSX/nyancheck/uploads/._35616399802.jpg
  inflating: nyancheck/uploads/7027572833.jpg
  inflating: __MACOSX/nyancheck/uploads/._7027572833.jpg
  inflating: nyancheck/uploads/8454298770.jpg
  inflating: __MACOSX/nyancheck/uploads/._8454298770.jpg
  inflating: nyancheck/uploads/9924130924.jpg
  inflating: __MACOSX/nyancheck/uploads/._9924130924.jpg
  inflating: __MACOSX/nyancheck/._uploads
  inflating: __MACOSX/._nyancheck
@instance-1:~$ ls
anaconda3  __MACOSX  nyancheck  nyancheck.zip
@instance-1:~$ rm nyancheck.zip
rm: remove write-protected regular file 'nyancheck.zip'? y
@instance-1:~$
```

図13.72 nyancheckディレクトリを確認してからnyancheck.zipを削除する

cdコマンドで「nyancheck」ディレクトリに移動します。

[GCP端末]

```
$ cd nyancheck
```

「nyancheck」ディレクトリに移動したら、第13章で必要なライブラリをpipコマンドでインストールし（Prologueを参照）、pythonコマンドでapp.pyを実行してNyanCheckを起動します（図13.73）。

[GCP端末]

```
$ python app.py
```

図13.73 app.pyの実行

Google Cloud Platform上でNyanCheckを起動したら、Google Cloud Platformのダッシュボードに戻って、VMインスタンスを表示します（図13.74）。ここでは実際のアドレスをXで伏字にしています。

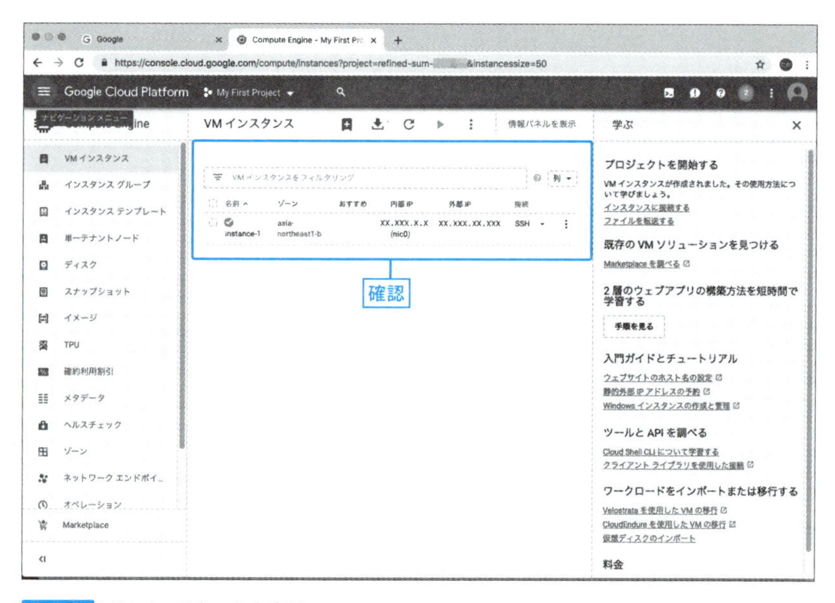

図13.74 VMインスタンスを表示

NyanCheckは、この外部IPにデプロイされています。これをコピーしましょう（図13.75 ❶❷）。

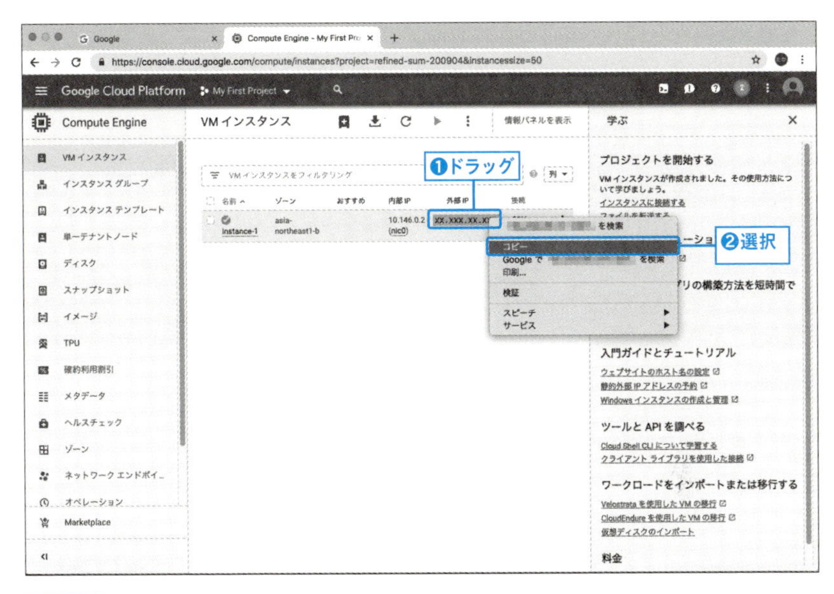

図13.75 外部IPのコピー

ブラウザのアドレスバーに先ほどコピーしたアドレスをペーストして、ポート番号に5000を指定して［Return］キーを押します（図13.76）。

図13.76 ブラウザにIPアドレスを入力

図13.77のようにNyanCheckの画面が表示されます。これで、デプロイは完了です。

図13.77 NyanCheckの画面

デプロイしたNyanCheckで、猫を判別してみましょう。ファイルを選択して、「送信」ボタンをクリックします（図13.78 ❶～❹）。

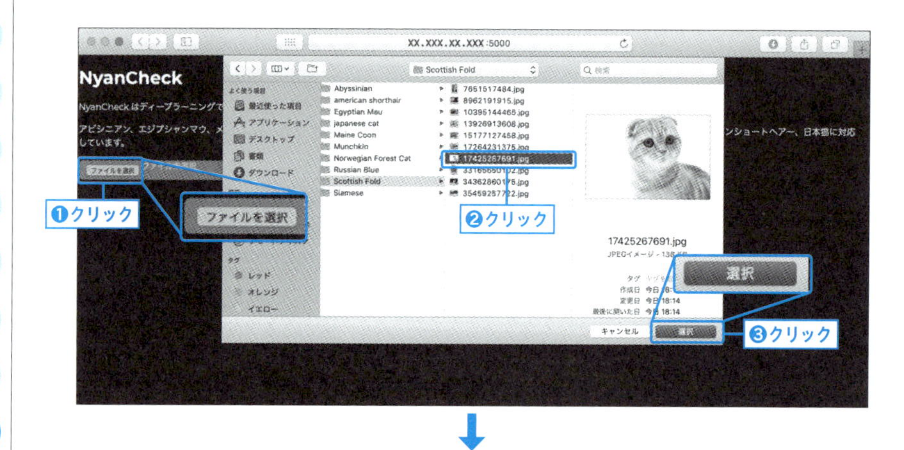

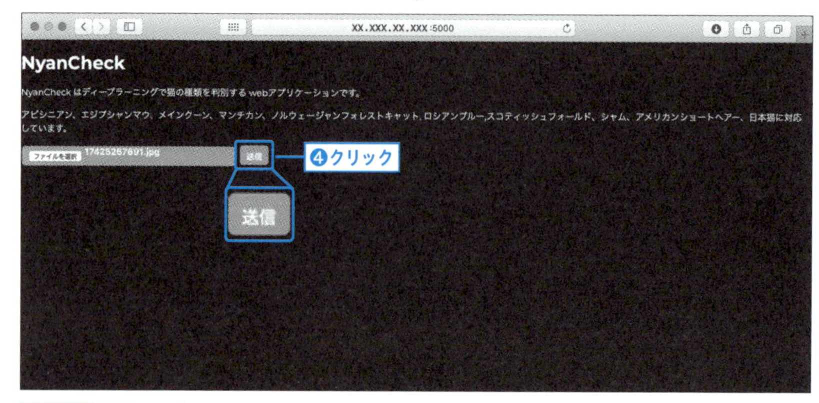

図13.78 「送信」ボタンをクリック

「NyanCheck!」ボタンをクリックして、認識してみます。「スコティッシュフォールド」と正しく判別されました（図13.79 ❶❷）。

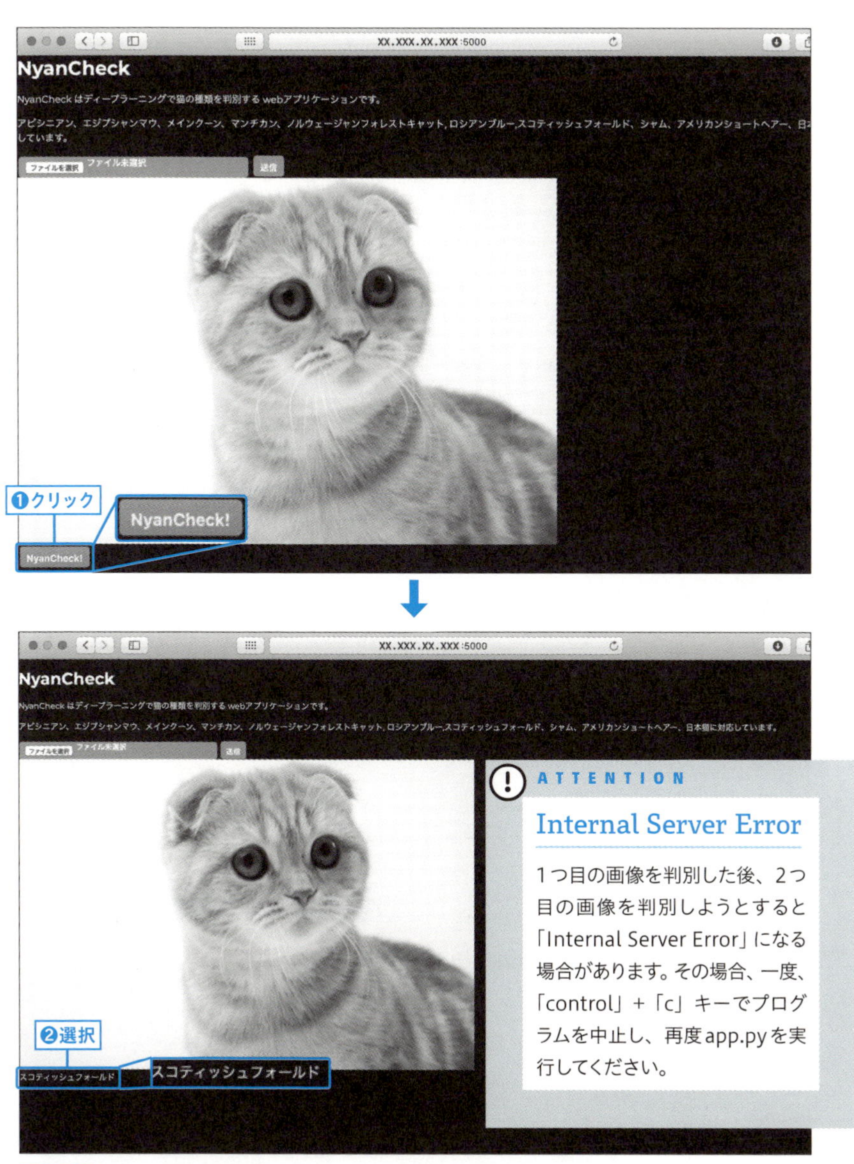

図13.79 「NyanCheck!」ボタンをクリックして猫の判別結果を表示

ATTENTION

Internal Server Error

1つ目の画像を判別した後、2つ目の画像を判別しようとすると「Internal Server Error」になる場合があります。その場合、一度、「control」+「c」キーでプログラムを中止し、再度app.pyを実行してください。

アルファベット

あ

か

著者紹介

木村優志（きむら・まさし）
博士（工学）。ATR-trek、富士通を経て、現在はConvergence Lab.の代表として多数のAI案件を手がける。
株式会社アイデミー 技術顧問。

装丁・本文デザイン	大下 賢一郎
装丁写真	iStock / Getty Images Plus
DTP	株式会社シンクス
校正協力	佐藤弘文
レビュー（第11章、第12章）	武田 守
検証協力	村上俊一

現場で使える！ Python（パイソン）深層学習入門
Python（パイソン）の基本から深層学習の実践手法まで

2019年 6月20日　初版第1刷発行

著　者	木村 優志（きむら・まさし）
発行人	佐々木幹夫
発行所	株式会社翔泳社（https://www.shoeisha.co.jp）
印刷・製本	株式会社ワコープラネット

ISBN978-4-7981-5097-0
Printed in Japan